大学入学共通テスト「物理」の分

■出題分析 2024年1月に実施された「物理」では、大問が全部で4題あり、第1問は小問集合、第2問は探究的な問題、第3問は実験を題材とした問題、第4問は現象についての定性的な理解を問う問題であった。例年通り、煩雑な計算を必要とする問題はなく、現象についての理解や物理量についての理解が問われる問題が多かった。平均点は62.97点と昨年より低くなっているが、難易度は昨年並みである。

第1問の問2では、太陽を例に、単原子分子理想気体の運動エネルギーについて考察させている。単原子分子理想気体であれば、原子の種類に関わらず、同じになることを理解しているかが問われている。第2問の問5では、ペットボトルロケットを題材に、ロケットが重力に逆らって飛び出すための条件について考察させている。第3問では、実験結果のグラフ、表の数値から、弦を伝わる波の速さの式について考察させている。問3では、振動数と腹の数の比例係数が、弦を伝わる波の速さに比例すると判断することが求められる。第4問の問1、2では、等電位線や電気力線についての理解が問われている。また、問3では、導体紙の辺の付近について問われており、現象と結び付けて、上記の理解が求められている。

■対策 教科書の内容を十分に理解し、問題集を用いて標準的な問題を中心に取り組み、問題で与えられた条件から、どのような量的関係があるのかを判断する能力などを養う必要がある。また、実験データの分析から法則性を見出すなど、実践的な取り組みを行うことが必要である。

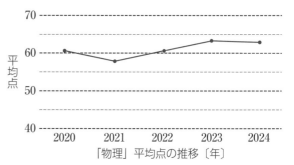

「物理」平均点の推移〔年〕

過去5年間の出題頻度表	センター試験		共通テスト							
	2020		2021		2022		2023		2024	
	本試	追試	第1日程	第2日程	本試	追・再試	本試	追・再試	本試	追・再試
物理基礎・運動とエネルギー	★	★	★★							
①平面運動と放物運動						★				
②剛体のつりあい	★	★★		★	★		★	★	★	★
③運動量の保存	★		★		★	★★	★		★	★
④円運動と単振動	★			★★	★			★★		
物理基礎・熱							★			
⑤気体の性質と分子の運動	★☆	★☆			★	★	★		★	★★
物理基礎・波動							★			
⑥波の性質		★		★	★			★	★	
⑦音波	★★		★			★	★			
⑧光波	★★	★★	★	★	★			★		★
物理基礎・電気										
⑨電場と電位		★							★	★
⑩コンデンサー	★		★				★			
⑪電流		★			★					
⑫電流と磁場	★★	★		★	★		★		★	★
⑬電磁誘導と交流		★	★	★	★			★		
⑭電子と光			★	★	★		★	★		
⑮原子と原子核	☆	☆			★				★	★

★は必修問題、☆は選択問題で出題されたことを示す。

本書の構成と利用法

● 本書は、大学入学共通テスト「物理」を攻略する力を身に着けられるように編集しています。これまでの大学入学共通テストやセンター試験、大学入試問題で出題された問題から良問を厳選し、知識・技能を要する問題に加えて、思考力・判断力・表現力を要する問題を随所に取り入れました。また、「物理基礎」科目の学習内容を復習として設け、「物理」科目の理解につながるよう配慮しています。本書の学習を通じて、高等学校の物理を総合的に学習できるようにしています。

● 別冊解答編では、各問題について次のように段階を追って丁寧に扱いました。

    ① 解答…答えを示しています。手早く答えあわせができます。

    ② 指針…解法の指針を示しています。問題の考え方を確認できます。

    ③ 解説…指針に沿った解説を示しています。解答を導くまでの過程を理解できます。

問題を解くうえで、改めて確認したい学習事項を整理した「要点整理」を適宜掲載し、学習の便をはかりました。

※本書に掲載している大学入試問題の解答・解説は弊社で作成したものであり、各大学から公表されたものではありません。

本書の構成

学習のまとめ …各テーマの重要事項を穴埋め形式でまとめられるようにしました。基本事項の理解を確認することができます。

例　　題 …基本的な問題を取り上げ、解法の指針、指針に沿った解説を掲載しました。

必 修 問 題 …知識の理解の質を問う基本的な問題を中心に取り上げました。

実 践 問 題 …思考力・判断力・表現力を特に要する問題を中心として、やや難易度の高い問題で構成しています。

● 学習の総まとめとして、「予想模擬テスト」（100点満点・解答時間60分）を２回分収録しました。実際の大学入学共通テストに近い形式とし、自身の学習到達度を測ることができます。巻末には解答記入用のマークシートを添えています。

● 各問題の構成

> 問題の出題頻度を☆マークで示しました。

> 思考力・判断力・表現力を特に要する問題にはマークを示しました。

☆☆
思考・判断・表現

☑ **34　運動の勢いの表し方** 3分　花子と太郎が、物体の運動の勢いをどのように表すかについて議論した。次の文の 1 ～ 4 の中に入る最も適当な語句を、下の①～⓪のうちから一つずつ選べ。

> 理解度のチェック欄を設けました。

> 目標とする解答時間を示しました。

「Beeline」は、ミツバチがミツを求めて最短距離を進むことから、一直線、最短距離を意味する言葉です。本書は、大学入学共通テスト攻略の最短距離を歩めるように編集を心がけました。

目　次

運動とエネルギー

1 物体の運動

①**等速直線運動**　物体が速さ v〔m/s〕の等速直線運動を t〔s〕間したとき、その間の移動距離 x〔m〕は、

$x = ($ ア 〰〰〰〰〰〰〰 $)$

②**等加速度直線運動**　等加速度直線運動をする物体の初速度を v_0〔m/s〕、加速度を a〔m/s²〕とし、時刻 $t=0$ の位置を原点とする。時刻 t〔s〕における速度を v〔m/s〕、位置を x〔m〕とすると、

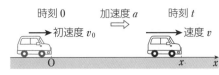

$v = ($ イ 〰〰〰〰 $)$ 　　$x = ($ ウ 〰〰〰〰〰〰 $)$ 　　$v^2 - v_0^2 = ($ エ 〰〰〰〰 $)$

③**落下運動**　[自由落下]　物体が落下し始めた時刻を 0 、その位置を原点とし、鉛直下向きを正とする。重力加速度の大きさを g〔m/s²〕、時刻 t〔s〕での速度を v〔m/s〕、位置を y〔m〕とすると、

$v = ($ オ 〰〰〰〰 $)$ 　　$y = ($ カ 〰〰〰〰〰 $)$ 　　$v^2 = ($ キ 〰〰〰〰 $)$

[鉛直投げ上げ]　物体を投げ上げた時刻を 0 、その位置を原点とし、鉛直上向きを正とする。初速度を v_0〔m/s〕、重力加速度の大きさを g〔m/s²〕、時刻 t〔s〕での速度を v〔m/s〕、位置を y〔m〕とすると、

$v = ($ ク 〰〰〰〰 $)$ 　　$y = ($ ケ 〰〰〰〰〰 $)$ 　　$v^2 - v_0^2 = ($ コ 〰〰〰〰 $)$

2 力と運動の法則

①**質量と重力**　質量は物体に固有の量であり、その値は場所によって（サ 〰〰〰〰〰）。単位にはキログラム（記号 kg）が用いられる。物体にはたらく重力の大きさ（重さ）は、場所によって（シ 〰〰〰〰〰）。単位にはニュートン（記号 N）が用いられる。質量 m〔kg〕の物体にはたらく重力の大きさ W〔N〕は、重力加速度の大きさ g〔m/s²〕を用いて、　$W = ($ ス 〰〰〰〰 $)$

②**弾性力**　ばねの弾性力の大きさ F〔N〕は、自然の長さからの伸び（縮み）x〔m〕に比例する。これをフックの法則といい、ばね定数を k〔N/m〕とすると、　$F = ($ セ 〰〰〰〰 $)$

③**力の合成・分解**　[合成]　2 つの力 $\vec{F_1}$、$\vec{F_2}$ の合力 $\vec{F}$ は、

$\vec{F} = ($ ソ 〰〰〰〰 $)$

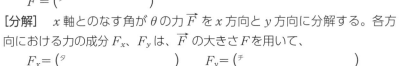

[分解]　x 軸とのなす角が θ の力 $\vec{F}$ を x 方向と y 方向に分解する。各方向における力の成分 F_x、F_y は、$\vec{F}$ の大きさ F を用いて、

$F_x = ($ タ 〰〰〰〰 $)$ 　　$F_y = ($ チ 〰〰〰〰 $)$

④**力のつりあい**　物体にいくつかの力がはたらいても、それらの力の合力が（ツ 〰〰〰）であるとき、力はつりあっているという。平面上で物体が力 $\vec{F_1}$、$\vec{F_2}$、$\vec{F_3}$、…を受け、つりあいの状態にあるとき、それらの力の合力は $\vec{0}$ であり、合力の成分も 0 である。

　　力の x 成分の和：$F_{1x} + F_{2x} + F_{3x} + \cdots = 0$ 　　力の y 成分の和：$F_{1y} + F_{2y} + F_{3y} + \cdots = 0$

⑤**作用・反作用の法則**　物体Aから物体Bに力 $\vec{F}$ がはたらくとき、物体Bから物体Aにも、同一作用線上で逆向きに、同じ大きさの力 $-\vec{F}$ がはたらく。これを（テ 〰〰〰〰〰）の法則という。

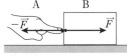

⑥**慣性の法則**　物体が外から力を受けないとき、あるいは受けていてもそれらの合力が $\vec{0}$ であるとき、静止している物体は静止し続け、運動している物体は（ト 〰〰〰〰〰）を続ける。

⑦**運動の法則**　力を受ける物体は、（ナ 〰〰〰〰〰）の向きに加速度を生じる。この加速度の大きさは、受ける力の大きさに比例し、物体の質量に反比例する。これを運動の法則という。力を $\vec{F}$〔N〕、質量を m〔kg〕、加速度を $\vec{a}$〔m/s²〕とすると、次式が成り立つ。　$($ ニ 〰〰〰 $) = \vec{F}$

これを運動方程式という。

⑧**摩擦力** [**静止摩擦力**] 静止している物体がすべり出そうとするのを妨げる力を静止摩擦力という。静止摩擦力の最大値を最大摩擦力といい、この大きさ F_0〔N〕は、垂直抗力 N〔N〕に比例し、静止摩擦係数 μ を用いて、 $F_0 = ($ ヌ $\qquad)$

[**動摩擦力**] 運動する物体にはたらく摩擦力を動摩擦力という。この大きさ F'〔N〕は、垂直抗力 N〔N〕に比例し、動摩擦係数 μ' を用いて、 $F' = ($ ネ $\qquad)$

⑨**圧力と浮力** [**圧力**] 物体の単位面積あたりに垂直にはたらく力の大きさを圧力という。単位はパスカル (記号 Pa)。面積 S〔m²〕に垂直に大きさ F〔N〕の力がはたらくとき、圧力 p〔Pa〕は、 $p = ($ ノ $\qquad)$

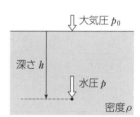

物体が水中で受ける圧力を水圧という。水面からの深さ h〔m〕における水圧 p〔Pa〕は、水の密度を ρ〔kg/m³〕、大気圧を p_0〔Pa〕、重力加速度の大きさを g〔m/s²〕として、 $p = ($ ハ $\qquad)$

[**浮力**] 液体や気体 (流体) 中の物体が流体から鉛直上向きに受ける力を浮力という。浮力の大きさは、物体が押しのけた流体の重さに等しい (アルキメデスの原理)。水中にある体積 V〔m³〕の物体が受ける浮力の大きさ F〔N〕は、水の密度を ρ〔kg/m³〕、重力加速度の大きさを g〔m/s²〕として、
$F = ($ ヒ $\qquad)$

3 仕事と力学的エネルギー

①**仕事** 物体に一定の大きさ F〔N〕の力を加え続け、力の向きと角 θ をなす向きに距離 x〔m〕移動させた場合、力が物体にした仕事 W〔J〕は、 $W = ($ フ $\qquad)$

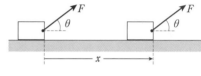

②**運動エネルギー** 質量 m〔kg〕の物体が速さ v〔m/s〕で運動しているとき、物体の運動エネルギー K〔J〕は、 $K = ($ ヘ $\qquad)$

③**位置エネルギー** [**重力**] 基準面から高さ h〔m〕にある質量 m〔kg〕の物体がもつ重力による位置エネルギー U〔J〕は、重力加速度の大きさを g〔m/s²〕とすると、
$U = ($ ホ $\qquad)$

[**弾性力**] ばね定数 k〔N/m〕のばねが、自然の長さよりも x〔m〕伸びて (縮んで) いるときに、ばねにつながれた物体がもつ弾性力による位置エネルギー U〔J〕は、
$U = ($ マ $\qquad)$

[**保存力**] 物体が力を受けながら 2 点間を動くとき、その力のする (ミ $\qquad$) が移動経路によらず、はじめと終わりの 2 点だけで決まるとき、その力を保存力という。

④**力学的エネルギー** 物体が保存力だけから仕事をされるとき、物体のもつ力学的エネルギー E は一定に保たれる。これを (ム $\qquad$) の法則という。
$$E = K + U = \text{一定} \quad (K : \text{運動エネルギー、} U : \text{位置エネルギー})$$
物体が保存力以外の力から仕事 W〔J〕をされると、力学的エネルギーが変化する。変化する前の力学的エネルギーを E_1〔J〕、変化した後の力学的エネルギーを E_2〔J〕とすると、
(メ $\qquad$) $= W$

解答

(ア) vt (イ) $v_0 + at$ (ウ) $v_0 t + \dfrac{1}{2}at^2$ (エ) $2ax$ (オ) gt (カ) $\dfrac{1}{2}gt^2$ (キ) $2gy$ (ク) $v_0 - gt$ (ケ) $v_0 t - \dfrac{1}{2}gt^2$

(コ) $-2gy$ (サ) 変わらない (シ) 変わる (ス) mg (セ) kx (ソ) $\vec{F_1} + \vec{F_2}$ (タ) $F\cos\theta$ (チ) $F\sin\theta$ (ツ) $\vec{0}$

(テ) 作用・反作用 (ト) 等速直線運動 (ナ) 力(合力) (ニ) $m\vec{a}$ (ヌ) μN (ネ) $\mu' N$ (ノ) $\dfrac{F}{S}$ (ハ) $p_0 + \rho hg$

(ヒ) ρVg (フ) $Fx\cos\theta$ (ヘ) $\dfrac{1}{2}mv^2$ (ホ) mgh (マ) $\dfrac{1}{2}kx^2$ (ミ) 仕事 (ム) 力学的エネルギー保存 (メ) $E_2 - E_1$

例 題 ❶ 加速度運動のグラフ

関連問題 ➡ 1・6

図は、直線上を運動する物体の速度 v と時刻 t の関係を表している。物体が時刻 $t=0\text{s}$ から $t=50\text{s}$ の間に移動した距離 $x\,[\text{m}]$ と、その間の平均の速度 $\overline{v}\,[\text{m/s}]$ の組み合わせとして正しいものを、次の①〜⑨のうちから一つ選べ。

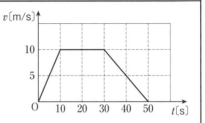

	①	②	③	④	⑤	⑥	⑦	⑧	⑨
$x\,[\text{m}]$	150	150	150	250	250	250	350	350	350
$\overline{v}\,[\text{m/s}]$	3	5	7	3	5	7	3	5	7

(15. センター追試［物理基礎］ 改)

指針 移動距離は、v-t グラフと時間軸とで囲まれた部分(台形)の面積に相当する。また、平均の速度は、移動距離とその間の経過時間から計算して求められる。

解説 移動距離 $x\,[\text{m}]$ は、v-t グラフと時間軸とで囲まれた部分(台形)の面積に相当する。

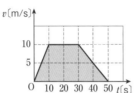

$$x = \frac{(20+50)\times 10}{2} = 350\,\text{m}$$

この間の平均の速度 $\overline{v}\,[\text{m/s}]$ は、移動距離と経過時間から、

$$\overline{v} = \frac{\text{移動距離}}{\text{経過時間}} = \frac{350}{50} = 7.0\,\text{m/s}$$

したがって、解答は⑨となる。

例 題 ❷ 連結された2物体の運動

関連問題 ➡ 6・7

図のように、軽い糸でつながった、質量 M の物体Aと質量 m の物体Bが、なめらかな水平面上に置かれている。物体Aに一定の大きさ F の力を水平方向に加え、全体を等加速度運動させる。

ただし、糸は水平であるものとする。物体Aと物体Bをつなぐ糸の張力の大きさを表す式として正しいものを、次の①〜⑥のうちから一つ選べ。

① $\dfrac{m}{M+m}F$　② $\dfrac{M+m}{m}F$　③ $\dfrac{M+m}{M}F$　④ $\dfrac{M}{M+m}F$　⑤ $\dfrac{M}{m}F$　⑥ $\dfrac{m}{M}F$

(17. センター本試［物理基礎］ 改)

指針 軽い糸の両端にはたらく張力の大きさは等しい。また、連結された物体 A、B は同じ大きさの加速度で運動する。各物体が受ける力を図示し、それぞれの物体について運動方程式を立てる。

解説 糸の張力の大きさを T とすると、各物体が受ける運動方向の力は、図のように示される。左向きを正として、加速度を a とする。それぞれの運動方程式は、

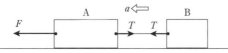

A：$Ma = F - T$ …①
B：$ma = T$ …②

式①+式②から、

$$(M+m)a = F \qquad a = \frac{F}{M+m}$$

これを式②に代入して、T を求めると、

$$T = \frac{m}{M+m}F$$

したがって、解答は①となる。

必修問題

1 ☆☆☆ **記録テープによる運動の解析** ⟨2分⟩ 斜面上に置いた質量 0.500 kg の台車に記録テープの一端をつけ、そのテープを 1 秒間に点を50回打つ記録タイマーに通す。記録タイマーのスイッチを入れ、台車を静かに放したところ、斜面に沿って動き出し、図1のような打点がテープに記録された。重なっていない最初の打点をPとし、その打たれた時刻を $t=0$ とする。打点Pから5打点ごとに印をつけ、その間隔 d を測定した。

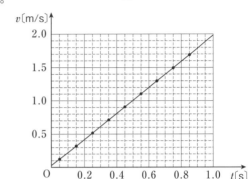

図1

図2

問1 ある区間での測定値は $d=0.1691$ m であった。この区間における平均の速さとして最も適当なものを、次の①〜⑧のうちから一つ選べ。　□1□ m/s

①　0.169　②　0.313　③　0.714　④　0.816
⑤　1.69　⑥　3.38　⑦　4.08　⑧　8.16

問2 測定結果をもとに各区間の平均の速さ v を求め、時刻 t との関係を点で記すと、図2のようになり、直線を引くことができた。図2の直線から台車の加速度の大きさを求めるといくらになるか。最も適当なものを、次の①〜⑥のうちから一つ選べ。　□2□ m/s²

①　0.196　②　0.980　③　1.69　④　1.96　⑤　4.90　⑥　9.80

(18. 大学入学共通テスト試行調査 [物理基礎]) ➡ **例題❶**

2 ☆☆ **惑星上での放物運動** ⟨3分⟩ 重力加速度の大きさが a の惑星で、惑星表面からの高さ h の位置から、物体を鉛直上向きに速さ v_0 で投げた。惑星の大気の影響は無視できるものとする。

問1 図1は物体の位置と時刻の関係を示したものである。Rで物体にはたらく力の向きと大きさを図2のオのように示すとき、P、Q、Sで物体にはたらく力の向きと大きさを示す図は、それぞれ図2のア〜カのどれか。その記号として最も適当なものを、次の①〜⑥のうちから一つずつ選べ。ただし、同じものを繰り返し選んでもよい。

P：□1□　　Q：□2□　　S：□3□

①　ア　②　イ　③　ウ
④　エ　⑤　オ　⑥　カ

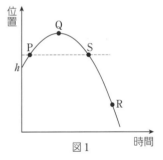

図1

図2

問2 投げ上げられた物体は、惑星表面に落下した。惑星表面に達する直前の物体の速さ v を表す式として正しいものを、次の①〜⑥のうちから一つ選べ。

①　$\sqrt{v_0^2+2ah}$

②　$\sqrt{v_0^2+ah}$

③　$\sqrt{v_0^2+\dfrac{1}{2}ah}$

④　$\sqrt{v_0^2-2ah}$

⑤　$\sqrt{v_0^2-ah}$

⑥　$\sqrt{v_0^2-\dfrac{1}{2}ah}$

(18. 大学入学共通テスト試行調査 [物理基礎])

3 力のつりあい 2分 ☆☆ 思考・判断・表現

図のような石造りのアーチ橋の中央には、要石（かなめいし）があり、この石は、重力と隣接する石から力を受けて静止している。要石にはたらく力の矢印を表す図として最も適当なものを、次の①〜④のうちから一つ選べ。 (23. 共通テスト追試 [物理基礎] 改)

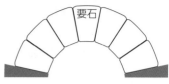

4 ばねの弾性力 2分 ☆☆☆

水平な床の上に質量 m の物体を置き、ばね定数 k の軽いばねをとりつける。手でばねの一端を鉛直上向きに、ゆっくりと引き上げ、ばねが自然の長さから x だけ伸びたとき、物体は床からはなれた。伸び x を表す式として正しいものを、次の①〜④のうちから一つ選べ。ただし、重力加速度の大きさを g とする。

① $\sqrt{\dfrac{2mg}{k}}$ ② $\dfrac{mg}{k}$ ③ $\dfrac{2mg}{k}$ ④ $\dfrac{k}{mg}$ (19. センター本試 [物理基礎])

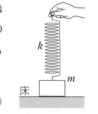

5 斜面上の物体の運動 4分 ☆☆

水平面と角度 θ をなす、なめらかな斜面上の物体の運動を考える。重力加速度の大きさを g とする。

問1 図1のように、斜面上に質量 m の小物体を置き、水平方向に大きさ F の力を加えて静止させた。F を表す式として正しいものを、次の①〜⑦のうちから一つ選べ。

① $mg\sin\theta$ ② $mg\cos\theta$ ③ $mg\tan\theta$

④ $\dfrac{mg}{\sin\theta}$ ⑤ $\dfrac{mg}{\cos\theta}$ ⑥ $\dfrac{mg}{\tan\theta}$ ⑦ mg

図1

問2 小物体を、斜面上の点Pから斜面に沿って上向きに速さ v_0 で打ち出したところ、図2のように小物体は斜面を上り、点Pから距離 L はなれた点Qを速さ v で通過した。v を表す式として正しいものを、次の①〜⑧のうちから一つ選べ。

図2

① $\sqrt{v_0{}^2+gL}$ ② $\sqrt{v_0{}^2-gL}$ ③ $\sqrt{v_0{}^2+2gL}$ ④ $\sqrt{v_0{}^2-2gL}$
⑤ $\sqrt{v_0{}^2+gL\sin\theta}$ ⑥ $\sqrt{v_0{}^2-gL\sin\theta}$ ⑦ $\sqrt{v_0{}^2+2gL\sin\theta}$ ⑧ $\sqrt{v_0{}^2-2gL\sin\theta}$

(17. センター本試 [物理基礎])

6 アトウッドの器械 6分 ☆☆☆ 思考・判断・表現

同じ質量 M の2つの物体A、Bが軽い糸で結ばれており、糸は、天井に固定されたなめらかにまわる軽い滑車にかけられている。Aの上には中央に穴の開いた質量 m の物体Cがのっている。Aの下側には穴の開いた固定台があり、Aはこの台に接触せず、穴を通り抜けるようになっている。

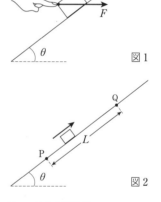

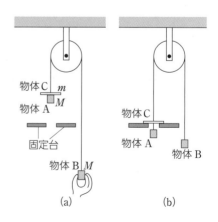
(a)　　　　　(b)

図(a)のように、Bを手で静止させ、時刻 $t=0$ でBを静かにはなすと、AとCは一体となって落下し始めた。Aの上面が固定台の上面に達したとき、Cが固定台によって取り除かれた。この時刻を $t=t_0$ とする。図(b)は時刻 $t>t_0$ のようすを

表す。ただし、糸とCは接触することはないものとする。また、重力加速度の大きさをgとする。

問1　物体AとCが落下し始めてからAの上面が固定台の上面に達するまでの運動を考える。物体Aの加速度の大きさaを表す式として正しいものを、次の①～⑤のうちから一つ選べ。

①　g　　②　$\dfrac{Mg}{M+m}$　　③　$\dfrac{mg}{M+m}$　　④　$\dfrac{mg}{2M+m}$　　⑤　$\dfrac{Mg}{2M+m}$

問2　物体Aの速さと時刻の関係を表すグラフとして最も適当なものを、次の①～④のうちから一つ選べ。

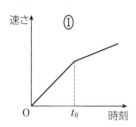 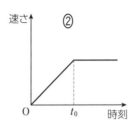 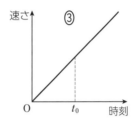 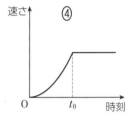

（14. センター本試［物理Ⅰ]）➡ 例題❶・❷

☑ **7**　☆☆☆
積み重ねた2物体の運動〈4分〉　図のように、水平な床の上に質量Mの台Aがあり、その上に質量mの物体Bがある。物体Bの側面に軽くて細い糸がついており、手で引くことができる。床と台Aの間と、台Aと物体Bの

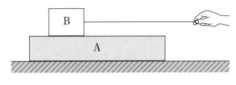

間には、それぞれ摩擦力がはたらくとする。ただし、$M>m$であり、重力加速度の大きさをgとする。

問1　糸を手で引いて物体Bに水平な力を加え、その大きさがFのとき、台Aと物体Bは一体となって動いた。床と台Aの間には大きさf_1の動摩擦力がはたらいている。台Aと物体Bの加速度の大きさを表す式として正しいものを、次の①～⑥のうちから一つ選べ。

①　$\dfrac{F-f_1}{m}$　②　$\dfrac{F-f_1}{M+m}$　③　$\dfrac{F+f_1}{m}$　④　$\dfrac{F+f_1}{M+m}$　⑤　$\dfrac{F}{M+m}-\dfrac{f_1}{m}$　⑥　$\dfrac{F}{M+m}+\dfrac{f_1}{m}$

問2　問1の状況でf_1を表す式として正しいものを、次の①～⑤のうちから一つ選べ。ただし、床と台Aとの間の動摩擦係数をμ'とする。

①　$\mu'Mg-\dfrac{MF}{M+m}$　　②　$\mu'Mg-\dfrac{mF}{M+m}$　　③　$\mu'Mg$　　④　$\mu'(M-m)g$　　⑤　$\mu'(M+m)g$

（13. センター追試［物理Ⅰ]　改）➡ 例題❷

☑ **8**　☆☆
大気圧と水圧〈3分〉　底面積Sの円筒形のコップを密度ρの液体につけてからもち上げたところ、図のように、コップ内外の液面の高さの差がhとなった。コップ内部の空気の圧力Pを表す式として正しいものを、次の①～⑥のうちから一つ選べ。ただし、大気圧をP_0、重力加速度の大きさをgとする。

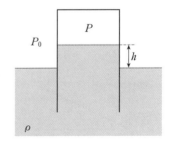

①　$P_0-\rho gh$　　②　$P_0-\rho ghS$　　③　$P_0-\dfrac{\rho gh}{S}$

④　$P_0+\rho gh$　　⑤　$P_0+\rho ghS$　　⑥　$P_0+\dfrac{\rho gh}{S}$

（16. センター本試［物理基礎]）

9 浮力 6分

体積 $1.0 \times 10^{-3}\,\text{m}^3$、密度 $8.0 \times 10^3\,\text{kg/m}^3$ の一様な物体に糸をつけてつるし、図のように水中に沈めて静止させた。水の密度を $1.0 \times 10^3\,\text{kg/m}^3$ とし、糸の体積は無視できるものとする。重力加速度の大きさ g を $9.80\,\text{m/s}^2$ とする。下の文章中の空欄 ___1___ ～ ___8___ に入れる数字として最も適当なものを、下の①～⓪のうちから一つずつ選べ。ただし、同じものを繰り返し選んでもよい。また、空欄 ___ア___ は解答群から一つ選べ。

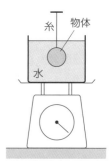

問1 このとき糸の張力の大きさは、有効数字2桁で表すと、
___1___ . ___2___ ×10^___3___ N であった。

問2 容器の下にある台はかりの目盛りは、物体を沈める前に比べ、有効数字2桁で表すと、
___4___ . ___5___ ×10^___6___ N だけ ___ア___ した。

問3 物体と同じ体積で、密度が $7.0 \times 10^2\,\text{kg/m}^3$ の木片を浮かべると、木片の一部が水面から出て静止した。このとき水面に出ている木片の体積は、木片全体の体積の ___7___ ___8___ ％であった。

___1___ ～ ___8___ の解答群： ① 1 ② 2 ③ 3 ④ 4 ⑤ 5
⑥ 6 ⑦ 7 ⑧ 8 ⑨ 9 ⓪ 0

___ア___ の解答群： ① 減少 ② 増加

(17. 日本福祉大　改)

10 ばねを伸ばす仕事 4分

図のように、ばね定数 k、自然の長さ l のばねの両端を引いたところ、自然の長さからの伸びが x になり、両端に加えた力の大きさは F になった。

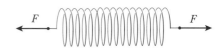

問1 伸び x を表す式として正しいものを、次の①～⑥のうちから一つ選べ。

① $\dfrac{F}{2k}$ ② $\dfrac{F}{k}$ ③ $\dfrac{2F}{k}$ ④ $\dfrac{kF}{2}$ ⑤ kF ⑥ $2kF$

問2 ばねを伸ばすときに、両端に加えた力のした仕事は合わせていくらになるか。正しいものを、次の①～⑧のうちから一つ選べ。

① $\dfrac{kx}{2}$ ② kx ③ $\dfrac{k(x+l)}{2}$ ④ $k(x+l)$

⑤ $\dfrac{kx^2}{2}$ ⑥ kx^2 ⑦ $\dfrac{k(x+l)^2}{2}$ ⑧ $k(x+l)^2$

(15. センター本試 [物理基礎])

11 なめらかな斜面上の運動 2分

なめらかな斜面上での小物体の運動を考えよう。空気抵抗は無視できるものとする。図に示すように、斜面上の点Pで小物体を時刻 $t=0$ で静かにはなしたところ、小物体は斜面をすべり落ちた。小物体の速度の変化を表すグラフとして最も適当なものを、次の①～④のうちから一つ選べ。ただし、斜面に沿って下向きを速度の正の向きとする。

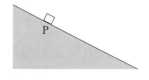

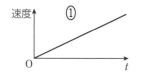 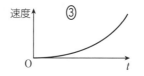 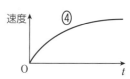

(15. センター本試 [物理基礎]　改)

☑ **12** ☆☆☆ **ばねによる打ち出し** 〔4分〕 図(a)のように、床の上に鉛直に固定した軽いばねがある。図(b)のように、このばねの上に質量mの小球をのせ、手で小球を押し下げ、自然の長さからのばねの縮みをxにした。その後、静かに小球をはなすと、ばねが自然の長さに達したとき、小球はばねをはなれ、速さvで鉛直上方に運動した。ばね定数をk、重力加速度の大きさをgとする。xとvの関係を表す式、および小球がばねからはなれて飛び出すためにxが満たすべき条件を表す式の組み合わせとして最も適当なものを、次の①～⑥のうちから一つ選べ。

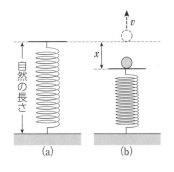

(a)　　(b)

	xとvの関係式	xの条件式		xとvの関係式	xの条件式
①	$\frac{1}{2}mv^2 = \frac{1}{2}kx^2 - mgx$	$x > 0$	④	$\frac{1}{2}mv^2 = \frac{1}{2}kx^2 + mgx$	$x > 0$
②	$\frac{1}{2}mv^2 = \frac{1}{2}kx^2 - mgx$	$x > \frac{mg}{k}$	⑤	$\frac{1}{2}mv^2 = \frac{1}{2}kx^2 + mgx$	$x > \frac{mg}{k}$
③	$\frac{1}{2}mv^2 = \frac{1}{2}kx^2 - mgx$	$x > \frac{2mg}{k}$	⑥	$\frac{1}{2}mv^2 = \frac{1}{2}kx^2 + mgx$	$x > \frac{2mg}{k}$

(14. センター追試［物理Ⅰ］改)

☑ **13** ☆☆☆ 思考・判断・表現 **摩擦のある水平面上の運動** 〔5分〕 図のように、粗い水平な床の上の点Oに、質量mの小物体が静止している。この小物体に、床と角度θをなす矢印の向きに一定の大きさFの力を加えて、点Oから距離lにある点Pまで床に沿って移動させた。小物体が点Pに達した直後に力を加えることをやめたところ、小物体はl'だけすべって、点Qで静止した。ただし、小物体と床の間の動摩擦係数をμ'、重力加速度の大きさをgとする。

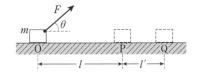

問1 点Oから点Pまで動く間に、小物体が床から受ける動摩擦力の大きさfを表す式として正しいものを、次の①～⑦のうちから一つ選べ。

① $\mu'(mg + F\sin\theta)$ 　　② $\mu'(mg - F\sin\theta)$ 　　③ $\mu'(mg + F\cos\theta)$

④ $\mu'(mg - F\cos\theta)$ 　　⑤ $\mu'(mg + F)$ 　　⑥ $\mu'(mg - F)$ 　　⑦ $\mu'mg$

問2 小物体が点Pに到達したときの速さをfを用いて表す式として正しいものを、次の①～⑥のうちから一つ選べ。

① $\sqrt{\dfrac{2l(F+f)}{m}}$ 　　② $\sqrt{\dfrac{2l(F\sin\theta+f)}{m}}$ 　　③ $\sqrt{\dfrac{2l(F\cos\theta+f)}{m}}$

④ $\sqrt{\dfrac{2l(F-f)}{m}}$ 　　⑤ $\sqrt{\dfrac{2l(F\sin\theta-f)}{m}}$ 　　⑥ $\sqrt{\dfrac{2l(F\cos\theta-f)}{m}}$

問3 小物体が動き始めてから点Qに到達するまで、点Oと小物体との距離を時間の関数として表したグラフとして最も適当なものを、次の①～④のうちから一つ選べ。

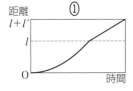 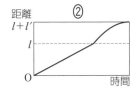 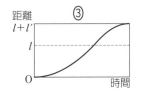 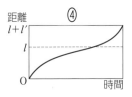

(13. センター本試［物理Ⅰ］改)

実践問題

☑ **14** ☆☆☆ 思考・判断・表現 **つながれた2球の鉛直運動** ◀8分 図のように、質量 m の2つの小球 A、B に軽い糸を
つけ、糸の一端 P を大きさ F の力で鉛直に引き上げる。重力加速度の大きさを g とする。

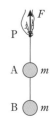

問1 PA 間の糸の張力の大きさを T_1、AB 間の糸の張力の大きさを T_2 とする。小球 A の
加速度の大きさ a を表す式と、T_1 と T_2 の関係を表す式の組み合わせとして正しいものを、
次の①〜⑥のうちから一つ選べ。

	①	②	③	④	⑤	⑥
加速度の 大きさ a	$\dfrac{F}{2m}+g$	$\dfrac{F}{2m}+g$	$\dfrac{F}{2m}+g$	$\dfrac{F}{2m}-g$	$\dfrac{F}{2m}-g$	$\dfrac{F}{2m}-g$
T_1 と T_2 の関係	$T_1=\dfrac{1}{2}T_2$	$T_1=T_2$	$T_1=2T_2$	$T_1=\dfrac{1}{2}T_2$	$T_1=T_2$	$T_1=2T_2$

問2 引き上げている途中で糸をはなした。その時刻を $t=0$ として、時刻 t （$t>0$）と小球 B の速度 v
の関係を表すグラフとして最も適当なものを、次の①〜④のうちから一つ選べ。ただし、鉛直上向き
を速度の正の向きとする。

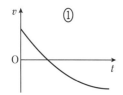 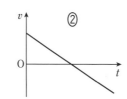 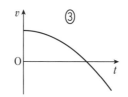 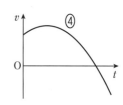

(15. センター追試 [物理 I])

☑ **15** ☆☆☆ 思考・判断・表現 **斜面と摩擦のある水平面** ◀5分 図のように、水
平面の左右に斜面がなめらかにつながった面がある。
この面は、水平面上の長さ L の部分 AB だけが粗く、
その他の部分はなめらかである。小物体を左側の斜
面上の高さ h の点 P に置き、静かに手をはなした。
ただし、小物体と粗い面との間の動摩擦係数を μ'、
重力加速度の大きさを g とする。

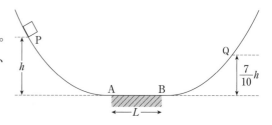

問1 小物体が点 P を出発してからはじめて点 A を通過するときの速さを表す式として正しいものを、
次の①〜⑥のうちから一つ選べ。

① $\dfrac{gh}{2}$　　② gh　　③ $2gh$　　④ $\sqrt{\dfrac{gh}{2}}$　　⑤ $\sqrt{gh}$　　⑥ $\sqrt{2gh}$

問2 その後、小物体は AB を通過して、右側の斜面をすべり上がり、高さが $\dfrac{7}{10}h$ の点 Q まで到達し
たのち斜面を下り始めた。μ' を表す式として正しいものを、次の①〜⑥のうちから一つ選べ。

① $\dfrac{3h}{10L}$　　② $\dfrac{7h}{10L}$　　③ $\dfrac{h}{L}$　　④ $\dfrac{10L}{3h}$　　⑤ $\dfrac{10L}{7h}$　　⑥ $\dfrac{L}{h}$

問3　次の文章中の空欄 [1]・[2] に入れる数および式として正しいものを、下のそれぞれの解答群から一つずつ選べ。

　　小物体は、面上を何回か往復運動をしてから AB 間のある点 X で静止した。小物体は、点Pを出発してから点Xで静止するまでに、点Aを [1] 回通過した。また、AX 間の距離は [2] であった。

[1] の解答群：① 1　　② 2　　③ 3　　④ 4　　⑤ 5

[2] の解答群：① $\dfrac{1}{6}L$　② $\dfrac{1}{3}L$　③ $\dfrac{1}{2}L$　④ $\dfrac{2}{3}L$　⑤ $\dfrac{5}{6}L$

(12. センター本試［物理Ⅰ］)

☑ **16** ☆☆☆ 【思考・判断・表現】 **斜面上のばねによる運動** 8分　水平面と角度 θ をなすなめらかな斜面上に、ばね定数 k のばねの上端を固定し、その下端に質量 m の物体を長さ l の糸でつないだ。ばねが自然の長さのときのばねの下端の位置を点Aとする。はじめ、物体を手で支えて、点Aに静止させておいた。ただし、物体の位置は、糸のついた面の位置で示すこととする。

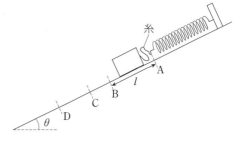

　　物体から手を静かにはなすと、物体は点Aから斜面に沿って下方にすべり出し、点Bで糸がぴんと張った。物体はさらに下方にすべり、やがて速さが点Cで最大になり、その後、物体は最下点Dに到達した。ばねと糸の質量および糸の伸びは無視できるものとし、重力加速度の大きさを g とする。

問1　物体が、最初の位置Aから糸が張った点Bに達するまでにかかった時間として正しいものを、次の①～⑥のうちから一つ選べ。

① $\sqrt{\dfrac{l}{g}}$　② $\sqrt{\dfrac{2l}{g}}$　③ $\sqrt{\dfrac{l}{g\sin\theta}}$　④ $\sqrt{\dfrac{2l}{g\sin\theta}}$　⑤ $\sqrt{\dfrac{l}{g\cos\theta}}$　⑥ $\sqrt{\dfrac{2l}{g\cos\theta}}$

問2　点Aから物体の速さが最大となる点Cまでの距離として正しいものを、次の①～⑥のうちから一つ選べ。

① l　② $l+\dfrac{mg}{k}$　③ $l+\dfrac{mg}{k}\sin\theta$　④ $l+\dfrac{mg}{k}\cos\theta$　⑤ $l+\dfrac{mg}{k\sin\theta}$　⑥ $l+\dfrac{mg}{k\cos\theta}$

問3　物体は点Cを通過した後、最下点Dで速さが0となった。この運動について、エネルギーの変化のようすをグラフで表す。物体が最初の位置Aから点Dまで降下する間、重力による位置エネルギーとばねの弾性力による位置エネルギーの和を、点Aから物体までの距離の関数として表したグラフとして最も適当なものを、次の①～④のうちから一つ選べ。

①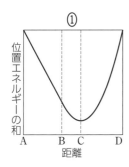
②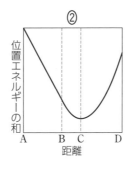
③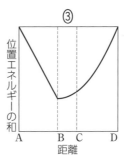
④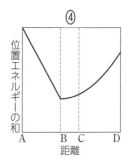

(13. センター本試［物理Ⅰ］ 改)

1 平面運動と放物運動

1 平面運動

①速度の合成・分解 〔合成〕 速度 $\vec{v_1}$〔m/s〕と $\vec{v_2}$〔m/s〕の合成速度 $\vec{v}$〔m/s〕は、 $\vec{v} = ({}^{ア}\qquad\qquad)$

〔分解〕 速度の合成とは逆に、1つの速度 $\vec{v}$ を2つの速度に分解することもできる。速度 $\vec{v}$〔m/s〕を互いに垂直な x 方向と y 方向に分解したとき、$\vec{v}$ の大きさを v、$\vec{v}$ と x 軸とのなす角を θ とすると、各成分 v_x〔m/s〕、v_y〔m/s〕は、

$$v_x = ({}^{イ}\qquad\qquad) \qquad v_y = ({}^{ウ}\qquad\qquad)$$

速度の大きさ v は、v_x、v_y を用いると、 $v = ({}^{エ}\qquad\qquad)$

②相対速度 速度 $\vec{v_A}$ で運動する物体Aから、速度 $\vec{v_B}$ で運動する物体Bを見たとき、物体Aに対する物体Bの相対速度 $\vec{v_{AB}}$ は、

$$\vec{v_{AB}} = ({}^{オ}\qquad\qquad)$$

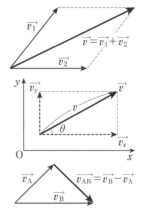

2 放物運動

①水平投射 速さ v_0〔m/s〕で水平に投げ出された物体は、水平（x 軸）方向には等速直線運動、鉛直（y 軸）方向には（${}^{カ}\qquad\qquad$）と同じ運動をする。投げ出されてから t〔s〕後の速度の x 成分を v_x〔m/s〕、y 成分を v_y〔m/s〕、位置を x〔m〕、y〔m〕、重力加速度の大きさを g〔m/s^2〕とすると、

$$v_x = ({}^{キ}\qquad\qquad) \qquad x = ({}^{ク}\qquad\qquad)$$
$$v_y = ({}^{ケ}\qquad\qquad) \qquad y = ({}^{コ}\qquad\qquad)$$

②斜方投射 速さ v_0〔m/s〕で水平から角 θ をなす向きに投げ出された物体は、水平（x 軸）方向には等速直線運動、鉛直（y 軸）方向には（${}^{サ}\qquad\qquad$）と同じ運動をする。投げ出されてから t〔s〕後の速度の x 成分を v_x〔m/s〕、y 成分を v_y〔m/s〕、位置を x〔m〕、y〔m〕、重力加速度の大きさを g〔m/s^2〕とすると、

$$v_x = ({}^{シ}\qquad\qquad) \qquad x = ({}^{ス}\qquad\qquad)$$
$$v_y = ({}^{セ}\qquad\qquad) \qquad y = ({}^{ソ}\qquad\qquad)$$

3 空気抵抗のある運動

質量 m〔kg〕の物体が空気抵抗を受けながら落下する。物体が小さい球状の場合、落下速度 v〔m/s〕が小さい範囲では、空気抵抗の大きさは比例定数 k を用いて（${}^{タ}\qquad\qquad$）と表される。鉛直下向きを正とし、このときの加速度を a〔m/s^2〕、重力加速度の大きさを g〔m/s^2〕とすると、運動方程式は、 $ma = ({}^{チ}\qquad\qquad)$

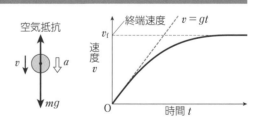

空気抵抗と重力がつりあうと、物体は一定の速度 v_f で落下する。この速度を終端速度といい、運動方程式から、$v_f = ({}^{ツ}\qquad\qquad)$ と求められる。

解答

$({}^{ア})\ \vec{v_1} + \vec{v_2}$ $({}^{イ})\ v\cos\theta$ $({}^{ウ})\ v\sin\theta$ $({}^{エ})\ \sqrt{v_x{}^2 + v_y{}^2}$ $({}^{オ})\ \vec{v_B} - \vec{v_A}$ $({}^{カ})$ 自由落下 $({}^{キ})\ v_0$ $({}^{ク})\ v_0 t$ $({}^{ケ})\ gt$ $({}^{コ})\ \dfrac{1}{2}gt^2$

$({}^{サ})$ 鉛直投げ上げ $({}^{シ})\ v_0\cos\theta$ $({}^{ス})\ v_0\cos\theta \cdot t$ $({}^{セ})\ v_0\sin\theta - gt$ $({}^{ソ})\ v_0\sin\theta \cdot t - \dfrac{1}{2}gt^2$ $({}^{タ})\ kv$ $({}^{チ})\ mg - kv$ $({}^{ツ})\ \dfrac{mg}{k}$

例題 ❸　相対速度

関連問題 ➡ 20

雨が鉛直方向に降る中、電車が水平でまっすぐな線路上を一定の速さで走っている。このとき、電車内から見る雨滴の落下方向は、鉛直方向と $60°$ の角度をなしていた。電車外で見た雨滴の落下速度を v とすると、電車内から見た雨滴の速さはいくらか。下の①〜⑥のうちから一つ選べ。

① $\dfrac{1}{2}v$　　② $\dfrac{\sqrt{3}}{3}v$　　③ $\dfrac{\sqrt{3}}{2}v$　　④ $\dfrac{2\sqrt{3}}{3}v$　　⑤ $\sqrt{3}\,v$　　⑥ $2v$

(18. 神奈川大　改)

指針　それぞれの速度をベクトルで図示する。Aに対するBの相対速度 $\vec{v_{AB}} = \vec{v_B} - \vec{v_A}$ は、$\vec{v_A}$ の終点から $\vec{v_B}$ の終点に向かって引いた矢印によって示される。

解説　地面に対する電車の速度 $\vec{v_A}$、地面に対する雨滴の速度 $\vec{v_B}(=\vec{v})$、電車内から見た雨滴の相対速度 $\vec{v_{AB}}$ は、図のようになる。$\vec{v_B}$ と $\vec{v_{AB}}$ とのなす角が $60°$ であるから、

$$v_{AB}\cos 60° = v_B \qquad v_{AB} \times \frac{1}{2} = v_B$$

$$v_{AB} = 2v_B = 2v$$

解答は⑥となる。

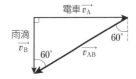

例題 ❹　2球の斜方投射

関連問題 ➡ 20・22

図のように、水平な地面上の点Oから、小球1と小球2を斜め方向に同じ速さで打ち上げた。打ち上げる方向が水平面となす角度は、小球1の方が大きかった。小球1と小球2が、打ち上げられてから地面に落下するまでに要した時間をそれぞれ T_1、T_2 とする。T_1 と T_2 の大小関係について述べた文として最も適当なものを、下の①〜⑤のうちから一つ選べ。ただし、空気抵抗は無視できるものとする。

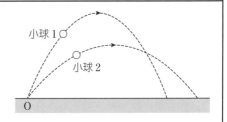

① $T_1 > T_2$ である。　　② $T_1 < T_2$ である。　　③ $T_1 = T_2$ である。

④ T_1 と T_2 の大小関係は、質量の大小関係による。　　⑤ T_1 と T_2 に定まった大小関係はない。

(16. センター本試 [物理])

指針　鉛直方向には鉛直投げ上げと同じ運動をし、小球1、2のいずれの加速度も鉛直下向きに g(重力加速度)となる。したがって、初速度の鉛直成分が大きいほど、最高点に達するまでに要する時間(速度の鉛直成分が0になるまでの時間)が長く、その高さも高くなることがわかる。

解説　2球の初速度の大きさは等しく、打ち上げる角度は小球1の方が大きい。したがって、小球1の初速度の鉛直成分は小球2よりも大きく、小球1の方が最高点に達するまでの時間が長く、その高さも高い。打ち上げてから落下するまでに要する時間は、運動の対称性から最高点に達するまでの時間の2倍であり、求める大小関係は、最高点に達するまでの時間で判断できる。

したがって、$T_1 > T_2$ であり、解答は①となる。

【参考】　初速度の大きさを V_0 とし、打ち上げる角を水平面から θ とすると、初速度 $v_0 = V_0 \sin\theta$ の鉛直投げ上げと同じ運動をする。鉛直投げ上げの式「$y = v_0 t - \dfrac{1}{2}gt^2$」から、落下するまでの時間は、

$$0 = V_0\sin\theta \times t - \frac{1}{2}gt^2 = t\left(V_0\sin\theta - \frac{1}{2}gt\right)$$

$t=0$ は投げ上げたときを表しており、適さない。

$$V_0\sin\theta - \frac{1}{2}gt = 0 \qquad t = \frac{2V_0\sin\theta}{g}$$

この結果から、角 θ が大きいほど、$\sin\theta$ が大きくなり、落下に要する時間 t は長くなることがわかる。

必修問題

☑ **17** ☆☆☆ 川を横切る船 **2分**　静水中を一定の速さVで進むことができる船がある。図のように、左側から右側へ一定の速さ$\frac{V}{2}$で流れている川を、地点Aから真向かいの地点Bまでまっすぐ船で渡りたい。船首をどの方向に向けて進めばよいか。最も適当なものを、図中の①～⑦のうちから一つ選べ。　（04. センター本試［物理ⅠB］）

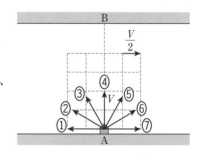

☑ **18** ☆☆ 思考・判断・表現　惑星上空での物資の切りはなし **2分**　図のように、大気のない惑星にいる宇宙飛行士の上空を、宇宙船が水平左向きに等速直線運動して通過していく。一定の時間間隔をあけて次々と物資が宇宙船から静かに切りはなされ、落下した。4番目の物資が切りはなされた瞬間の、それまでに切りはなされた物資の位置およびそれまでの運動の軌跡を表す図はどれか。次の①～⑤のうちから一つ選べ。

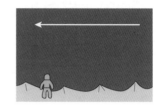

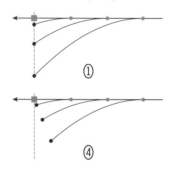

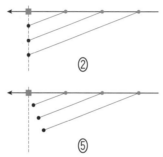

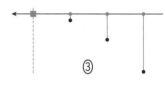

■ 宇宙船の位置
● 物資が切りはなされた位置
● 物資の位置

（18. 大学入学共通テスト試行調査［物理］　改）

☑ **19** ☆☆☆ 水平投射と自由落下 **5分**　図のように、水平面からの高さhのところに距離Lはなれた2点A、Bがある。点Aから点Bに向かって、水平方向に速さv_0で小物体を投げ出すと同時に、点Bから別の小物体を静かに落下させた。その後、2つの小物体は空中で衝突した。重力加速度の大きさをgとし、空気抵抗の影響は無視できるとして、以下の各問に答えよ。

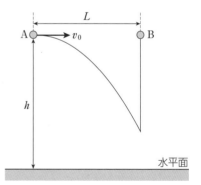

問1　点Aから小物体が投げ出されてから、2つの小物体が衝突するまでの時間tはいくらか。下の①～⑤のうちから一つ選べ。

①　$\frac{L}{v_0}$　②　$\frac{L}{g}$　③　$\sqrt{\frac{L}{v_0}}$　④　$\sqrt{\frac{L}{g}}$　⑤　$\sqrt{\frac{2L}{g}}$

問2　2つの小物体が、水平面に達する前に衝突するためには、v_0がいくらより大きければよいか。下の①～⑤のうちから一つ選べ。

①　$\frac{gL}{h}$　②　$\frac{gL}{2h}$　③　$\sqrt{\frac{gL}{h}}$　④　$\sqrt{\frac{gL}{2h}}$　⑤　$\sqrt{\frac{g}{2h}}L$

☑ **20** ☆☆ **等加速度直線運動と斜方投射** <u>9分</u>　図のように水平な
道路上を右向きに等加速度直線運動している車がある。車
は点Oを v_0 の速さで通過し、点Oを通過するときに車か
ら小球を前方の斜め上方に投げ出した。道路上に静止して
いる人から見ると、投げ出された直後の小球は水平面と

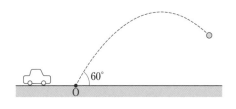

$60°$ の角をなす向きに $3v_0$ の速さで飛んでいた。車と小球は同一鉛直面内を運動し、車の速さは点O
を通過するときに急に変化することはなく、車は点Oを通過した後も同じ加速度で等加速度運動を続
ける。また、重力加速度の大きさを g とし、空気抵抗はないものとする。

問1　車に乗っている人から見た、投げ出された直後の小球の速さはいくらか。下の①～⑤のうちから
一つ選べ。

① $2v_0$　　② $\dfrac{5}{2}v_0$　　③ $\sqrt{7}\,v_0$　　④ $3v_0$　　⑤ $\sqrt{13}\,v_0$

問2　小球が投げ出されてから、地面に落下するまでにかかる時間はいくらか。下の①～⑤のうちから
一つ選べ。

① $\dfrac{3v_0}{2g}$　　② $\dfrac{3\sqrt{2}\,v_0}{2g}$　　③ $\dfrac{3\sqrt{3}\,v_0}{2g}$　　④ $\dfrac{3v_0}{g}$　　⑤ $\dfrac{3\sqrt{3}\,v_0}{g}$

問3　点Oと小球が地面に落下する地点との間の距離はいくらか。下の①～⑤のうちから一つ選べ。

① $\dfrac{3v_0{}^2}{2g}$　　② $\dfrac{3\sqrt{2}\,v_0{}^2}{2g}$　　③ $\dfrac{9v_0{}^2}{2g}$　　④ $\dfrac{9\sqrt{3}\,v_0{}^2}{2g}$　　⑤ $\dfrac{9\sqrt{3}\,v_0{}^2}{g}$

問4　小球が地面に落下する地点に、小球と車が同時に到達する場合の、車の加速度の大きさはいくら
か。下の①～⑤のうちから一つ選べ。

① $\dfrac{\sqrt{3}}{9}g$　　② $\dfrac{1}{3}g$　　③ $\dfrac{2\sqrt{3}}{9}g$　　④ $\dfrac{2}{3}g$　　⑤ g　　(18. 千葉工業大　改) ➡ **例題❸・❹**

☑ **21** ☆☆☆ **空気抵抗を受ける物体の運動** <u>4分</u>　空気中で、質量 m の物体を静かにはなし、落下させた。物体
は速さ v に比例する大きさ kv の抵抗力を受けるものとする。重力加速度の大きさを g とし、鉛直下
向きを加速度の正の向きとする。また、k は比例定数である。

問1　物体の加速度を a として、物体の運動方程式と、十分に長い時間が経過し、速度が一定になった
ときの速さ v_f を表す式の組み合わせとして正しいものを、次の①～⑨のうちから一つ選べ。

	運動方程式	v_f		運動方程式	v_f		運動方程式	v_f
①	$ma = mg - kv$	0	④	$ma = mg$	0	⑦	$ma = mg + kv$	0
②	$ma = mg - kv$	$\dfrac{k}{mg}$	⑤	$ma = mg$	$\dfrac{k}{mg}$	⑧	$ma = mg + kv$	$\dfrac{k}{mg}$
③	$ma = mg - kv$	$\dfrac{mg}{k}$	⑥	$ma = mg$	$\dfrac{mg}{k}$	⑨	$ma = mg + kv$	$\dfrac{mg}{k}$

問2　物体の速さが v_f になった後、空気の抵抗力が単位時間あたりに物体にする仕事の大きさはいく
らか。正しいものを、次の①～⑥のうちから一つ選べ。

① kv_f　　② $kv_f{}^2$　　③ $kv_f{}^3$　　④ $\dfrac{1}{2}kv_f$　　⑤ $\dfrac{1}{2}kv_f{}^2$　　⑥ $\dfrac{1}{2}kv_f{}^3$

(16. センター追試 [物理]　改)

実践問題

☑ **22** ☆☆☆ 思考・判断・表現 サッカーのシュートとゴールキーパー **10分**

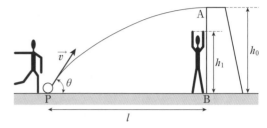

サッカーのシュートについて、単純化した状況で考えてみよう。図のように、点Pから初速度 $\vec{v}$ でけり出されたボールは、実線で表した軌道を描いて点Aに到達する。点Aの真下の地点Bにいるゴールキーパーは、腕を伸ばしたまま真上にジャンプし、点Aでこのボールを手でとめる。PBの距離を l、ABの高さは h_0、ゴールキーパーの足が地面をはなれた瞬間の手の高さは h_1（$h_1 < h_0$）であるとする。重力加速度の大きさを g とし、空気の抵抗を無視する。

ボールはゴールの上端Aに水平に入るようにけられる。次の問1・問2に答えよ。

問1 ボールが点Pでけられる時刻を0、点Aに到達する時刻を t_0 とする。ボールの初速度 $\vec{v}$ の鉛直成分 v_1 は $v_1 = \boxed{1}$ である。また、けり上げる角度を θ としたとき $\tan\theta = \boxed{2}$ である。空欄 $\boxed{1}$・$\boxed{2}$ に入れる式として正しいものを、それぞれの解答群のうちから一つずつ選べ。

$\boxed{1}$ の解答群：① $\dfrac{1}{2}gt_0$ ② $\dfrac{1}{\sqrt{2}}gt_0$ ③ gt_0 ④ $\sqrt{2}\,gt_0$ ⑤ $2gt_0$

$\boxed{2}$ の解答群：① $\dfrac{1}{2l}gt_0^2$ ② $\dfrac{1}{\sqrt{2}\,l}gt_0^2$ ③ $\dfrac{1}{l}gt_0^2$ ④ $\dfrac{\sqrt{2}}{l}gt_0^2$ ⑤ $\dfrac{2}{l}gt_0^2$

問2 時刻 t_0 を点Aの高さ h_0 を用いて表す式はどれか。正しいものを次の①～⑤のうちから一つ選べ。

① $\dfrac{1}{2}\sqrt{\dfrac{h_0}{g}}$ ② $\sqrt{\dfrac{h_0}{2g}}$ ③ $\sqrt{\dfrac{h_0}{g}}$ ④ $\sqrt{\dfrac{2h_0}{g}}$ ⑤ $2\sqrt{\dfrac{h_0}{g}}$

ゴールキーパーは、伸ばしている手がちょうど点Aまで届くようにジャンプして、点Aでボールをとめる。ただし、ジャンプしてからボールをとめるまで姿勢は変えないものとする。次の問3・問4の答えを、それぞれ以下の①～④のうちから一つずつ選べ。

問3 ゴールキーパーの足が地面をはなれる時刻を t_1 とする。ボールの高さと時間の関係を実線（——）で、t_1 から後のゴールキーパーの手の高さと時間の関係を破線（……）で描くとどうなるか。

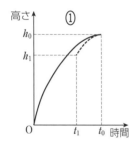
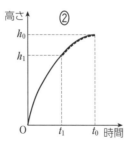
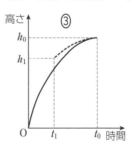
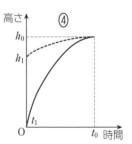

問4 $h_1 = \dfrac{3}{4}h_0$ の場合に、時刻 t_1 を表す式はどれか。

① 0 ② $\dfrac{1}{2}\sqrt{\dfrac{h_0}{g}}$ ③ $\sqrt{\dfrac{h_0}{2g}}$ ④ $\sqrt{\dfrac{h_0}{g}}$

(96. センター追試 [物理]) ➡ 例題❹

☑ **23** ☆☆☆ 思考・判断・表現

空気中での落下運動 6分 次の文章は、空気の抵抗力の検証実験とその考察について、先生と生徒が議論した内容である。次の各問に答えよ。

図1

生徒：抵抗力の大きさRが速さvに比例すると仮定すると、正の比例定数kを用いて、$R = kv$と書けます。物体の質量をm、重力加速度の大きさをgとすると、$R = mg$となるvが終端速度の大きさv_fなので、$v_f = \dfrac{mg}{k}$と表されます。実験をしてv_fとmの関係を確かめてみたいです。

先生：いいですね。図1のようなお弁当のおかずを入れるアルミカップは、何枚か重ねることによって質量の異なる物体にすることができるので、落下させてその関係を調べることができますね。その物体の形は枚数によらずほぼ同じなので、kは変わらないとみなしましょう。物体の質量mはアルミカップの枚数nに比例します。

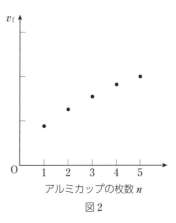

図2

生徒：そうすると、v_fがnに比例すると予想できますね。

生徒：$n = 1$、2、3、4、5の場合について、v_fを調べる実験を行いました。nとv_fの測定値を図2に点で描きこみましたが、$v_f = \dfrac{mg}{k}$に基づく予想と少し違いますね。

問1 図2が予想していた結果と異なると判断できるのはなぜか。その根拠として最も適当なものを、次の①〜④のうちから一つ選べ。

① アルミカップの枚数nを増やすと、v_fが大きくなる。

② 測定値のすべての点のできるだけ近くを通る直線が、原点から大きくはずれる。

③ v_fがアルミカップの枚数nに反比例している。

④ 測定値がとびとびにしか得られていない。

先生：実は、物体の形状や速さによっては、空気による抵抗力の大きさRは、速さに比例するとは限らないのです。ここでは、Rがv^2に比例するとみなせる場合も考えてみましょう。正の比例定数k'を用いてRを$R = k'v^2$と書くと、先ほどと同様に、$R = mg$となるvが終端速度の大きさv_fなので、$v_f = \sqrt{\dfrac{mg}{k'}}$と書くことができます。比例定数$k$と同様に、$k'$は$n$によって変化しないものとみなしましょう。$m$は$n$に比例するので、$v_f$と$n$の関係を調べると、$R = kv$と$R = k'v^2$のどちらが測定値によく合うかわかります。

生徒：わかりました。縦軸と横軸をうまく選んでグラフを描けば、原点を通る直線になってわかりやすくなりますね。

先生：それでは、そのグラフを描いてみましょう。

問2 速さの2乗に比例する抵抗力のみがはたらく場合に、グラフが原点を通る直線になるような縦軸・横軸の選び方の組み合わせとして最も適当なものを、次の①〜⑨のうちから二つ選べ。

	①	②	③	④	⑤	⑥	⑦	⑧	⑨
縦軸	$\sqrt{v_f}$	$\sqrt{v_f}$	$\sqrt{v_f}$	v_f	v_f	v_f	v_f^2	v_f^2	v_f^2
横軸	$\sqrt{n}$	n	n^2	$\sqrt{n}$	n	n^2	$\sqrt{n}$	n	n^2

(23. 共通テスト本試 [物理] 改)

2 剛体のつりあい

1 剛体にはたらく力

①**力のモーメント** 物体を回転させる力のはたらきを力のモーメントという。物体にはたらく力の大きさを F [N]、回転軸Oから力の作用線におろした垂線の長さ（うでの長さ）を L [m] とすると、力のモーメント M は、　$M = ($ ア　　　　　 $)$

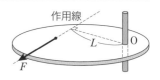

力のモーメントの単位には、ニュートンメートル（記号 N·m）が用いられる。

M は、反時計まわりのときを（イ　　　　）、時計まわりのときを（ウ　　　　）とすることが多い。

②**剛体のつりあい** 大きさをもち、力を加えても変形しない理想的な物体を（エ　　　　　）という。剛体が静止しているとき、つりあいの状態にあり、このとき次の2つの条件が成り立っている。

・平行移動しない条件：（オ　　　　）のベクトルの和が $\vec{0}$

$$\vec{F_1} + \vec{F_2} + \cdots + \vec{F_n} = \vec{0}$$

・回転運動しない条件：任意の点のまわりの（カ　　　　　　　　　）の和が0

$$M_1 + M_2 + \cdots + M_n = 0$$

2 剛体にはたらく2力の合成

①**力の移動** 剛体にはたらく力の作用点を、（キ　　　　）線上で移動させても、その力が剛体に与える効果は変わらない。

②**平行で同じ向きの2力の合成** 剛体にはたらく平行で同じ向きの2力 F_1、F_2 の合力の大きさは、F_1 と F_2 の（ク　　　　）に等しく、向きは2力と同じ向きである。また、合力の作用線は、2力の作用点間を $F_2 : F_1$ に（ケ　　　　）する点を通る。

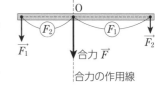

③**平行で逆向きの2力の合成** 剛体にはたらく平行で逆向きの2力 F_1、F_2 の合力の大きさは、F_1 と F_2 の（コ　　　　）に等しく、向きは大きい方の力と同じ向きである。また、合力の作用線は、2力の作用点間を $F_2 : F_1$ に（サ　　　　　）する点を通る。

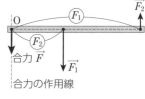

④**偶力** 同じ大きさで、互いに逆向きの平行な2力は、1つの力に合成することはできない。この2力は、剛体を平行移動させるはたらきはないが、回転させるはたらきをもつ。このような1組の力を（シ　　　　）という。2つの力の大きさを F [N]、作用線間の距離を a [m] とすると、偶力のモーメント M は、　$M = ($ ス　　　　　　 $)$

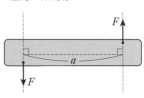

3 剛体の重心

剛体の各部分にはたらく重力の合力の（セ　　　　　　）を重心という。質量 m_1、m_2、$\cdots$、m_n の各物体が位置 x_1、x_2、$\cdots$、x_n にあるとき、物体全体の重心Gの座標 x_G は、

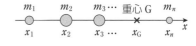

$$x_G = ($ ソ　　　　　　　　 $)$$

太さと密度が一様な棒の重心はその中点、一様な円盤や球形の物体の重心はそれぞれの中心にある。

解答

（ア）FL　（イ）正　（ウ）負　（エ）剛体　（オ）力　（カ）力のモーメント　（キ）作用　（ク）和　（ケ）内分　（コ）差　（サ）外分　（シ）偶力　（ス）Fa　（セ）作用点　（ソ）$\dfrac{m_1 x_1 + m_2 x_2 + \cdots + m_n x_n}{m_1 + m_2 + \cdots + m_n}$

例題 ❺ 力のモーメント

関連問題 ➡ 24・25

長さ L、質量 m の一様な棒の一端を天井にとりつけ、他端にばね定数 k のばねをつないだ。ある力でばねを横に引くと、図のように棒と鉛直方向とのなす角が θ となり、ばねは水平になって静止した。このとき、ばねは自然の長さからどれだけ伸びているか。正しいものを、下の①〜⑥のうちから一つ選べ。ただし、天井と棒、棒とばねは自由に回転できるようにつながれており、棒とばねは鉛直面内にあるとする。また、ばねの質量は無視できるものとし、重力加速度の大きさを g とする。

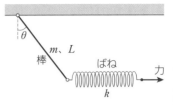

① $\dfrac{mg}{2k}$ ② $\dfrac{mg\tan\theta}{2k}$ ③ $\dfrac{mg}{2k\tan\theta}$ ④ $\dfrac{mg}{k}$ ⑤ $\dfrac{mg\tan\theta}{k}$ ⑥ $\dfrac{mg}{k\tan\theta}$

(11. センター本試 [物理Ⅰ])

指針 棒は静止しており、任意の点のまわりにおける力のモーメントの和は 0 である。

解説 ばねの伸びを x とすると、ばねの弾性力の大きさは kx であり、一様な棒なので、重力の作用

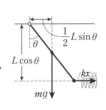

点は棒の中点である。棒と天井の接点を基準とすると、弾性力、重力までのうでの長さは、それぞれ $L\cos\theta$、$\dfrac{1}{2}L\sin\theta$ である。力のモーメントのつりあいの式は、

$$kx\times L\cos\theta-mg\times\frac{1}{2}L\sin\theta=0 \qquad x=\frac{mg\tan\theta}{2k}$$

したがって、解答は②となる。

例題 ❻ 剛体のつりあい

関連問題 ➡ 26・31

次の文章の 1 〜 3 に入る式を、それぞれの解答群の①〜⑤のうちから一つ選べ。

図のように、水平な床と垂直な壁に立てかけられた一様な棒 AB がある。ここで、棒の長さは L、重さは W で、壁と棒のなす角度は θ、棒と壁との間に摩擦はないものとする。棒が静止しているとき、床から受ける垂直抗力を N、壁から受ける垂直抗力を F、棒の下端 B が床から受ける静止摩擦力を f とする。このとき、N は 1 、F は 2 、f は 3 で与えられる。

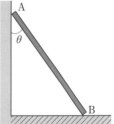

1 の解答群：① $\dfrac{1}{4}W$ ② $\dfrac{1}{2}W$ ③ W ④ $2W$ ⑤ $4W$

2 、 3 の解答群：① $\dfrac{1}{2}W\tan\theta$ ② $\dfrac{1}{2}W\sin\theta$ ③ $2W\tan\theta$

④ $2W\sin\theta$ ⑤ $2W\cos\theta$

(18. 湘南工科大 改)

指針 棒は静止しており、棒にはたらく力、力のモーメントはつりあっている。力のモーメントのつりあいの式は、複数の力がはたらいている作用点のまわりで立てると式が簡単になる。

解説 棒にはたらく力は図のようになる。水平方向、鉛直方向のそれぞれについて力のつりあいの式を立てると、

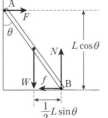

水平方向：$F-f=0$ …①
鉛直方向：$N-W=0$ …②
点 B から W、F までのうでの

長さは、$\dfrac{1}{2}L\sin\theta$、$L\cos\theta$ である。点 B のまわりの力のモーメントのつりあいの式は、

$$W\times\frac{1}{2}L\sin\theta-F\times L\cos\theta=0 \quad\cdots③$$

式②から、 $N=W$

式③から、 $F=\dfrac{1}{2}W\dfrac{\sin\theta}{\cos\theta}=\dfrac{1}{2}W\tan\theta$

これを式①に代入して、$f=F=\dfrac{1}{2}W\tan\theta$

解答は、 1 ：③、 2 ：①、 3 ：①となる。

☑ **24** ☆☆☆ **剛体のつりあい** ⟨3分⟩ 図のように、なめらかな水平面上に置かれた棒が、一端Oを支点として、水平面内で回転できるようになっている。点A、点B

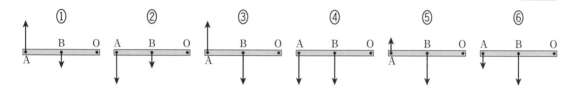

に力を加えたところ、棒はつりあった。加えた力を表す図として最も適当なものを、次の①～⑥のうちから一つ選べ。ただし、矢印の向きは加えた力の向きを表し、矢印の長さは加えた力の大きさに比例するものとする。 (99. センター本試 [物理ⅠB]) ➡ **例題⑤**

☑ **25** ☆☆ **支点で回転する棒** ⟨4分⟩ 質量M、長さLの一様な細い棒 AB が、図のように、その一端Aと、Aからlだけはなれた点Cで支えられている。

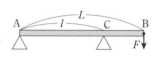

棒の他端Bに下向きの力Fを徐々にかけていくと、$F = F_0$で棒 AB はCを中心に回転を始めた。ただし、lは$\dfrac{L}{2}$より大きく、重力加速度の大きさをgとする。

問1 Bにかかる下向きの力Fが増加すると、Aの支点から棒が受ける力f_Aはどのように変化するか。正しいものを、次の①～⑥のうちから一つ選べ。

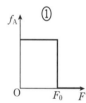 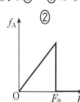 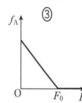 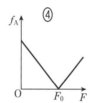 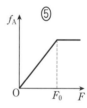 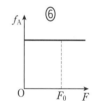

問2 棒 AB がCを中心に回転を始めるときの力の大きさF_0はいくらか。正しいものを、次の①～⑥のうちから一つ選べ。

① $\dfrac{2l+L}{L+l}Mg$　　② $\dfrac{2l-L}{L-l}Mg$　　③ $\dfrac{2l+L}{2(L+l)}Mg$

④ $\dfrac{2l-L}{2(L-l)}Mg$　　⑤ $\dfrac{2(L+l)}{2l+L}Mg$　　⑥ $\dfrac{2(L-l)}{2l-L}Mg$

(99. センター追試 [物理ⅠB]) ➡ **例題⑤**

☑ **26** ☆☆☆ **壁にとりつけた棒** ⟨3分⟩ 図のように、質量mの一様な細い棒の一端を鉛直な壁にちょうつがいでとめ、他端と壁の一点を軽い糸で結んだ。糸と棒は壁に垂直な鉛直面内にあり、壁と糸、棒と糸のなす角度は、それぞれ30°、90°であった。糸の張力の大きさTを表す式として正しいものを、下の①～⑥のうちから一つ選べ。ただし、ちょうつがいはなめらかに回転し、その大きさと質量は無視できるものとする。また、重力加速度の大きさをgとする。

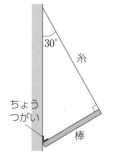

① $\dfrac{1}{4}mg$　② $\dfrac{\sqrt{3}}{4}mg$　③ $\dfrac{1}{2}mg$　④ $\dfrac{\sqrt{3}}{2}mg$　⑤ $\dfrac{3}{4}mg$　⑥ mg

(15. センター本試 [物理]) ➡ **例題⑥**

27 ☆☆☆ **円板の重心** ⏱5分　点Oを中心とする半径 3.0 cm の一様な厚さの
円板がある。図のように、点 O′ を中心とし、その円板に内接する半径
2.0 cm の円板Aを切り取った。残った物体B(灰色の部分)の重心をG
とする。直線 O′O 上にある重心Gの位置と、OG 間の距離の組み合わ
せとして最も適当なものを、次の①〜⑧のうちから一つ選べ。

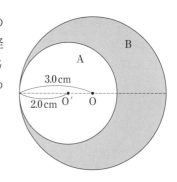

	重心Gの位置	OG[cm]		重心Gの位置	OG[cm]
①	点Oの右側	0.4	⑤	点Oの左側	0.4
②	点Oの右側	0.8	⑥	点Oの左側	0.8
③	点Oの右側	1.2	⑦	点Oの左側	1.2
④	点Oの右側	2.2	⑧	点Oの左側	2.2

(18. センター本試 [物理])

28 ☆☆ **密度が不均一な棒の重心** ⏱6分　図のように、密度が不均一な
質量 M、長さ l の細い棒の両端 A、B に糸をつけ、棒 AB が水平
になるように点Cに固定した。糸と棒のなす角度はそれぞれ 60°、
30° になった。糸は点Cですべらないものとする。

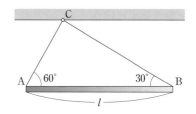

問1　棒の左端Aから棒の重心Gまでの距離 x を表す式として正し
いものを、次の①〜⑥のうちから一つ選べ。

① $\dfrac{1}{\sqrt{3}}l$　② $\dfrac{1}{3}l$　③ $\dfrac{1}{2\sqrt{3}}l$　④ $\dfrac{1}{4}l$　⑤ $\dfrac{1}{6}l$　⑥ $\dfrac{1}{8}l$

問2　糸 AC の張力の大きさ T_1 と、糸 BC の張力の大きさ T_2 を表す式の組み合わせとして正しいも
のを、次の①〜⑥のうちから一つ選べ。ただし、重力加速度の大きさを g とする。

	①	②	③	④	⑤	⑥
T_1	$\dfrac{1}{2}Mg$	$\dfrac{1}{2}Mg$	$\dfrac{2}{\sqrt{3}}Mg$	$\dfrac{2}{\sqrt{3}}Mg$	$\dfrac{\sqrt{3}}{2}Mg$	$\dfrac{\sqrt{3}}{2}Mg$
T_2	$\dfrac{2}{\sqrt{3}}Mg$	$\dfrac{\sqrt{3}}{2}Mg$	$\dfrac{1}{2}Mg$	$\dfrac{\sqrt{3}}{2}Mg$	$\dfrac{1}{2}Mg$	$\dfrac{2}{\sqrt{3}}Mg$

(15. センター追試 [物理])

29 ☆☆ **すべらずに転倒する条件** ⏱4分　図のように、直径 a、高さ
b の円柱を粗い板の上に置き、板の一端をゆっくりもち上げる。
このとき、円柱がすべらずに転倒する条件として最も適当なも
のを、次の①〜⑥のうちから一つ選べ。ただし、円柱と板の間
の静止摩擦係数を μ とし、円柱の密度は一様であるものとする。

① $a>\mu b$　② $b>\mu a$　③ $ab>\mu$

④ $a<\mu b$　⑤ $b<\mu a$　⑥ $ab<\mu$

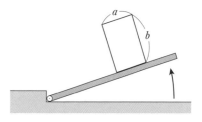

(16. センター追試 [物理])

30 おもりをつり下げた棒のつりあい ⟨5分⟩

図1のように、長さ$2a$の棒ABを長さ$2a$の糸2本で点Pからつり下げた。さらにABの中点に質量mのおもりをつり下げた。ただし、棒ABと糸の質量は無視できるものとし、また、重力加速度の大きさをgとする。

問1　A端に取りつけた糸の張力の大きさはいくらか。正しいものを、次の①〜⑥のうちから一つ選べ。

① $\dfrac{mg}{2}$　　② $\dfrac{mg}{\sqrt{3}}$　　③ $\dfrac{mg}{\sqrt{2}}$

④ mg　　⑤ $\dfrac{2}{\sqrt{3}}mg$　　⑥ $2mg$

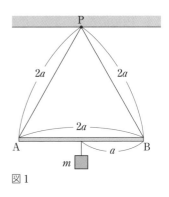

図1

問2　おもりをつり下げる位置をB端からxの距離の位置にしたところ、棒が傾いた。そこで、図2のように、B端を水平方向に力Fで押して、棒を水平に保った。Fの大きさを表す式として正しいものを、次の①〜⑥のうちから一つ選べ。ただし、$x>a$とする。

① $\dfrac{x}{2a}mg$　　② $\dfrac{x}{\sqrt{3}\,a}mg$　　③ $\dfrac{x}{a}mg$

④ $\dfrac{x-a}{2a}mg$　　⑤ $\dfrac{x-a}{\sqrt{3}\,a}mg$　　⑥ $\dfrac{x-a}{a}mg$

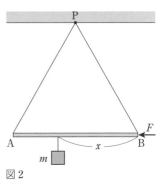

図2

(03. センター追試 [物理 I B])

実践問題　PRACTICE

PRACTICE

31 壁に立てかけた棒のつりあい ⟨6分⟩　思考・判断・表現

図のように、質量mで長さLの一様な細い棒を、なめらかで鉛直な壁に斜めに立てかけたところ、棒はすべらず静止した。床は粗くかつ水平であり、棒が床となす角度をθとする。そこに、質量$\dfrac{m}{3}$の小鳥が飛んできて棒上の一点に静かに止まったが、棒は静止したままであった。棒の太さと小鳥の大きさは無視できるものとし、重力加速度の大きさをgとする。

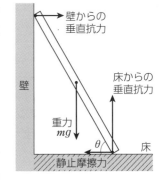

問1　小鳥が棒の上端から距離xの点に止まったとき、小鳥と棒を合わせた重心の位置が、棒の上端から距離$\dfrac{2}{5}L$の点になった。xとして正しいものを、次の①〜⑥のうちから一つ選べ。

① $\dfrac{1}{15}L$　② $\dfrac{1}{10}L$　③ $\dfrac{1}{9}L$　④ $\dfrac{1}{5}L$　⑤ $\dfrac{2}{9}L$　⑥ $\dfrac{1}{3}L$

問2　床と棒との間の静止摩擦係数をμとする。問1の位置に小鳥が止まった後も、棒がすべり出さないためのμの最小値μ_0はいくらか。正しいものを、次の①〜⑥のうちから一つ選べ。

① $\dfrac{3}{5\tan\theta}$　② $\dfrac{1}{2\tan\theta}$　③ $\dfrac{2}{5\tan\theta}$　④ $\dfrac{5\tan\theta}{3}$　⑤ $2\tan\theta$　⑥ $\dfrac{5\tan\theta}{2}$

(09. センター追試 [物理 I])　➡ 例題❻

☑ **32** ☆☆ 思考・判断・表現 **剛体がすべり出す条件と倒れる条件** 8分　太郎君は、粗い斜面と質量 m [kg]の物体を用いて、粗い斜面と物体との間の静止摩擦係数 μ を求める実験を計画した。

　図1に示すように、物体は斜面上に置かれ静止している。この物体は一様な剛体とみなしてよく、1辺の長さが L [m]の立方体である。辺PQは水平であり、また、斜面が水平面となす傾斜角は θ [°]である。重力加速度の大きさを g [m/s²]として、次の各問に答えよ。

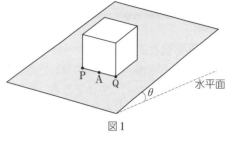

図1

問1　次の文章の空欄 　1　 ～ 　3　 に入る最も適した式を、下の解答群①～⑧から一つずつ選べ。

　斜面から物体にはたらく垂直抗力の大きさは、 　1　 [N]であり、静止摩擦力の大きさは、 　2　 [N]である。図1における辺PQの中点Aを通る鉛直断面を、図2に示す。斜面から物体にはたらく抗力の作用点は、図2の点Aから斜面に沿って上向きに 　3　 [m]の位置である。

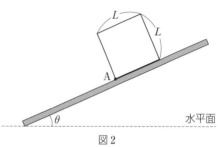

図2

　1　 の解答群：①　mg　②　$mg\sin\theta$　③　$mg\cos\theta$　④　$mg\tan\theta$
　　　　　　⑤　mgL　⑥　$mgL\sin\theta$　⑦　$mgL\cos\theta$　⑧　$mgL\tan\theta$

　2　 の解答群：①　mg　②　$mg\sin\theta$　③　$mg\cos\theta$　④　$mg\tan\theta$
　　　　　　⑤　$\dfrac{\mu mg}{2}$　⑥　$\dfrac{\mu mg\sin\theta}{2}$　⑦　$\dfrac{\mu mg\cos\theta}{2}$　⑧　$\dfrac{\mu mg\tan\theta}{2}$

　3　 の解答群：①　$\dfrac{L}{2}$　②　$\dfrac{L(1-\sin\theta)}{2}$　③　$\dfrac{L(1-\cos\theta)}{2}$　④　$\dfrac{L(1-\tan\theta)}{2}$
　　　　　　⑤　$\dfrac{\mu L}{2}$　⑥　$\dfrac{\mu L(1-\sin\theta)}{2}$　⑦　$\dfrac{\mu L(1-\cos\theta)}{2}$　⑧　$\dfrac{\mu L(1-\tan\theta)}{2}$

問2　太郎君は、この実験を計画するとき、次の2通りの場合を予想し、この実験によって μ を求めることができるかを考察した。有効数字を2桁として、次の文章の空欄 　4　 ～ 　7　 に入る最も適した数字を、下の①～⓪のうちから一つずつ選べ。ただし、同じものを繰り返し選んでもよい。

1．傾斜角 θ [°]を徐々に大きくしていくと、θ_1 [°]をこえた直後に、物体が転倒せずに斜面をすべり始めたとする。この角 θ_1 [°]を測定し、三角関数表を利用すれば、μ を求めることができる。たとえば、$\theta_1=30°$ であったとすると、$\mu=0.$ 　4　 　5　 である。ただし、$\sqrt{3}=1.73$ とする。

2．傾斜角 θ [°]を徐々に大きくしていくと、θ_2 [°]をこえた直後に、物体が斜面をすべることなく転倒したとする。このとき、$\theta_2=$ 　6　 　7　 ° である。

このことから、$\theta_1<\theta_2$ の場合に、この実験方法で μ を求めることができるということがわかる。

①　1　②　2　③　3　④　4　⑤　5　⑥　6　⑦　7　⑧　8　⑨　9　⓪　0

(18. 金沢工業大　改)

3 運動量の保存

① 運動量と力積

①**運動量** 運動量は、運動の激しさを表す目安の１つであり、(^{ア})と

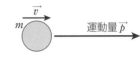

同じ向きをもつベクトルである。質量 m [kg]、速度 $\vec{v}$ [m/s] の物体の運動

量 $\vec{p}$ は、 $\vec{p}=($^{イ})

運動量の単位はキログラムメートル毎秒 (kg·m/s) である。

②**運動量の変化と力積** ［直線上］ 速度 v [m/s] で運動する質

量 m [kg] の物体が、運動の向きに力 F [N] を時間 $\varDelta t$ [s] だけ

受けて、その速度が v' [m/s] になったとする。このときの加

速度は (^{ウ}) [m/s^2] と表され、運動方程式

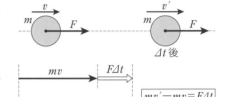

は、 (^{エ}) $=F$

両辺に $\varDelta t$ をかけると、 (^{オ}) $=F\varDelta t$

この式の左辺は (^{カ}) の変化を表し、右辺は力 F と力が作用した時間 $\varDelta t$ の積であり、

(^{キ}) とよばれる。力積は、力と同じ向きをもつベクトルである。その単位は**ニュートン**

秒（記号 N·s）であり、kg·m/s＝N·s である。

［平面上］ 平面上の運動においても、物体の運動量の変化は、その間に物体が受けた力積に等しく、

$m\vec{v'}-m\vec{v}=\vec{F}\varDelta t$ の関係が成り立つ。

③**力が変化する場合の力積** 物体の受ける力が図の $F-t$ グラフで示され

るとき、物体が受ける (^{ク}) の大きさは、斜線部の面積で表さ

れる。物体が受けた力積を I [N·s] とし、力を受けた時間を $\varDelta t$ [s] とす

るとき、物体が受ける平均の力 $\overline{F}$ [N] は、 $\overline{F}=($^{ケ})

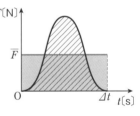

バットでボールを打つような場合、きわめて短い時間に大きな力がは

たらく。このような力を (^{コ}) という。

② 運動量保存の法則

①**物体系** 注目する物体のグループを (^{サ}) という。

(^{シ}) …物体系の中で互いにおよぼしあう力。

(^{ス}) …物体系の外からおよぼされる力。

②**運動量保存の法則** 物体系が内力をおよぼしあうだけで、外力を受けなければ、物体系の

(^{セ}) の総和は変化しない。これを運動量保存の法則という。

［直線上］ 直線上において、速度 v_1 [m/s] で運動している質

量 m_1 [kg] の物体Aが、速度 v_2 [m/s] で運動している質量 m_2

[kg] の物体Bに衝突し、衝突後のA、Bの速度がそれぞれ v_1'

[m/s]、v_2' [m/s] になったとする。運動量保存の法則から、

$m_1v_1+m_2v_2=($^{ソ})

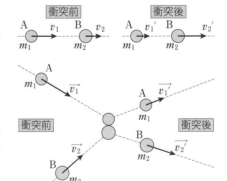

［平面上］ 平面上において、速度 $\vec{v_1}$ [m/s] で運動している質

量 m_1 [kg] の物体Aが、速度 $\vec{v_2}$ [m/s] で運動している質量 m_2

[kg] の物体Bに衝突し、衝突後のA、Bの速度がそれぞれ $\vec{v_1'}$

[m/s]、$\vec{v_2'}$ [m/s] になったとき、運動量保存の法則から、

$m_1\vec{v_1}+m_2\vec{v_2}=($^{タ})

平面上では、互いに垂直な x 軸と y 軸をとり、運動量を x 成分と y 成分に分けて式を立てることもで

きる。

3 反発係数

①反発係数 [床との衝突] 物体が床に落ちてはねかえるとき、衝突直前の速度 v [m/s] と衝突直後の速度 v' [m/s] の比は、(ﾁ) とよばれる。これを e とすると、 $e=$ (ﾂ)

[2球の衝突] 直線上で小球AとBが衝突する。衝突前のA、Bの速度を v_1 [m/s]、v_2 [m/s]、衝突後の速度を v_1' [m/s]、v_2' [m/s] とする。反発係数 e は、 $e=$ (ﾃ)

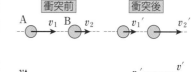

衝突前　　衝突後

[斜めの衝突] なめらかな面に小球が斜めに衝突する場合、面に平行な方向（x 軸方向）には力を受けず、面に垂直な方向（y 軸方向）では力を受ける。衝突直前の速度の x 成分、y 成分を v_x [m/s]、v_y [m/s]、衝突直後の x 成分、y 成分を v_x' [m/s]、v_y' [m/s] とすると、小球と床との間の反発係数を e として、
$$v_x'=(ト \qquad) \qquad v_y'=(ナ \qquad)$$

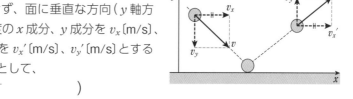

②反発係数による衝突の分類 反発係数 $e=1$ の衝突を (ﾆ) 衝突といい、力学的エネルギーは保存 (ﾇ)。$0 \leqq e < 1$ の衝突を (ﾈ) 衝突といい、特に $e=0$ の衝突を (ﾉ) 衝突という。$0 \leqq e < 1$ の衝突では、力学的エネルギーは (ﾊ) する。

解答

(ア) 速度　(イ) $m\vec{v}$　(ウ) $\dfrac{v'-v}{\Delta t}$　(エ) $m\dfrac{v'-v}{\Delta t}$　(オ) $mv'-mv$　(カ) 運動量　(キ) 力積　(ク) 力積　(ケ) $\dfrac{I}{\Delta t}$　(コ) 撃力（衝撃力）

(サ) 物体系　(シ) 内力　(ス) 外力　(セ) 運動量　(ソ) $m_1v_1'+m_2v_2'$　(タ) $m_1\vec{v_1'}+m_2\vec{v_2'}$　(チ) 反発係数　(ツ) $-\dfrac{v'}{v}$（または $\dfrac{|v'|}{|v|}$）

(テ) $-\dfrac{v_1'-v_2'}{v_1-v_2}$　(ト) v_x　(ナ) $-ev_y$　(ニ) 弾性　(ヌ) される　(ネ) 非弾性　(ノ) 完全非弾性　(ハ) 減少

例題 7 はねかえりと力積

関連問題 ➡ 33・43・44

水平面から角度 θ をなす方向に、点Oでボールを速さ v_0 で投げ上げた。ボールは点Pではねかえり、Pではねかえった直後のボールの速度は、水平成分がOでの初速度の水平成分と同じであり、鉛直成分はOでの初速度の鉛直成分の半分であった。Pでボールがはねかえったときに、ボールが受けた力積の大きさを次の解答群のうちから一つ選べ。

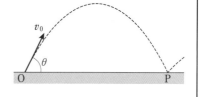

(91. センター本試 [物理] 改)

① $\dfrac{1}{2}mv_0\sin\theta$　② $mv_0\sin\theta$　③ $\dfrac{3}{2}mv_0\sin\theta$　④ $\dfrac{1}{2}mv_0\cos\theta$　⑤ $mv_0\cos\theta$　⑥ $\dfrac{3}{2}mv_0\cos\theta$

指針 ボールが受けた力積は、運動量の変化に等しい。衝突直前、直後の運動量から求める。なお、衝突直前の速度は運動の対称性をもとに考える。

解説 水平右向き、鉛直上向きを正とすると、ボールの衝突直前の速度の水平成分は $v_0\cos\theta$、鉛直成分は運動の対称性から $-v_0\sin\theta$ である。また、問題文で与えられた条件から、衝突直後の速度の水平成分は $v_0\cos\theta$、鉛直成分は $\dfrac{1}{2}v_0\sin\theta$ である。これから、

衝突前後における鉛直方向での運動量の変化は、
$$\dfrac{1}{2}mv_0\sin\theta-(-mv_0\sin\theta)$$
$$=\dfrac{3}{2}mv_0\sin\theta$$

ボールが受けた力積は運動量の変化に等しく、鉛直成分の変化が求める値である。

解答：③

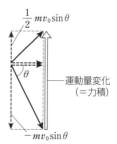

運動量変化（＝力積）

例 題 ⑧ 物体の分裂と相対速度

関連問題 ➡ 42・44

図(a)のように、なめらかで水平な床の上で、質量Mの物体Aと質量mの物体Bが一体となって静止している。物体Aから物体Bを打ち出したところ、図(b)のように、物体Bは速さvで水平方向に動き出した。動き出した直後の、物体Aに対する物体Bの相対速度の大きさを表す式として正しいものを、下の①～⑧のうちから一つ選べ。（16. センター本試［物理］ 改）

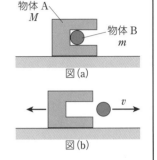

物体A
M

物体B
m

図(a)

図(b)

① $\dfrac{M-m}{m}v$ ② $\dfrac{M-m}{M}v$ ③ $\dfrac{M+m}{m}v$ ④ $\dfrac{M+m}{M}v$

⑤ $\dfrac{m}{M-m}v$ ⑥ $\dfrac{M}{M-m}v$ ⑦ $\dfrac{m}{M+m}v$ ⑧ $\dfrac{M}{M+m}v$

指針 物体AとBをまとめて1つの物体系と考えると、なめらかな床であり、水平方向に外力がはたらかず、物体系の運動量の水平成分が保存される。

解説 右向きを正、動き出した直後のAの速度をv_Aとする。物体AとBの水平方向の運動量の和は保存されるので、 $0=Mv_A+mv$ $v_A=-\dfrac{m}{M}v$

物体Aに対する物体Bの相対速度の大きさは、「$v_{AB}=v_B-v_A$」から、

$$\left|v-\left(-\dfrac{m}{M}v\right)\right|=\dfrac{M+m}{M}v \qquad \text{解答：④}$$

v_A v

Aに対するBの
相対速度 v_{AB}

例 題 ⑨ 床ではねかえる小球と反発係数

関連問題 ➡ 40・43

図のように、水平な床の上に高さhの2つの壁が間隔dで垂直に立っている。一方の壁の頂上の点Pから小球を投げる。床はなめらかで、小球は床と衝突するとき床に平行な方向には力を受けないものとする。小球の質量をm、重力加速度の大きさをgとし、空気の影響を無視する。次の空欄 [1]・[2] に入れる数値として、最も適当なものを下の①～⑦のうちから一つずつ選べ。ただし、同じものを繰り返し選んでもよい。

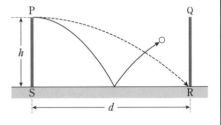

問1　小球を水平方向に初速度v_0で投げると床上の点Rに命中した。小球と床との衝突が弾性衝突の場合、右の壁の頂上の点Qに命中させるには水平方向の初速度をv_0の [1] 倍にすればよい。

問2　小球と床との衝突が非弾性衝突の場合、小球をPから真下に初速度0ではなしたところ、高さ $\dfrac{h}{3}$ まではねかえった。小球と床の間の反発係数eは [2] である。（95. センター本試［物理］ 改）

① 1 ② 2 ③ 3 ④ $\dfrac{1}{2}$ ⑤ $\dfrac{1}{3}$ ⑥ $\dfrac{1}{\sqrt{2}}$ ⑦ $\dfrac{1}{\sqrt{3}}$

指針 床と平行な方向には力を受けないので、その方向における速さは変化しない。床と垂直な方向における速さだけが、反発係数にしたがって変化する。

解説 問1　弾性衝突では、衝突直前と直後で鉛直方向における速さは変わらず、Pから床に達するまでの時間と床からQに達するまでの時間は等しい。速度の水平成分は一定なので、落下地点がPQ間の中点であればQに命中する。したがって、投げ出す初速度をv_0の $\dfrac{1}{2}$ 倍にすればよい。解答：④

問2　床に達する直前の速さをv、直後の速さをv'とする。床を基準面として、Pと床とで力学的エネルギー保存の法則の式を立てると、

$$mgh=\dfrac{1}{2}mv^2 \qquad v=\sqrt{2gh}$$

また、床とはねかえった後の最高点とで式を立てると、

$$\dfrac{1}{2}mv'^2=mg\dfrac{h}{3} \qquad v'=\sqrt{\dfrac{2gh}{3}}$$

したがって、 $e=\dfrac{v'}{v}=\dfrac{1}{\sqrt{3}}$ 解答：⑦

必修問題

☑ **33** ☆☆ （思考・判断・表現） **運動の勢いの表し方** 3分 花子と太郎が、物体の運動の勢いをどのように表すかについて議論した。次の文の 1 ～ 4 の中に入る最も適当な語句を、下の①～⓪のうちから一つずつ選べ。

太郎：物体の運動と逆向きに一定の力をはたらかせて、物体が止まるまでの時間を測り、その時間と力の大きさを掛けたものを目安にすればよいのではないかな。

花子：それよりも、太郎君と同じように一定の力をはたらかせて、物体が止まるまでに進む距離を測り、その距離と力の大きさを掛けたものを目安にするほうがよいと思う。

先生：太郎君は物体を止めるために必要な 1 を、また、花子さんは物体が静止するまでに物体が力にさからってする 2 を目安として考えているわけだ。つまり、太郎君は物体の 3 で、花子さんは物体の 4 で運動の勢いを表そうとしているんだよ。

① 移動距離   ② 速さ   ③ 加速度   ④ 質量   ⑤ 運動量
⑥ 運動エネルギー   ⑦ 位置エネルギー   ⑧ 圧力   ⑨ 力積   ⓪ 仕事

（93. センター本試 [物理] 改）➡ 例題❼

☑ **34** ☆☆☆ **平均の力** 3分 水平に速さ v で飛んできた質量 m のボールをバットで打ったところ、ボールは反対向きに速さ V で飛んで行った。ボールがバットから力を受けていた時間を Δt とするとき、ボールが受けた平均の力の大きさを表す式として正しいものを、次の①～⑧のうちから一つ選べ。

① $\dfrac{mv}{\Delta t}$ ② $\dfrac{mV}{\Delta t}$ ③ $\dfrac{m(V+v)}{\Delta t}$ ④ $\dfrac{m(V-v)}{\Delta t}$

⑤ $\dfrac{mv^2}{2\Delta t}$ ⑥ $\dfrac{mV^2}{2\Delta t}$ ⑦ $\dfrac{m(V^2+v^2)}{2\Delta t}$ ⑧ $\dfrac{m(V^2-v^2)}{2\Delta t}$

（16. センター追試 [物理]）

☑ **35** ☆☆ （思考・判断・表現） **運動量の変化と $F-t$ グラフ** 8分 力を測定するセンサーのついた台車 A、B を用意する。センサーを含む台車の質量を m とする。台車 A、B を水平な一直線上で等しい速さ v で向かい合わせに走らせ、衝突させる。台車が受けた力 F と時刻 t との関係は、台車 A の最初の向きを正とすると、右のグラフのようになった。ただし、実線は台車 B が受けた力、破線は台車 A が受けた力を表す。問 1、2 について、該当するグラフを次の①～⑥の中から一つずつ選べ。ただし、台車 A と B の間の反発係数はすべて同じであり、衝突時に台車が接触していた時間はどの場合も等しいものとする。

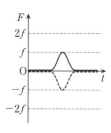

問1 台車 B を静止させ、台車 A を速さ $2v$ で台車 B に衝突させる。
問2 おもりを載せて台車 B の質量を $3m$ にし、静止させ、台車 A を速さ $2v$ で台車 B に衝突させる。

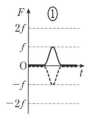 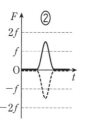 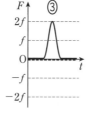 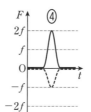 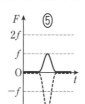 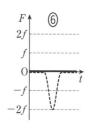

（18. 大学入学共通テスト試行調査 [物理] 改）

☑ **36** 直線上の衝突 3分 x軸上を正の向きに速さ3.0m/sで進む質量4.0kgの小球Aと、負の向きに速さ1.0m/sで進む質量2.0kgの小球Bが衝突した。その後、小球Aは速さ1.0m/sでx軸上を正の向きに進んだ。小球Bの衝突後の速さは何m/sか。最も適当な数値を、次の①～⑧のうちから一つ選べ。

① 0.98　② 2.0　③ 3.0　④ 3.9　⑤ 4.0　⑥ 4.1　⑦ 5.0　⑧ 7.0

(17. センター本試［物理］ 改)

☑ **37** 一体となる運動 3分 図(a)のように、速さvで進む質量mの小物体が、質量Mの静止していた物体と衝突し、図(b)のように2つの物体は一体となり動き始めた。一体となった物体の運動エネルギーとして正しいものを、次の①～⑨のうちから一つ選べ。ただし、床は水平でなめらかであるとする。

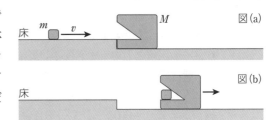

図(a)

図(b)

① $\dfrac{Mv^2}{2}$　② $\dfrac{mv^2}{2}$　③ $\dfrac{(M+m)v^2}{2}$　④ $\dfrac{M^2v^2}{2(M+m)}$　⑤ $\dfrac{m^2v^2}{2(M+m)}$

⑥ $\dfrac{Mmv^2}{2(M+m)}$　⑦ $\dfrac{M^2v^2}{M+m}$　⑧ $\dfrac{m^2v^2}{M+m}$　⑨ $\dfrac{Mmv^2}{M+m}$　(18. センター本試［物理］ 改)

☑ **38** 分裂と速度ベクトル 2分 なめらかな水平面上を速度$\vec{V}$で運動してきた質量$2m$の粒子が、同じ質量mの2個の粒子A、Bに分裂し、水平面上を運動した。分裂後の粒子の速度をそれぞれ$\vec{v_A}$、$\vec{v_B}$とするとき、$\vec{V}$、$\vec{v_A}$、$\vec{v_B}$の間の関係として最も適当なものを、次の①～④のうちから一つ選べ。

① 　② ③ 　④

(03. センター追試［物理ⅠB］ 改)

☑ **39** 斜面との衝突 4分 図のように、水平な床と角度θをなすなめらかな斜面Sを置く。小球は、反発係数eで斜面Sと非弾性衝突をする。小球を静かに落下させるとSに衝突し、水平方向にはねかえった。このときのθとeとの関係式として正しいものを、次の①～⑥のうちから一つ選べ。

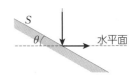

① $e=\tan\theta$　② $e=\tan^2\theta$　③ $e=\dfrac{1}{\tan\theta}$　④ $e=\dfrac{1}{\tan^2\theta}$　⑤ $e=\sqrt{2}\sin\theta$　⑥ $e=\sqrt{2}\cos\theta$

(03. センター追試［物理ⅠB］ 改)

☑ **40** 打ち上げた物体の合体 4分 図のように、水平な地面上のP地点から質量Mの小物体Aを鉛直に打ち上げ、同時にQ地点から質量mの小球Bを水平となす角αで打ち上げる。小物体Aの打ち上げの初速度の大きさをV、小球Bの初速度の大きさをvとする。また、重力加速度の大きさをgとし、空気による抵抗は無視する。Aの最高点でAとBが衝突するように打ち上げ、衝突したとき両者は合体した。合体直後の速度の水平成分と鉛直成分の大きさはそれぞれいくらか。正しいものを、次の①～⑥のうちから一つずつ選べ。　水平成分 1 　鉛直成分 2

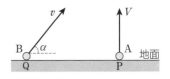

① 0　② $\dfrac{mv}{M+m}$　③ $\dfrac{2mv}{M+m}$　④ v　⑤ $\dfrac{mv\sin\alpha}{M+m}$　⑥ $\dfrac{mv\cos\alpha}{M+m}$

(00. センター追試［物理ⅠB］ 改) ➡ 例題⑨

✓ **41** ☆☆☆ **さまざまな衝突** **8分** なめらかな水平面上に、質量Mの小球Aと質量mの小球Bがある。Aが速さvで、静止しているBに正面衝突をした。次の問に答えよ。

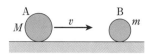

問1 AとBが弾性衝突をした。衝突後のBの速さと、衝突によるA、B全体の力学的エネルギーの変化量を、次の①〜⑧のうちから一つずつ選べ。 速さ □1□ 、力学的エネルギーの変化量 □2□

① v ② 0 ③ $\dfrac{2mv}{M+m}$ ④ $\dfrac{2Mv}{M+m}$ ⑤ $\dfrac{(M-m)v}{M+m}$ ⑥ $\dfrac{2M(M-m)v^2}{M+m}$ ⑦ $\dfrac{1}{2}Mv^2$ ⑧ $\dfrac{1}{2}mv^2$

問2 AとBが反発係数eで非弾性衝突をした。衝突後のBの速さを次の①〜⑧のうち一つから選べ

① $\dfrac{(1-e)}{2}v$ ② $\dfrac{(1+e)}{2}v$ ③ $\dfrac{(1-e)M}{M+m}v$ ④ $\dfrac{(1+e)M}{M+m}v$

⑤ $\dfrac{(1-e)m}{M+m}v$ ⑥ $\dfrac{(1+e)m}{M+m}v$ ⑦ $\dfrac{(e-1)M}{M+m}v$ ⑧ $\dfrac{(e-1)m}{M+m}v$

✓ **42** ☆☆☆ **分裂とエネルギー** **4分** 質量mの台車Aと軽いばねがついた質量$2m$の台車Bがある。2台の台車の間でばねを押し縮めたのち、テープで止め、AとBを、速さvで水平でなめらかな面上をすべらせた。途中でテープが外れ、ばねが自然長になったときに、台車A

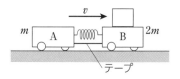

は静止した。ばねが自然長になったときの台車Bの速さVと、最初にばねがたくわえていたエネルギーEを表す式の空欄 □1□ 〜 □6□ に入る数字として最も適当なものを、次の①〜⓪のうちから一つずつ選べ。ただし、同じものを繰り返し選んでもよい。

$$V=\dfrac{\boxed{1}}{\boxed{2}}v^{\boxed{3}} \qquad E=\dfrac{\boxed{4}}{\boxed{5}}mv^{\boxed{6}}$$

① 1 ② 2 ③ 3 ④ 4 ⑤ 5 ⑥ 6 ⑦ 7 ⑧ 8 ⑨ 9 ⓪ 0 ➡ **例題❽**

✓ **43** ☆☆ **思考・判断・表現** **衝突とエネルギー** **5分** ビデオカメラを利用してボールと机の間の反発係数を求める実験をした。物差しを立て、その横で質量mのボールを静かにはなす。撮影した映像から、最初にはなした高さh_1とはねかえった後の最も高い位置h_2を調べた。次の空欄に入る最も適当な値を、以下の選択肢の中から一つずつ選べ。ただし、同じものを繰り返し選んでもよい。重力加速度の大きさをgとする。

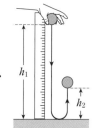

花子：高さh_1から机に落ちる直前の速さv_1を求めると、□1□ $\sqrt{gh_1}$ になるね。

太郎：h_2は$\dfrac{1}{3}h_1$だったから、机からはねかえった直後の速さは □2□ v_1だね。

花子：ということは、机とボールの間の反発係数は □3□ になるね。

太郎：反発係数から、衝突前後のボールの運動エネルギーの変化や受けた力積も計算できるはず。

花子：鉛直上向きを正、反発係数をe、衝突直前の速度を$-v$とすると、衝突直前と直後の運動エネルギーの変化は □4□ mv^2で、そのときボールが受けた力積は □5□ mvになるね。

1、2、3の選択肢：① 2 ② $\dfrac{1}{2}$ ③ $\sqrt{2}$ ④ $\dfrac{1}{\sqrt{2}}$ ⑤ 3 ⑥ $\dfrac{1}{3}$ ⑦ $\sqrt{3}$ ⑧ $\dfrac{1}{\sqrt{3}}$ ⑨ $\dfrac{2}{3}$ ⓪ $\dfrac{2}{\sqrt{3}}$

4、5の選択肢：① $\dfrac{e+1}{2}$ ② $\dfrac{e-1}{2}$ ③ $\dfrac{e^2+1}{2}$ ④ $\dfrac{e^2-1}{2}$

⑤ $e+1$ ⑥ $e-1$ ⑦ e^2+1 ⑧ e^2-1 ➡ **例題❼・❾**

実践問題

☑ **44** ☆☆ カーリング **8分** 氷の上で石をすべらせることについて考えよう。

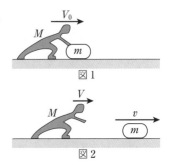

図1

はじめ、図1のように、質量Mの人が質量mの石とともに、速度V_0で摩擦のない水平な氷の上をすべっている。ただし、すべての運動は一直線上でおこるとし、図1、図2の右向きを正の向きとする。

問1 人が一定の力Fを時間Δtの間だけ加えて石を水平に押したところ、図2のように、人と石は互いにはなれて、人の速度はV、石の速度はvとなった。Vとvはそれぞれいくらか。正しいものを、次の①～⑤のうちから一つずつ選べ。 $V=\boxed{1}$、$v=\boxed{2}$

図2

① V_0 ② $V_0+\dfrac{F}{m}\Delta t$ ③ $V_0-\dfrac{F}{m}\Delta t$ ④ $V_0+\dfrac{F}{M}\Delta t$ ⑤ $V_0-\dfrac{F}{M}\Delta t$

問2 問1で石が人の手をはなれたとき、人が静止した。この場合、人と石の運動エネルギーの合計は、石を押した後には、押す前に比べて何倍になったか。正しいものを、次の①～④のうちから一つ選べ。

① $\dfrac{M+m}{m}$倍   ② $\dfrac{M+m}{M}$倍   ③ $\dfrac{m}{M+m}$倍   ④ $\dfrac{M}{M+m}$倍

(00. センター本試 [物理 I B] 改) → 例題 ⑦・⑧

☑ **45** ☆☆ 思考・判断・表現 台車の衝突と$F-t$グラフ **5分** 授業で、衝突中に2物体がおよぼしあう力の変化を調べた。力センサーのついた台車A、Bを、水平な一直線上で等しい速さvで向かい合わせに走らせ、衝突させた。センサーを含む台車1台の質量mは1.1kgである。それぞれの台車が受けた水平方向の力を測定し、時刻tとの関係をグラフにすると図のようになった。ただし、台車Bが衝突前に進む向きを力の正の向きとする。この実験結果に関する生徒たちの説明が科学的に正しい考察となるように、空欄に入れる式として最も適当なものを、下の選択肢のうちから一つずつ選べ。

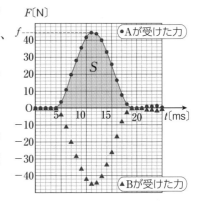

「力と運動量の関係はどう考えたらいいだろう。」

「測定結果のグラフの$t=4.0\times10^{-3}$sから$t=19.0\times10^{-3}$sまでの間を2台の台車が接触していた時間Δtとしよう。そして、図のように影をつけた部分の面積をSとしよう。弾性衝突ならば、$S=\boxed{1}$が成り立つはずだ。この面積はどうやって求めたらいいだろうか。」

「衝突の間にAが受けた力の最大値をfとして、面積Sはおよそ$\boxed{2}$に等しいと考えていいだろう。」

「2台の台車の速さが衝突の前後で変わらなかったとすると、衝突前のAの速さはいくらだろうか。」

「衝突していた時間を$t=4.0\times10^{-3}$sから$t=19.0\times10^{-3}$sまでとして計算すると、およそ$\boxed{3}$m/sになるね。」

$\boxed{1}$の選択肢 ① $\dfrac{1}{2}mv$ ② mv ③ $2mv$ ④ 0 ⑤ $\dfrac{1}{2}mv^2$ ⑥ mv^2 ⑦ $2mv^2$

$\boxed{2}$の選択肢 ① $\dfrac{1}{3}f\Delta t$ ② $\dfrac{1}{2}f\Delta t$ ③ $\dfrac{2}{3}f\Delta t$ ④ $f\Delta t$ ⑤ $2f\Delta t$

$\boxed{3}$の選択肢 ① 0.050   ② 0.15   ③ 0.25   ④ 0.35   ⑤ 0.45   ⑥ 0.55

(18. 大学入学共通テスト試行調査 [物理] 改)

☑ **46** ☆☆☆ 思考・判断・表現 **放物運動と衝突** **7分**　A さんは固定した台座の上に立っていて、B さんは水平な氷上に静止したそりの上に立っている。図1のように、A さんが質量mのボールを速さv_A、水平面となす角θ_Aで斜め上方に投げたとき、ボールは速さv_B、水平面とのなす角θ_Bで、B さんに届いた。そりとB

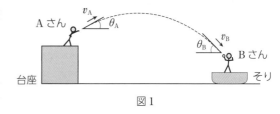

図1

さんを合わせた質量はMであった。そりと氷との間に摩擦力ははたらかず、空気抵抗は無視できるものとし、重力加速度の大きさをgとする。

問1　図1のように、A さんが投げた瞬間のボールの高さの方が、B さんに届く直前のボールの高さより高いとき、v_A、v_B、θ_A、θ_B の大小関係を表す式として正しいものを、次の①～④のうちから一つ選べ。

① $v_A > v_B$、$\theta_A > \theta_B$　　② $v_A > v_B$、$\theta_A < \theta_B$　　③ $v_A < v_B$、$\theta_A > \theta_B$　　④ $v_A < v_B$、$\theta_A < \theta_B$

問2　B さんが届いたボールを捕球して、そりとB さんとボールが一体となって氷上をすべり出し、そりとB さんの速さが一定値Vになった。Vを表す式として正しいものを、次の①～④のうちから一つ選べ。

① $\dfrac{(m+M)v_B\cos\theta_B}{M}$　　② $\dfrac{(m+M)v_B\sin\theta_B}{M}$　　③ $\dfrac{mv_B\cos\theta_B}{m+M}$　　④ $\dfrac{mv_B\sin\theta_B}{m+M}$

問3　B さんが届いたボールを捕球した後の全力学的エネルギーE_2と、捕球する直前の全力学的エネルギーE_1との差 $\Delta E = E_2 - E_1$ について、最も適当なものを、次の①～④のうちから一つ選べ。

① ΔE は負の値であり、失われたエネルギーは熱などに変換される。

② ΔE は正の値であり、重力のする仕事の分だけエネルギーが増加する。

③ ΔE はゼロであり、エネルギーは常に保存する。

④ ΔE の正負は、mとMの大小関係によって変化する。

問4　図2のように、B さんが届いたボールを捕球できず、ボールがそり上面に衝突し跳ね返る場合を考える。このとき、衝突前に静止していたそりは、衝突後も静止したままであった。ただし、そり上面は水平となっており、そり上面とボールの間には摩擦力ははたらかないものと

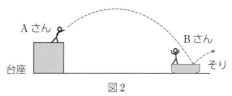

図2

する。以下のAさんとBさんの会話の内容が正しくなるように、次の文章中の空欄 ア ・ イ に入る語句の組み合わせとして最も適当なものを、下の①～④のうちから一つ選べ。

Aさん：あれ？そりはつるつるの氷の上にあるのに、全然動かなかったのは、どうしてなんだろう？

Bさん：全然動かなかったということは、ボールからそりに ア と言えるわけだね。

Aさん：こうなるときには、ボールとそりは必ず弾性衝突しているんだろうか？

Bさん： イ と思うよ。

	ア	イ
①	与えられた力積がゼロ	そうだね、エネルギー保存の法則から必ず弾性衝突になる
②	与えられた力積がゼロ	いいえ、鉛直方向の運動によっては弾性衝突とは限らない
③	はたらいた力の水平方向の成分がゼロ	そうだね、エネルギー保存の法則から必ず弾性衝突になる
④	はたらいた力の水平方向の成分がゼロ	いいえ、鉛直方向の運動によっては弾性衝突とは限らない

(21. 共通テスト［物理］ 改)

4 円運動と単振動

1 円運動と慣性力

① **弧度法**　円の半径に等しい長さの円弧に対する中心角は、円の大きさに関係なく常に一定である。この一定の角を1ラジアン(記号 rad)として、角の大きさを表す方法を(^{ア}　　　　　)という。半径 r〔m〕の円弧の長さを L〔m〕、中心角を θ〔rad〕とすると、　$L=($ ^{イ}　　　　　)
360°を弧度法で表すと、　360°$=($ ^{ウ}　　　　　$)$ rad

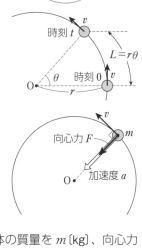

② **等速円運動**　円周上を一定の速さで動く運動を等速円運動といい、1秒間あたりの回転角 ω〔rad/s〕を(^{エ}　　　　　)という。t〔s〕間の回転角を θ〔rad〕とすると、　$\omega=($ ^{オ}　　　　　$)$

[速度]　半径 r〔m〕の円周上で、物体が速さ v〔m/s〕、角速度 ω〔rad/s〕の等速円運動をしている。速さ v は、$v=($ ^{カ}　　　　　)と表され、物体の速度の向きは、円の(^{キ}　　　　　)の向きである。等速円運動の周期 T〔s〕は、
v を用いる場合：$T=($ ^{ク}　　　　　)　ω を用いる場合：$T=($ ^{ケ}　　　　　$)$
回転数 n〔Hz〕と周期 T〔s〕の間には、次の関係がある。$n=($ ^{コ}　　　　　$)$

[加速度と向心力]　等速円運動の加速度の向きは、円の(^{サ}　　　　　)を向く。加速度の大きさ a〔m/s²〕は、半径を r〔m〕として、
v を用いる場合：$a=($ ^{シ}　　　　　)　ω を用いる場合：$a=($ ^{ス}　　　　　$)$
等速円運動をする物体が受ける円の中心に向かう力を、向心力という。物体の質量を m〔kg〕、向心力の大きさを F〔N〕とすると、中心方向の運動方程式は、
v を用いる場合：$($ ^{セ}　　　　　$)=F$　ω を用いる場合：$($ ^{ソ}　　　　　$)=F$

③ **慣性力**　観測者が加速度運動をすることによって現れる見かけの力を慣性力という。質量 m〔kg〕の物体とともに、観測者が加速度 $\vec{a}$〔m/s²〕で運動をするとき、物体には次の慣性力 $\vec{F'}$〔N〕がはたらくように見える。
$\vec{F'}=($ ^{タ}　　　　　$)$

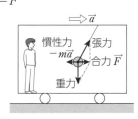

[遠心力]　観測者が物体とともに円運動をするときの慣性力を、特に遠心力といい、円の中心から(^{チ}　　　　　)向きにはたらく。

2 単振動

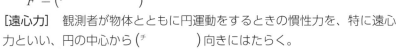

① **単振動**　等速円運動をする物体の x 軸上への正射影の往復運動を単振動という。単振動の中心からの変位の最大値を(^{ツ}　　　　　)、1回の振動に要する時間 T〔s〕を(^{テ}　　　　　)、1秒間に振動する回数 f〔Hz〕を(^{ト}　　　　　)という。f と T の間には、$f=($ ^{ナ}　　　　　)の関係が成り立つ。

[変位・速度・加速度]　振幅を A〔m〕、角振動数を ω〔rad/s〕とすると、時刻0で原点Oから x 軸の正の向きに始まった単振動の t〔s〕後の位置 x〔m〕、速度 v〔m/s〕は、
$x=($ ^{ニ}　　　　　)　$v=($ ^{ヌ}　　　　　$)$
加速度 a〔m/s²〕は、$a=($ ^{ネ}　　　　　$)$
位置 x を用いて表すと、$a=($ ^{ノ}　　　　　)となる。

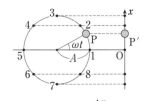

[復元力]　単振動をする物体が受ける力 F〔N〕は、物体の質量を m〔kg〕とすると、運動方程式から、$F=ma=-m\omega^2 x$ となる。これは、定数 $m\omega^2=K$ とおくと、$F=($ ^{ハ}　　　　　)となる。この力 F〔N〕は(^{ヒ}　　　　　)とよばれる。K を用いると、単振動の周期 T〔s〕は、$T=($ ^{フ}　　　　　$)$

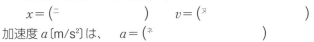

②**ばね振り子と単振り子**　[ばね振り子]　ばね定数 k[N/m]のばねに質量 m[kg]の物体をとりつけ、なめらかな水平面上で単振動をさせる。復元力は弾性力であり、周期 T[s]は、

$T = ($ ^　　　　　　 $)$ である。

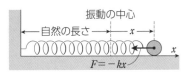

このばねを天井につるし、物体を鉛直方向に単振動させる場合、復元力は、重力と弾性力の合力であり、周期 T[s]は、$T = ($ ホ　　　　 $)$ である。

ばね振り子では、物体はつりあいの位置を中心に振動する。

[単振り子]　長さ L[m]の糸の一端を天井に固定し、他端におもりをつけ、おもりを鉛直面内で振動させる。重力加速度の大きさを g とすると、振れが小さいとき、単振り子の周期 T は、$T = ($ マ　　　　 $)$ と表され、おもりの質量や振幅に関係しない。

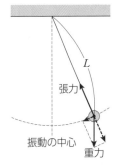

③**単振動のエネルギー**　単振動をする物体の力学的エネルギーは、運動エネルギーと($ ミ　　　 $)$ エネルギーの和であり、保存される。

3 万有引力による運動

①**ケプラーの法則**　ケプラーは、惑星の運動に関する次の法則を発表した。

第1法則：惑星は太陽を1つの焦点とする($ ム　　　　 $)$ を描く。

第2法則：惑星と太陽を結ぶ線分が、単位時間に描く($ メ　　 $)$ は一定である(面積速度一定の法則)。

第3法則：惑星の公転周期の2乗と、楕円軌道の半長軸の3乗の比は、すべての惑星で同じ値となる。

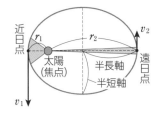

②**万有引力**　2つの物体の間にはたらく万有引力の大きさ F[N]は、各物体の質量を m_1[kg]、m_2[kg]、物体間の距離を r[m]、万有引力定数を G[N·m²/kg²]とすると、

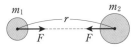

$$F = (\text{モ}\ \ \ \ \ \ \ \ ) \qquad G = 6.67 \times 10^{-11}\,\text{N·m}^2/\text{kg}^2$$

地球上の物体にはたらく重力は、地球との間の万有引力と地球の自転による遠心力との合力である。しかし、遠心力は、万有引力に比べて無視できるほど小さい。物体と地球の質量をそれぞれ m[kg]、M[kg]、地球の半径を R[m]、地表における重力加速度の大きさを g[m/s²]とすると、

$$mg = G\frac{Mm}{R^2} \qquad GM = (\text{ヤ}\ \ \ \ \ \ )$$

③**万有引力による位置エネルギー**　地球の中心から距離 r[m]はなれた位置にある、質量 m[kg]の物体の万有引力による位置エネルギー U[J]は、地球の質量を M[kg]、万有引力定数を G[N·m²/kg²]とすると、無限遠を基準として、　$U = (\text{ユ}\ \ \ \ \ \ )$

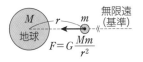

物体が万有引力だけから仕事をされるとき、その力学的エネルギーは保存される。

解答

(ア) 弧度法　(イ) $r\theta$　(ウ) 2π　(エ) 角速度　(オ) $\dfrac{\theta}{t}$　(カ) $r\omega$　(キ) 接線　(ク) $\dfrac{2\pi r}{v}$　(ケ) $\dfrac{2\pi}{\omega}$　(コ) $\dfrac{1}{T}$　(サ) 中心

(シ) $\dfrac{v^2}{r}$　(ス) $r\omega^2$　(セ) $m\dfrac{v^2}{r}$　(ソ) $mr\omega^2$　(タ) $-m\vec{a}$　(チ) 外　(ツ) 振幅　(テ) 周期　(ト) 振動数　(ナ) $\dfrac{1}{T}$

(ニ) $A\sin\omega t$　(ヌ) $A\omega\cos\omega t$　(ネ) $-A\omega^2\sin\omega t$　(ノ) $-\omega^2 x$　(ハ) $-Kx$　(ヒ) 復元力　(フ) $2\pi\sqrt{\dfrac{m}{K}}$　(ヘ) $2\pi\sqrt{\dfrac{m}{k}}$

(ホ) $2\pi\sqrt{\dfrac{m}{k}}$　(マ) $2\pi\sqrt{\dfrac{L}{g}}$　(ミ) 位置　(ム) 楕円軌道　(メ) 面積　(モ) $G\dfrac{m_1 m_2}{r^2}$　(ヤ) gR^2　(ユ) $-G\dfrac{Mm}{r}$

例 題 ⑩ 円錐振り子

関連問題 ➡ 50・51・60

図のように、長さ l の糸の一端を固定し、他端に質量 m のおもりをつけて、水平面内で等速円運動をさせた。糸と鉛直方向とのなす角を θ、重力加速度の大きさを g として、次の各問に答えよ。

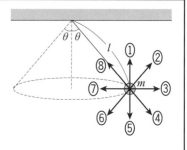

問1　慣性系で考えたとき、おもりが受けるすべての力の合力の向きを、図の①～⑧のうちから一つ選べ。

問2　等速円運動の周期を、次の①～⑥のうちから一つ選べ。正しい答えがない場合は⓪を選べ。

① $2\pi\sqrt{\dfrac{g}{l}}$　② $2\pi\sqrt{\dfrac{l}{g}}$　③ $2\pi\sqrt{\dfrac{g}{l\cos\theta}}$　④ $2\pi\sqrt{\dfrac{l\cos\theta}{g}}$　⑤ $2\pi\sqrt{\dfrac{g}{l\sin\theta}}$　⑥ $2\pi\sqrt{\dfrac{l\sin\theta}{g}}$

指針　慣性系では、実際に受けている力だけを考え、慣性力を考慮する必要はない。等速円運動をする物体は、円の中心を向く向心力を受ける。周期を求めるには、運動方程式から角速度を求めることで計算する。なお、円運動の半径が与えられていないので、糸の長さを利用して計算する。

解説　問1　物体が等速円運動をするとき、物体が受ける力の合力が向心力であり、円の中心を向く。したがって、解答は⑦となる。

問2　円運動の半径は $l\sin\theta$ である。向心力は張力と

重力の合力であり、図から $mg\tan\theta$ となる。角速度を ω とすると、中心方向の運動方程式「$mr\omega^2 = F$」は、

$$m(l\sin\theta)\omega^2 = mg\tan\theta$$
$$\omega = \sqrt{\dfrac{g}{l\cos\theta}}$$

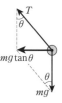

周期 T は、

$$T = \dfrac{2\pi}{\omega} = 2\pi\sqrt{\dfrac{l\cos\theta}{g}}$$

したがって、解答は④となる。

例 題 ⑪ ばねの中央のおもりの単振動

関連問題 ➡ 52・53

次の文章の　ア　・　イ　に入る適切な数値を以下の①～⑨から一つずつ選べ。ただし、同じものを繰り返し選んでよい。また、適切な数値がない場合は⓪を選べ。

ばね定数が k の2つのばねの間に、質量 m の小さなおもりをとりつけ、床に固定された箱の中に両端を固定した。このとき、2つのばねはいずれも自然の長さになっている。また、箱の底面はなめらかで、ばねやおもりは摩擦なく動くことができる。

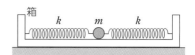

この状態からおもりに力を加えて右向きに少しだけ移動させ、力をとり去るとおもりは単振動した。ばねが自然の長さのときの位置から、おもりが右向きに x だけずれたときに受ける力は、右向きを正とすると、$-\boxed{\text{ア}}\times kx$ となるので、単振動の周期は $\boxed{\text{イ}}\times\pi\sqrt{\dfrac{m}{k}}$ である。

① 1　② 2　③ 3　④ 4　⑤ $\sqrt{2}$　⑥ $\dfrac{1}{\sqrt{2}}$　⑦ $\sqrt{3}$　⑧ $\dfrac{1}{\sqrt{3}}$　⑨ $\dfrac{1}{2}$

指針　2つのばねから受ける弾性力を復元力として、おもりは単振動をする。復元力を求めて運動方程式を立て、周期を求める。

解説　ア　おもりが中央から右向きに x だけずれたとき、右のばねは x 縮み、左のばねは x 伸びるので、2つのばねはそれぞれ $-kx$ の力をおよぼす。おもりが受ける復元力は $-2kx$ であ

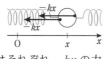

り、解答は②となる。

イ　単振動の運動方程式は、角振動数を ω として、

$$m(-\omega^2 x) = -2kx \qquad \omega = \sqrt{\dfrac{2k}{m}}$$
$$T = \dfrac{2\pi}{\omega} = 2\pi\sqrt{\dfrac{m}{2k}} = \sqrt{2}\times\pi\sqrt{\dfrac{m}{k}}$$

解答は⑤となる。

例題 ⑫ 単振動と慣性力

関連問題 ➡ 55・61

次の文中の空欄 ［ ア ］・［ イ ］ に入れる式の組み合わせとして正しいものを、下の①～⑧のうちから一つ選べ。

図のように、質量mの物体が粗い水平な台の上に置かれている。台を水平方向に振幅A、角振動数ωで単振動させるとき、台に乗った観測者からみて、物体にはたらく慣性力の大きさの最大値F_1は ［ ア ］ である。角振動数ωを0からゆっくり増大させると、F_1の値が ［ イ ］ をこえたときに、物体はすべり始める。ただし、物体と台の間の静止摩擦係数をμ、動摩擦係数をμ'、重力加速度の大きさをgとし、物体の底面は常に台に接しているものとする。

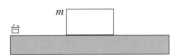

(15. センター本試 [物理])

	①	②	③	④	⑤	⑥	⑦	⑧
ア	$A\omega$	$A\omega$	$A\omega^2$	$A\omega^2$	$mA\omega$	$mA\omega$	$mA\omega^2$	$mA\omega^2$
イ	μmg	$\mu' mg$	μmg	$\mu' mg$	μmg	$\mu' mg$	μmg	$\mu' mg$

指針 台とともに運動する観測者には、物体は加速度と逆向きに慣性力を受けるように見える。角振動数が大きくなると慣性力の大きさも大きくなり、その大きさが最大摩擦力をこえると物体はすべり出す。

解説 単振動の加速度の最大値は$A\omega^2$なので、慣性力の最大値は$mA\omega^2$である。したがって、$F_1 = mA\omega^2$である。台に乗った観測者から見ると慣性力と静止摩擦力はつりあっている。

慣性力の大きさが最大摩擦力をこえたときに物体はすべり始める。物体が受ける垂直抗力はmgであり、最大摩擦力の大きさはμmgなので、すべり始める直前では、

$$F_1 = \mu mg$$ したがって、解答は⑦となる。

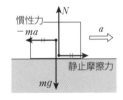

例題 ⑬ 円運動をする人工衛星

関連問題 ➡ 58

質量mの人工衛星が、地球のまわりを速さvで円運動している。人工衛星の地表面からの高さをh、地球の質量をM、地球の半径をR、万有引力定数をGとする。また、地球の自転や公転の影響、他の天体のおよぼす影響は無視できるものとする。

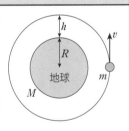

問1 人工衛星が地球から受ける万有引力の大きさFを表す式として最も適当なものを、次の①～⑧のうちから一つ選べ。

① $\dfrac{GMm}{R}$ ② $\dfrac{GMm}{R^2}$ ③ $\dfrac{GMmh}{R^2}$ ④ $\dfrac{GMm}{R+h}$ ⑤ $\dfrac{GMm}{(R+h)^2}$ ⑥ $\dfrac{GMmh}{(R+h)^2}$ ⑦ $\dfrac{GMm}{h}$ ⑧ $\dfrac{GMm}{h^2}$

問2 人工衛星の速さvを表す式として最も適当なものを、次の①～⑥のうちから一つ選べ。

① $\sqrt{\dfrac{hF}{m}}$ ② $\sqrt{\dfrac{RF}{m}}$ ③ $\sqrt{\dfrac{(R+h)F}{m}}$ ④ $\dfrac{hF}{m}$ ⑤ $\dfrac{RF}{m}$ ⑥ $\dfrac{(R+h)F}{m}$

指針 問1 万有引力の式で用いる距離は、2物体の中心間の距離である。問2 万有引力を向心力として、等速円運動の運動方程式を立てる。

解説 問1 人工衛星と地球の中心との間の距離は$R+h$であるから、万有引力の大きさFは、

$F = G\dfrac{Mm}{(R+h)^2}$ である。したがって、解答は⑤となる。

問2 人工衛星の中心方向の運動方程式は、

$$m\dfrac{v^2}{R+h} = F$$

$$v = \sqrt{\dfrac{(R+h)F}{m}}$$

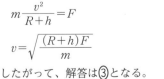

したがって、解答は③となる。

47 ☆☆☆ **円運動させる力** 2分　図のように、原点Oにひもの一端が固定
されており、その他端には小物体がとりつけられている。小物体が、
原点Oを含むなめらかな水平面上を等速円運動しているとき、小物
体の加速度と、小物体がひもから受ける力について述べた文として
最も適当なものを、次の①～⑧のうちから一つ選べ。ただし、選択
肢の中のa、b、cは図に示されている。

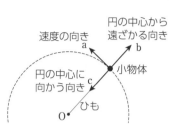

① 加速度と力の向きは、ともにaである。
② 加速度と力の向きは、ともにbである。
③ 加速度と力の向きは、ともにcである。
④ 加速度の向きはc、力の向きはbである。
⑤ 加速度の大きさは0であり、力の向きはaである。
⑥ 加速度の大きさは0であり、力の向きはbである。
⑦ 加速度の大きさは0であり、力の向きはcである。
⑧ 加速度と力の大きさは、ともに0である。

(17. センター追試 [物理])

48 ☆☆ **向心力と角速度** 2分　水平でなめらかな机の上に糸の一端を固定し、他端に小さな物体をつけて
机の上で等速円運動をさせた。このとき、回転の角速度ωと糸の張力Tの関係を表すグラフは、どの
ように表されるか。次の①～④のうちから正しいものを一つ選べ。

(96. センター本試 [物理])

49 ☆☆☆ 思考・判断・表現 **鉛直面内での円運動** 5分　長さLの質量が無視できる棒の一端を、鉛直面
内でなめらかに回転できるように支点にとりつけ、他端に質量mのおもりをと
りつけた。支点の鉛直上方でおもりを静かにはなすと、棒は重力によって鉛直
面内で図のように反時計回りに回転し始めた。

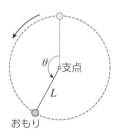

問1　鉛直上方から測った棒の角度θとおもりの速さvとの関係を表すグラフと
して最も適当なものを、次の①～④のうちから一つ選べ。ただし、重力加速度
の大きさをg、空気の影響は無視できるものとし、グラフには、$0°<\theta\leqq180°$の
範囲が示されている。

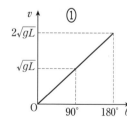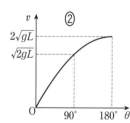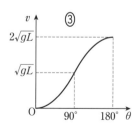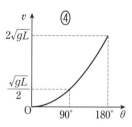

問2　$\theta=180°$のとき、おもりが棒から受ける力の大きさを、次の①～⑧のうちから一つ選べ。
① mg　② $2mg$　③ $3mg$　④ $4mg$　⑤ $5mg$　⑥ $6mg$　⑦ $7mg$　⑧ 0

(11. センター本試 [物理 I] 改)

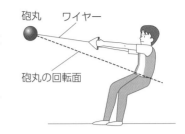

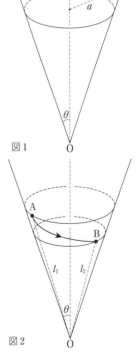

☑ **50** ☆☆ [思考・判断・表現] **ハンマー投げと円運動** 〈5分〉 陸上競技のハンマー投げを見ていたAさんが、同級生のBさんと円運動に関する会話をしている。次の会話文を読み、下線部に誤りを含むものを①〜⑤のうちから二つ選べ。

Aさん：ハンマー投げはいつ見ても迫力がある。ワイヤーを取り付けた砲丸を何十メートルも飛ばすことができるのはすごいよね。

Bさん：そういえば、ハンマー投げは、物理の授業で学習した円運動に見えるよ。

Aさん：そうだね。ハンマー投げの砲丸部分の回転を円運動とみなすと、ハンマー投げを見ている私たちからは、砲丸に①円の接線方向にワイヤーの張力と鉛直下向きに重力がはたらき、これらの合力が、円運動をするための②向心力になるね。

Bさん：その合力の大きさは③角速度の2乗に比例するから、④回転数が大きくなればなるほど引っ張る力は大きくなるはずだよ。プロの選手は、自分の重さの3倍程度の力で引っ張っていると聞いたことがあるよ。

Aさん：それはすごいね。砲丸をねらった向きに投げ出すには、ワイヤーをはなすタイミングも大事だね。

Bさん：ワイヤーから手をはなすと、砲丸は描いている⑤円の中心から外向きの方向に飛んでいくことから、ワイヤーをはなすタイミングを決めることができそうだよ。 ➡ 例題❿

☑ **51** ☆☆☆ **円錐面内の円運動** 〈3分〉 図1のように、十分大きくなめらかな円錐面が、中心軸を鉛直に、頂点Oを下にして置かれている。大きさの無視できる質量mの小物体が円錐面上を運動する。頂点Oにおいて円錐面と中心軸のなす角度をθとし、重力加速度の大きさをgとする。

問1 大きさv_0の初速度を水平方向に与えると、小物体は等速円運動をした。その半径aを表す式として正しいものを、次の①〜⑧のうちから一つ選べ。

① $\dfrac{g\sin\theta}{v_0^2}$ ② $\dfrac{g\cos\theta}{v_0^2}$ ③ $\dfrac{g}{v_0^2\tan\theta}$ ④ $\dfrac{g\sin\theta\cos\theta}{v_0^2}$

⑤ $\dfrac{v_0^2}{g\sin\theta}$ ⑥ $\dfrac{v_0^2}{g\cos\theta}$ ⑦ $\dfrac{v_0^2\tan\theta}{g}$ ⑧ $\dfrac{v_0^2}{g\sin\theta\cos\theta}$

図1

問2 図2のように、頂点Oから距離l_1の点Aで、大きさv_1の初速度を与えたところ、小物体は円錐面に沿って運動をし、頂点Oから距離l_2の点Bを通過した。点Bにおける小物体の速さを表す式として正しいものを、次の①〜⑨のうちから一つ選べ。

① $\sqrt{2g(l_1-l_2)}$ ② $\sqrt{v^2+2g(l_1-l_2)}$

③ $\sqrt{2g(l_1-l_2)\cos\theta}$ ④ $\sqrt{v_1^2+2g(l_1-l_2)\cos\theta}$

⑤ $\sqrt{2g(l_1-l_2)\sin\theta}$ ⑥ $\sqrt{v_1^2+2g(l_1-l_2)\sin\theta}$

⑦ v_1 ⑧ $v_1\cos\theta$

⑨ $v_1\sin\theta$

図2

(17. センター本試 [物理] 改) ➡ 例題❿

52 鉛直ばね振り子 6分

ばね定数 k の質量が無視できるばねを天井からつるし、その下端に質量 m の小球をつける。小球をばねが自然の長さになる位置までもち上げて、静かに手をはなすとばねは単振動をした。重力加速度の大きさを g として、次の各問に答えよ。

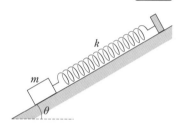

問1　単振動の振幅はいくらか。次の①～⑦のうちから正しいものを一つ選べ。

①　$\sqrt{\dfrac{mg}{k}}$　②　$\sqrt{\dfrac{2mg}{k}}$　③　$\dfrac{mg}{2k}$　④　$\dfrac{mg}{k}$　⑤　$\dfrac{2mg}{k}$　⑥　$\sqrt{\dfrac{m}{k}}$　⑦　$\sqrt{\dfrac{k}{m}}$

問2　単振動の周期はいくらか。次の①～⑥のうちから正しいものを一つ選べ

①　$\sqrt{\dfrac{k}{m}}$　②　$\sqrt{\dfrac{m}{k}}$　③　$2\pi\sqrt{\dfrac{m}{k}}$　④　$2\pi\sqrt{\dfrac{k}{m}}$　⑤　$2\pi\sqrt{\dfrac{g}{k}}$　⑥　$2\pi\sqrt{\dfrac{k}{g}}$

問3　単振動の速さの最大値はいくらか。次の①～⑧のうちから正しいものを一つ選べ

①　$g\sqrt{\dfrac{m}{k}}$　②　$g\sqrt{\dfrac{k}{m}}$　③　$g\sqrt{\dfrac{2m}{k}}$　④　$g\sqrt{\dfrac{m}{2k}}$　⑤　$g\dfrac{m}{k}$　⑥　$g\dfrac{k}{m}$　⑦　$g\dfrac{2m}{k}$　⑧　$g\dfrac{m}{2k}$

➡ 例題⓫

53 斜面上のばね振り子 4分

図のように、傾斜角 θ の摩擦のない斜面上に、ばね定数 k の軽いばねを置き、ばねの一端を斜面上に固定して、ばねの他端に質量 m のおもりをつけてつりあわせた。おもりをつりあいの位置から、斜面上で引き下げ、ばねが自然の長さから d だけ伸びた位置で静かにはなすと、おもりは斜面上を単振動した。

問1　単振動の振幅はいくらか。次の①～⑧のうちから正しいものを一つ選べ。

①　d　　②　$2d$　　③　$d-\dfrac{mg\sin\theta}{k}$　　④　$d+\dfrac{mg\sin\theta}{k}$

⑤　$\dfrac{mg\sin\theta}{k}$　⑥　$\dfrac{2mg\sin\theta}{k}$　⑦　$\dfrac{mg}{k}$　⑧　$\dfrac{2mg}{k}$

問2　単振動の周期はいくらか。次の①～⑧のうちから正しいものを一つ選べ。

①　$\sqrt{\dfrac{k}{m}}$　②　$\sqrt{\dfrac{m}{k}}$　③　$2\pi\sqrt{\dfrac{m}{k}}$　④　$2\pi\sqrt{\dfrac{k}{m}}$

⑤　$2\pi\sqrt{\dfrac{g}{k}}$　⑥　$2\pi\sqrt{\dfrac{k}{g}}$　⑦　$2\pi\sqrt{\dfrac{k}{m\sin\theta}}$　⑧　$2\pi\sqrt{\dfrac{k}{m\cos\theta}}$

➡ 例題⓫

54 ブランコの周期 2分 　思考・判断・表現

太郎と花子は、ブランコにも振り子の長さが L、重力加速度の大きさが g のときの単振り子の周期の式、$T=2\pi\sqrt{\dfrac{L}{g}}$ が適用できることを前提に、その周期をより短くする方法を考えた。その方法として適当なものを、次の①～⑤のうちからすべて選べ。ただし、該当するものがない場合は、⓪を選べ。なお、空気の抵抗は無視できるものとする。

①　ブランコに座って乗っていた場合、板の上に立って乗る。

②　ブランコに立って乗っていた場合、座って乗る。

③　ブランコのひもを短くする

④　ブランコのひもを長くする。

⑤　ブランコの板をより重いものに交換する。

(17. 大学入学共通テスト試行調査 [物理] 改)

☑ **55** ☆☆☆ **加速するエレベーターと振り子** 2分 大きさaの加速度で、速さを増しながら上昇中のエレベーター内にある質量mの小球の運動をエレベーター内で観測する。重力加速度の大きさをgとする。

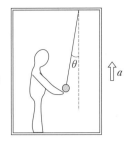

問1 図のように、小球をエレベーター内の天井から長さLの軽い糸でつるす。小球を少し横に引いて、糸が鉛直方向と小さな角θだけ傾いたところで手をはなした。その瞬間に、小球を元の位置に引き戻そうとする力の大きさはいくらか。次の①〜⑨から一つ選べ。

① mg　② $mg\sin\theta$　③ $mg\cos\theta$　④ $m(g+a)$　⑤ $m(g+a)\sin\theta$

⑥ $m(g+a)\cos\theta$　⑦ $m(g-a)$　⑧ $m(g-a)\sin\theta$　⑨ $m(g-a)\cos\theta$

問2 その後、小球は単振り子の運動を始めた。振り子の周期はいくらか。次の①〜⑧から一つ選べ。

① $\dfrac{2\pi L}{g-a}$　② $\dfrac{2\pi L}{g+a}$　③ $2\pi\sqrt{\dfrac{L}{g-a}}$　④ $2\pi\sqrt{\dfrac{L}{g+a}}$

⑤ $2\pi\sqrt{\dfrac{L}{g}}$　⑥ $2\pi\sqrt{\dfrac{g}{L}}$　⑦ $2\pi\sqrt{\dfrac{g-a}{L}}$　⑧ $2\pi\sqrt{\dfrac{g+a}{L}}$

(88. 共通一次追試 [物理] 改) ➡ **例題⑫**

☑ **56** ☆☆ 思考・判断・表現 **単振り子の長さと周期** 3分 花子と太郎は、物理実験室にある球形の金属製のおもりとピアノ線を用いて、振り子の長さLと周期Tの式 $T=2\pi\sqrt{\dfrac{L}{g}}$ を確かめるため、単振り子の実験を行った。この式でgは重力加速度の大きさである。単振り子の振れはじめの角度を$10°$にし、長さを変化させ、周期を測定したところ、表に示す結果が得られた。

単振り子の 長さL[m]	周期 T[s]
0.252	1.01
0.501	1.42
0.750	1.74
1.008	2.01

グラフ用紙を使って、この実験結果をグラフに描くことにした。グラフの横軸と縦軸の変数の組み合わせをどのように選べば、周期の式を確認しやすいか。横軸の変数として適当なものを①〜④から、縦軸の変数として適当なものを⑤〜⑧からそれぞれ一つずつ、合計**二つ選べ**。

① 単振り子の長さ　② 単振り子の長さの2乗　③ 単振り子の長さの3乗

④ 単振り子の長さの逆数　⑤ 周期　⑥ 周期の2乗　⑦ 周期の3乗　⑧ 周期の対数

(17. 大学入学共通テスト試行調査 [物理] 改)

☑ **57** ☆☆☆ **万有引力とケプラーの法則** 4分 質量mの人工衛星が、地球のまわりを速さvで円運動している。人工衛星の地表面からの高さをh、地球の質量をM、地球の半径をR、万有引力定数をGとする。また、地球の自転や公転の影響、他の天体のおよぼす影響は無視できるものとする。

問1 人工衛星が地球から受ける万有引力の大きさFを表す式を、次の①〜⑧のうちから一つ選べ。

① $\dfrac{GMm}{R}$　② $\dfrac{GMm}{R^2}$　③ $\dfrac{GMmh}{R^2}$　④ $\dfrac{GMm}{R+h}$

⑤ $\dfrac{GMm}{(R+h)^2}$　⑥ $\dfrac{GMmh}{(R+h)^2}$　⑦ $\dfrac{GMm}{h}$　⑧ $\dfrac{GMm}{h^2}$

問2 人工衛星の周期Tの2乗と、地球の中心からの距離aの3乗の比 $k=\dfrac{T^2}{a^3}$ について述べた文として、最も適当なものを次の①〜⑤のうちから一つ選べ。

① kはmとvに比例する。　② kはmとvに反比例する。

③ kはvにはよらないが、mに比例する。　④ kはvにはよらないが、mに反比例する。

⑤ kはmにもvにもよらない。

(16. センター追試 [物理] 改)

58 人工衛星の運動 〈5分〉 ☆☆☆

図1のように、人工衛星が地球の中心を中心とする半径 r の円軌道を一定の速さ v でまわっている。人工衛星の質量を m、地球の半径を R、地球の質量を M、万有引力定数を G とし、地球は静止しているものとする。次の各問に答えよ。

問1 図1の人工衛星にはたらく力の向きは、次の図の①～④のどの矢印で表されるか。　1
また、この力の反作用を地球の中心にはたらく1つの力で表したとき、その向きは、図の⑤～⑧のどの矢印で表されるか。　2

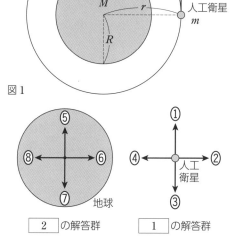

図1

問2 人工衛星にはたらく力の大きさはいくらか。次の①～④のうちから正しいものを一つ選べ。

① $\dfrac{GmM}{(r-R)^2}$ 　② $\dfrac{GmM}{r^2}$

③ $\dfrac{GmM}{R^2}$ 　④ $\dfrac{GmM}{(r+R)^2}$

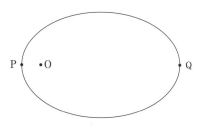

2 の解答群　　1 の解答群

問3 人工衛星の加速度の大きさはいくらか。次の①～④のうちから正しいものを一つ選べ。

① $\dfrac{v^2}{r}$ 　② rv^2 　③ $\dfrac{v^2}{r^2}$ 　④ v^2r^2

問4 人工衛星の円運動の周期はいくらか。次の①～④のうちから正しいものを一つ選べ。

① $\dfrac{\sqrt{GMr^3}}{2\pi}$ 　② $\dfrac{GM}{2\pi}\sqrt{r^3}$ 　③ $\dfrac{2\pi}{GM}\sqrt{r^3}$ 　④ $2\pi\sqrt{\dfrac{r^3}{GM}}$

(95. センター追試 [物理] 改) ➡ 例題⑬

59 楕円軌道と位置エネルギー 〈5分〉 ☆☆

地球のまわりをまわる人工衛星の運動を考えよう。地球の半径を R、質量を M、万有引力定数を G とする。質量 m の人工衛星が、地球の中心Oを焦点の1つとする、図のような楕円軌道を描いている。地球に最も近い点を P($\overline{\mathrm{OP}}=r$)、その反対側の地球から最も遠くなる点を Q($\overline{\mathrm{OQ}}=xr$) とする。

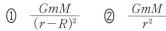

人工衛星のQ点での位置エネルギー U_Q とP点での位置エネルギー U_P との差 $U_\mathrm{Q}-U_\mathrm{P}$ を、x を使って表すとどうなるか。該当するものを次の①～⑧のうちから一つ選べ。

① $\dfrac{GMm}{r}\dfrac{(x-1)}{x}$ 　② $-\dfrac{GMm}{r}\dfrac{(x-1)}{x}$ 　③ $\dfrac{GMm}{r}\dfrac{x}{(x-1)}$ 　④ $-\dfrac{GMm}{r}\dfrac{x}{(x-1)}$

⑤ $\dfrac{GMm}{r}\dfrac{(x-1)^2}{x^2}$ 　⑥ $-\dfrac{GMm}{r}\dfrac{(x-1)^2}{x^2}$ 　⑦ $\dfrac{GMm}{r}\dfrac{x^2}{(x-1)^2}$ 　⑧ $-\dfrac{GMm}{r}\dfrac{x^2}{(x-1)^2}$

(92. センター追試 [物理] 改)

実践問題

60 ☆☆☆ 〔思考・判断・表現〕 **水平な台の上の円錐振り子** 7分 図のように、広い水平な台の
上に質量 m の小さい物体Aがある。A には長さ l の軽い糸がつけら
れている。糸の他端は台から高さ h だけ上の点Pに固定されている。
Aが台の上でPの真下の位置Oを中心とする角速度 ω の等速円運動
をする場合を考える。ただし、重力加速度の大きさを g とし、台と
Aとの間の摩擦および空気の抵抗は無視できるものとする。

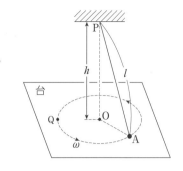

問1 Aが台から受ける抗力 N と角速度 ω の関係を表すグラフを、次
の①～⑥のうちから一つ選べ。

問2 Aが台からはなれるときの角速度 ω の最小値を、次の①～⑧のうちから一つ選べ。

① $\dfrac{g}{h}$ ② $\sqrt{\dfrac{g}{h}}$ ③ $\dfrac{h}{g}$ ④ $\sqrt{\dfrac{h}{g}}$ ⑤ $\dfrac{l}{g}$ ⑥ $\sqrt{\dfrac{l}{g}}$ ⑦ $\dfrac{g}{l}$ ⑧ $\sqrt{\dfrac{g}{l}}$

問3 Aが台からはなれないで運動しているとき、Aが図の点Qに来た瞬間に糸を切ると、Aはその後
どのような運動をするか。次の①～④のうちから一つ選べ。

① OのまわりをまわりながらOから遠ざかる。 ② OのまわりをまわりながらOに近づく。

③ Qにおける円の接線に沿って進む。 ④ $\overrightarrow{OQ}$ の向きに進む。

(93. センター本試 [物理] 改)➡ 例題 ⑩

61 ☆☆☆ **加速度運動する電車内の運動** 8分 図のように、一定の
大きさ a の加速度で右向きに加速している電車の天井に、質
量 m の小球を軽い糸でつるすと、電車に乗っている観測者か
ら見て、鉛直下向きから角度 θ だけ糸が傾いて静止した。そ
のときの小球の、電車の床からの高さは h だった。重力加速
度の大きさを g として、次の各問に答えよ。

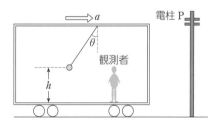

問1 加速度の大きさ a を表す式として正しいものを、次の①～⑥のうちから一つ選べ。

① $g\tan\theta$ ② $g\cos\theta$ ③ $g\sin\theta$ ④ $\dfrac{g}{\tan\theta}$ ⑤ $\dfrac{g}{\cos\theta}$ ⑥ $\dfrac{g}{\sin\theta}$

問2 電柱Pの前を小球が右向きに通過すると同時にそっと糸を切ると、小球は床に落ちた。糸を切っ
たときの電車の速さは v であり、床に落ちた瞬間の小球の位置はPから水平方向に D だけずれていた。
D を表す式として正しいものを、次の①～⑦のうちから一つ選べ。ただし、D は右向きを正とする。

① $-\sqrt{\dfrac{2h}{g}}v$ ② $-\dfrac{ah}{g}$ ③ $-\sqrt{\dfrac{2h}{g}}v-\dfrac{ah}{g}$ ④ $\sqrt{\dfrac{2h}{g}}v$ ⑤ $\dfrac{ah}{g}$ ⑥ $\sqrt{\dfrac{2h}{g}}v+\dfrac{ah}{g}$ ⑦ 0

問3 問2の現象を電車内の観測者が見たとき、小球が床に落ちた位置は、糸を切った瞬間の位置から
水平方向に距離 d だけずれていた。d を表す式として正しいものを、次の①～⑧のうちから一つ選べ。

① 0 ② $h\tan\theta$ ③ $h\cos\theta$ ④ $h\sin\theta$ ⑤ $\sqrt{\dfrac{2h}{g}}v$ ⑥ $\sqrt{\dfrac{2h}{g}}v\tan\theta$ ⑦ $\sqrt{\dfrac{2h}{g}}v\cos\theta$ ⑧ $\sqrt{\dfrac{2h}{g}}v\sin\theta$

(17. センター追試 [物理])➡ 例題 ⑫

62 振れの角と振り子の周期の実験 3分

思考・判断・表現

振り子について学んだときのことを思い出した太郎と花子の2人は、物理実験室で、その結果や実験方法を見直してみることにした。単振り子の長さを L、重力加速度の大きさを g としたとき、単振り子の周期の式 $T = 2\pi\sqrt{\dfrac{L}{g}}$ の右辺には振幅が含まれていない。この式が本当に成り立つのか疑問に思った2人は、振り子の糸の長さを50cmに固定し、振れはじめの角度だけを変えて、振り子の周期を測定する実験を行った。表はその結果である。表の結果にもとづく考察として合理的なものを、次の①～③のうちからすべて選べ。ただし、該当するものがない場合は、⓪を選べ。

振れはじめの角度	周期[s]
10°	1.43
45°	1.50
70°	1.56

① 式には振幅が含まれていないので、振幅を変えても周期は変化しない。したがって、表のように、振幅によって周期が変化する結果が得られたということは、測定か数値の処理に誤りがある。

② 式は、振動の角度が小さい場合の式なので、振動の角度が大きいほど実測値との差が大きい。

③ 実験の間、糸の長さが変化しなかったとみなしてよい場合、「振り子の周期は、振幅が大きいほど長い」という仮説を立てることができる。

(17. 大学入学共通テスト試行調査 [物理] 改)

63 粗い水平面上の単振動 4分

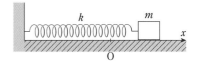

ばね定数 k の軽いばねの一端に質量 m の小物体をとりつけ、粗い水平面上に置き、ばねの他端を壁にとりつけた。図のように x 軸をとり、ばねが自然の長さのときの小物体の位置を原点Oとする。ただし、重力加速度の大きさを g、小物体と水平面の間の静止摩擦係数を μ、動摩擦係数を μ' とする。また、小物体は x 軸方向にのみ運動する。

問1 小物体を位置 x で静かにはなしたとき、小物体が静止したままであるような、位置 x の最大値 x_M を表す式として正しいものを、次の①～⑦のうちから一つ選べ。

① $\dfrac{\mu mg}{2k}$　② $\dfrac{\mu mg}{k}$　③ $\dfrac{2\mu mg}{k}$　④ 0　⑤ $\dfrac{\mu' mg}{2k}$　⑥ $\dfrac{\mu' mg}{k}$　⑦ $\dfrac{2\mu' mg}{k}$

問2 次の文章中の空欄 ア ・ イ に入れる式の組み合わせとして正しいものを、下の①～⑧のうちから一つ選べ。

問1の x_M より右側で小物体を静かにはなすと、小物体は動き始め、次に速度が0となったのは時間 t_1 が経過したときであった。この間に、小物体にはたらく力の水平成分 F は、小物体の位置を x とすると、$F = -k\left(x - \boxed{ア}\right)$ と表される。この力は、小物体に位置 ア を中心とする単振動を生じさせる力である。このことから、時間 t_1 は イ とわかる。

	ア	イ		ア	イ
①	$\dfrac{\mu' mg}{2k}$	$\pi\sqrt{\dfrac{m}{k}}$	⑤	$\dfrac{\mu' mg}{k}$	$\pi\sqrt{\dfrac{m}{k}}$
②	$\dfrac{\mu' mg}{2k}$	$2\pi\sqrt{\dfrac{m}{k}}$	⑥	$\dfrac{\mu' mg}{k}$	$2\pi\sqrt{\dfrac{m}{k}}$
③	$\dfrac{\mu' mg}{2k}$	$\pi\sqrt{\dfrac{k}{m}}$	⑦	$\dfrac{\mu' mg}{k}$	$\pi\sqrt{\dfrac{k}{m}}$
④	$\dfrac{\mu' mg}{2k}$	$2\pi\sqrt{\dfrac{k}{m}}$	⑧	$\dfrac{\mu' mg}{k}$	$2\pi\sqrt{\dfrac{k}{m}}$

(18. センター本試 [物理])

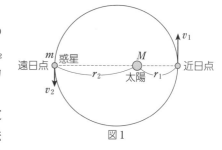

図1

☑ **64** ☆☆☆ 思考・判断・表現 **惑星の運動** 6分　惑星が太陽に最も近づく点を近日点、最も遠ざかる点を遠日点とよぶ。図1のように、太陽からの惑星の距離と惑星の速さを、近日点で r_1、v_1、遠日点で r_2、v_2 とする。また、太陽の質量を M、惑星の質量を m、万有引力定数を G とする。

問1　惑星の運動については「惑星と太陽とを結ぶ線分が一定時間に通過する面積は一定である」というケプラーの第2法則(面積速度一定の法則)が成り立つ。これから得られる関係式として正しいものを、次の①～⑥のうちから一つ選べ。

① $\dfrac{r_1}{Mv_1} = \dfrac{r_2}{mv_2}$　　② $mr_1v_1 = Mr_2v_2$　　③ $\dfrac{r_1}{mv_1} = \dfrac{r_2}{Mv_2}$

④ $Mr_1v_1 = mr_2v_2$　　⑤ $\dfrac{r_1}{v_1} = \dfrac{r_2}{v_2}$　　⑥ $r_1v_1 = r_2v_2$

問2　図2の(a)～(d)の曲線のうち、太陽からの惑星の距離 r と惑星の運動エネルギーの関係を表すものはどれか。また、距離 r と万有引力による位置エネルギーの関係を表すものはどれか。その組み合わせとして最も適当なものを、下の①～⑥のうちから一つ選べ。ただし、万有引力による位置エネルギーは、無限遠で0とする。

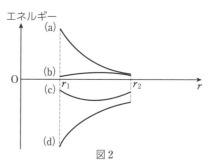

図2

	運動エネルギー	位置エネルギー		運動エネルギー	位置エネルギー
①	(a)	(b)	④	(b)	(a)
②	(a)	(c)	⑤	(b)	(c)
③	(a)	(d)	⑥	(b)	(d)

問3　次の文章中の空欄 ア ・ イ に入れる式と語の組み合わせとして最も適当なものを、下の①～⑧のうちから一つ選べ。

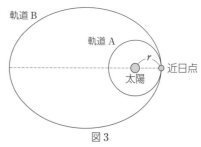

図3

惑星の軌道が円である場合と、楕円である場合の力学的エネルギーについて考える。図3の軌道Aのように、惑星が半径 r の等速円運動をすると、その速さは $v=$ ア となる。

一方、軌道Bのように、近日点での太陽からの距離が r となる楕円運動の場合、惑星の力学的エネルギーは、軌道Aの場合の力学的エネルギーに比べて イ 。

	①	②	③	④	⑤	⑥	⑦	⑧
ア	$m\sqrt{\dfrac{G}{Mr}}$	$m\sqrt{\dfrac{G}{Mr}}$	$M\sqrt{\dfrac{G}{mr}}$	$M\sqrt{\dfrac{G}{mr}}$	$\sqrt{\dfrac{Gm}{r}}$	$\sqrt{\dfrac{Gm}{r}}$	$\sqrt{\dfrac{GM}{r}}$	$\sqrt{\dfrac{GM}{r}}$
イ	大きい	小さい	大きい	小さい	大きい	小さい	大きい	小さい

(18. センター本試 [物理])

1 熱と温度

①熱運動と温度 原子や分子の無秩序な運動を(^{ア}　　　　　　　　)
といい、温度はこの運動の激しさを表す量である。セルシウス温
度を t〔℃〕、絶対温度を T〔K〕とすると、次式が成り立つ。

$$T = (^{イ}　　　　　　　　　　　)$$

②熱の移動と熱量 温度の異なる2つの物体を接触させると、高温
の物体から低温の物体へ熱運動のエネルギーが移動し、やがて温
度が等しくなる。このとき、(^{ウ}　　　　　　　)の状態にあると
いう。また、移動した熱運動のエネルギーを(^{エ}　　　　　　)、
その量を(^{オ}　　　　　　)という。

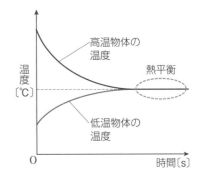

③熱容量と比熱 ある物体の温度を1K上昇させるのに必要な熱量を、物体の(^{カ}　　　　　　　)という。
その単位にはジュール毎ケルビン(記号 J/K)が用いられる。また、単位質量(1gや1kgなど)の物質
の温度を1K変化させるのに必要な熱量を、物質の(^{キ}　　　　　　)という。その単位には、ジュー
ル毎グラム毎ケルビン(記号 J/(g·K))が用いられることが多い。
　比熱 c〔J/(g·K)〕の物質でできている質量 m〔g〕の物体の熱容量 C〔J/K〕は、$C = (^{ク}$　　　　　　　)と
表される。この物体の温度を ΔT〔K〕だけ上昇させるのに必要な熱量 Q〔J〕は、比熱 c〔J/(g·K)〕を用
いて、　$Q = C\Delta T = (^{ケ}$　　　　　　)

④熱量の保存 2つの物体の間だけで熱が移動したとすれば、高温の物体が失った熱量と低温の物体が
得た熱量は(^{コ}　　　　　　)。これを熱量の保存という。

⑤物質の三態 物質には、一般に、固体、液体、気体の3つの状態がある。物質の状態変化には熱が必要
であり、物質の融解に必要な熱量を(^{サ}　　　　　)熱、蒸発に必要な熱量を(^{シ}　　　　　　)熱とい
う。このような状態を変化させるために使われる熱を(^{ス}　　　　　　)といい、物質1gあたりの値
で示されることが多く、単位にはジュール毎グラム(記号 J/g)が用いられる。

⑥物体の熱膨張 温度が上がると、構成粒子の熱運動が激しくなり、ほとんどの物体は長さや体積が増
加する。これを物体の(^{セ}　　　　　　)という。

2 エネルギーの変換と保存

①熱と仕事 熱は仕事と同等であり、(^{ソ}　　　　　　　　)の1つの形態である。

②内部エネルギー 物体の構成粒子は、熱運動による運動エネルギーと、粒子間の力による位置エネル
ギーをもっている。これらエネルギーの総和を、物体の(^{タ}　　　　　　)エネルギーという。

③熱力学の第1法則 物体に外部から加えられた熱量 Q〔J〕と、物体が外部からされた仕事 W〔J〕の和は、
物体の内部エネルギーの変化量 ΔU〔J〕となる。　$\Delta U = (^{チ}$　　　　　　)

④熱機関と熱効率 熱機関は、繰り返し熱を仕事に変えて利用する装
置である。熱機関では、高温の熱源から熱 Q_1〔J〕を受け取り、外部
に仕事 W'〔J〕をした後、低温の熱源に熱 Q_2〔J〕を捨てている。この
とき、熱効率 e は、Q_1、Q_2 を用いて、

$$e = \frac{W'}{Q_1} = \frac{(^{ツ}　　　　　　)}{Q_1}$$

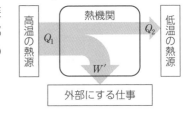

解答
(ア) 熱運動　(イ) $t+273$　(ウ) 熱平衡　(エ) 熱　(オ) 熱量　(カ) 熱容量　(キ) 比熱　(ク) mc　(ケ) $mc\Delta T$　(コ) 等しい
(サ) 融解　(シ) 蒸発　(ス) 潜熱　(セ) 熱膨張　(ソ) エネルギー　(タ) 内部　(チ) $Q+W$　(ツ) Q_1-Q_2

例題 ⑭ 比熱の測定

関連問題 ➡ 65・70

断熱材で囲まれた図のような容器に、20℃の水200gが入っている。この水の中に、65℃に温められた500gの金属球を入れて、かくはん棒で静かにかき混ぜ続けた。しばらくすると水温は30℃で一定になった。この金属球の比熱は何J/(g·K)か。最も適当な数値を、次の①〜⑧のうちから一つ選べ。ただし、水の比熱を4.2J/(g·K)とし、水と金属球以外の熱容量は無視できるとする。

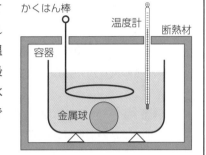

① 0.09　② 0.12　③ 0.48　④ 0.67

⑤ 1.2　⑥ 4.8　⑦ 8.8　⑧ 12

(08. センター追試［物理Ⅰ］ 改)

指針 熱平衡に達するまでに、金属球は熱を失い、水は熱を得ており、熱量の保存から、次の関係が成り立つ。(金属球が失った熱量)＝(水が得た熱量)

解説 金属球の比熱をc[J/(g·K)]とする。金属球が失った熱量Q_1は、「$Q=mc\Delta T$」から、

$$Q_1=500\times c\times(65-20)$$

また、水が得た熱量Q_2は、「$Q=mc\Delta T$」から、

$$Q_2=200\times4.2\times(30-20)$$

熱量の保存から、$Q_1=Q_2$の関係が成り立つので、

$$500\times c\times(65-30)=200\times4.2\times(30-20)$$
$$500\times35\times c=200\times4.2\times10$$
$$c=0.48\,\mathrm{J/(g·K)}$$

したがって、解答は③となる。

必修問題

ESSENTIAL

☑ **65** ☆☆☆ **熱容量** 3分　熱容量が$C_A=3.0\times10^2$J/Kで、温度が50℃の物体Aと、熱容量がC_B[J/K]で、温度が18℃の物体Bを接触させた。それぞれの温度変化を測定したところ、図のようなグラフが得られた。十分長い時間が経った後、両者の温度は30℃になった。ただし、C_AとC_Bは温度によらずそれぞれ一定で、物体Aと物体Bの間でのみ熱の移動があったものとする。

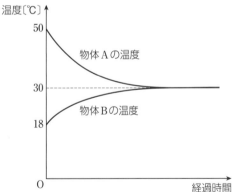

問1　物体Aが物体Bに与えた熱量を有効数字2桁で表すとき、 1 〜 3 に入る数字として正しいものを、下の①〜⓪のうちから一つずつ選べ。ただし、同じものを繰り返し選んでもよい。

　　　 1 . 2 ×10 3 J

① 1　② 2　③ 3　④ 4　⑤ 5　⑥ 6　⑦ 7　⑧ 8　⑨ 9　⓪ 0

問2　C_AとC_Bの大小関係の組み合わせとして最も適当なものを、次の①〜③のうちから一つ選べ。

① $C_A>C_B$　② $C_A=C_B$　③ $C_A<C_B$

(18. センター本試［物理基礎］ 改) ➡ **例題 ⑭**

66 ☆☆ **熱** 2分　熱に関する記述として最も適当なものを、次の①～④のうちから一つ選べ。

① 同じ質量の物体に等量の熱を与えたとき、温度上昇が大きい方が比熱は大きい。

② 物体を構成している分子または原子の熱運動の激しさの程度を、われわれは温度の高低として感じる。

③ 比重の大きい物質は、比熱も大きい。

④ 温度の異なる物体が接触すると、熱は低温の物体から高温の物体に移る。

(01. センター本試 [物理 I B])

67 ☆☆ **融解熱** 4分　南極の氷原に、質量 2.0 kg の隕鉄(鉄を主成分とする隕石)が落下した。氷原に衝突する直前の隕鉄の温度は 1400℃ であり、運動エネルギーは $1.0×10^6$ J であった。

問1　氷原に衝突する直前の隕鉄の速さは何 m/s か。最も適当な数値を、次の①～⑥のうちから一つ選べ。

① 40　② 100　③ 200　④ 400　⑤ 1000　⑥ 1600

問2　隕鉄は氷原に衝突した後、衝突地点周辺の氷を融解して 0℃ まで冷えた。隕鉄がこのとき失った熱エネルギーと運動エネルギーのすべてが、0℃ の氷を融かし、0℃ の水に変えることに使われるとすると、何 kg の氷が融けることになるか。最も適当な数値を、次の①～⑥のうちから一つ選べ。ただし、隕鉄の比熱は 0.72 J/(g·K) であり、温度によらないものとする。また、1.0 g の氷を融解させるのに必要なエネルギーは 335 J とする。

① 1.0　② 3.0　③ 9.0　④ 10　⑤ 30　⑥ 90

(07. センター本試 [物理 I])

68 ☆☆☆ **熱と仕事** 4分　図は、熱と仕事の関係を調べるジュールの羽根車の実験の概念図である。容器内には水 500 g が入っていて、10 kg のおもり 2 つがゆっくり落下して羽根車を回すようになっている。いま、おもりがともに 10 m 落下し、重力のする仕事すべてが水の温度上昇に使われたとすると、水の温度は何 K 上昇するか。最も適当な数値を、次の①～⑥のうちから一つ選べ。ただし、重力加速度の大きさを 9.8 m/s²、水の比熱を 4.2 J/(g·K) とする。

① 16　② 9.3　③ 4.7

④ 1.6　⑤ 0.93　⑥ 0.47　　(09. センター追試 [物理 I])

69 ☆☆☆ **熱効率** 4分　ディーゼルエンジンは、重油などを燃料として熱を仕事に変換する装置である。毎秒 $1.2×10^6$ J の仕事をするディーゼルエンジンについて考えよう。

問1　重油 1 kg を燃焼させたときに発生する熱量は $4.2×10^7$ J で、このエンジンの熱効率が 40% である。10 時間稼働させるのに必要な重油の質量を有効数字 2 桁で表すとき、　1　～　3　に入る数字として正しいものを、下の①～⓪のうちから一つずつ選べ。ただし、同じものを繰り返し選んでもよい。

　1　.　2　×10^　3　kg

① 1　② 2　③ 3　④ 4　⑤ 5　⑥ 6　⑦ 7　⑧ 8　⑨ 9　⓪ 0

問2　このエンジンを 1 台搭載したフェリー船が、水と空気からの抵抗に逆らって $1.8×10^5$ N の推進力で一定の速さで進んでいる。その速さは何 km/h か。最も適当な数値を、次の①～⑤のうちから一つ選べ。ただし、風と潮流はなく、このエンジンがする仕事はすべて船の推進に使われるものとする。

① 10　② 12　③ 24　④ 30　⑤ 36

(06. センター本試 [物理 I] 改)

実践問題

☑ **70** ☆☆☆ 【思考・判断・表現】 **比熱の測定実験** -9分- 高校の授業で、太郎君は比熱に関する実験を行った。この実験では、熱量計の熱容量があらかじめわからなくても、比熱のわかっている金属Aを利用すれば、金属Bの比熱を測定することができる。

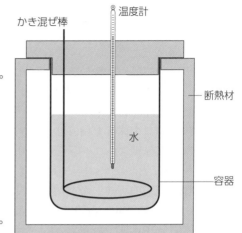

かき混ぜ棒 / 温度計 / 断熱材 / 水 / 容器

問1 図のような熱量計(かき混ぜ棒と容器および温度計からなる)に適当な量の水を入れ、十分に時間が経過した後の温度は t であった。金属A(比熱 c、質量 m)をあたためて、t より十分に高い温度 t_0 にした後、熱量計に入れ、かき混ぜ棒で内部の水をゆっくりとかき混ぜたところ、温度は t_1 となった。金属Aの失った熱量はいくらか。最も適当なものを、次の①〜④のうちから一つ選べ。

① $c(t_1-t)$　　② $c(t_0-t_1)$

③ $mc(t_1-t)$　　④ $mc(t_0-t_1)$

問2 次に、問1と同じ条件下で、金属Aと同じ質量の金属Bについて同じ実験を行ったところ、かき混ぜた後の温度は t_2 となった。熱量計とその内部の水を合わせたもの全体の熱容量が金属Aに対する測定時と同じであることを使うと、金属Bの比熱はいくらか。最も適当なものを、次の①〜④のうちから一つ選べ。

① $c\dfrac{(t_0-t_1)(t_2-t)}{(t_0-t_2)(t_1-t)}$　　② $c\dfrac{(t_0-t_2)(t_1-t)}{(t_0-t_1)(t_2-t)}$　　③ $c\dfrac{(t_0-t_2)(t_0-t_1)}{(t_1-t)(t_2-t)}$　　④ $c\dfrac{(t_0-t_1)(t_2-t)}{(t_0-t)(t_2-t_1)}$

問3 太郎君の班は、金属Bの比熱をこれまでの実験と同じ手順、同じ条件でもう一度測定しようとした。ところが、あたためた金属Bを熱量計に入れる直前に、水の一部が断熱材の外部にこぼれてしまった。このときの実験で得られた比熱の値について、太郎君は班での話し合いを行った。太郎君たちの話し合いが、科学的に正しいものとなるように、文章中の　1　〜　3　に入る語句として最も適当なものを、下の①〜③のうちから一つずつ選べ。ただし、同じものを繰り返し選んでもよい。

花子「水をこぼすことによって、どんな影響があるのかしら。」

太郎「それによってかき混ぜた後の温度が、正確な実験における値と変わってくるのかな。」

花子「水をこぼすということは、水の質量は小さくなるから、熱量計とその内部の水を合わせた全体の熱容量は　1　よね。」

太郎「それならば、かき混ぜた後の全体の温度は、正確な実験における値と比べて　2　んじゃないのかな。」

花子「そうすると、さっきBの比熱を算出した式から考えると、測定された比熱は正しい値と比べて、　3　はずよね。」

選択肢：① 大きくなる　　② 小さくなる　　③ 変わらない

(00. センター本試 [物理I B] 改) ➡ 例題⑭

第Ⅱ章 熱

5 気体の性質と分子の運動

1 気体の法則

①**気体の圧力** 容器内の気体の圧力は、気体を構成する(^{ア}　　　　　)が器壁と衝突することで生じる。気体の圧力は、面に対して常に垂直にはたらき、その大きさは、容器内のどの部分においても等しい。

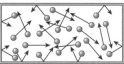

②**ボイル・シャルルの法則** 温度が一定のとき、一定質量の気体の体積 V〔m³〕は、圧力 p〔Pa〕に(^{イ}　　　　　)する。これをボイルの法則という。また、圧力が一定のとき、一定質量の気体の体積 V〔m³〕は、絶対温度 T〔K〕に(^{ウ}　　　　　)する。これをシャルルの法則という。これらの法則は、ボイル・シャルルの法則としてまとめられ、次式で表される。

　　　(^{エ}　　　　　　　)＝一定

③**理想気体の状態方程式** 気体定数を R〔J/(mol·K)〕とすると、理想気体において、気体の圧力 p〔Pa〕、体積 V〔m³〕、物質量 n〔mol〕、絶対温度 T〔K〕の関係式は、　$pV=($^{オ}　　　　　)

2 気体の分子運動

体積 V〔m³〕の容器に質量 m〔kg〕の気体分子が N 個入っている。気体の圧力 p〔Pa〕は、分子の速さの二乗の平均 $\overline{v^2}$ を用いて、$p=\dfrac{Nm\overline{v^2}}{3V}$ と表される。アボガドロ定数を N_A とすると、$N=nN_A$ となるので、圧力 p の式と気体の状態方程式から、気体分子の平均の運動エネルギーは、$\dfrac{1}{2}m\overline{v^2}=($^{カ}　　　　　)となる。ボルツマン定数 k〔J/K〕$\left(=\dfrac{R}{N_A}\text{〔J/K〕}\right)$ を用いると、$\dfrac{1}{2}m\overline{v^2}=($^{キ}　　　　　)と表される。

3 気体の内部エネルギーと仕事

①**気体の内部エネルギー** 物質量 n〔mol〕の単原子分子からなる理想気体の内部エネルギー U〔J〕は、気体定数を R〔J/(mol·K)〕、絶対温度を T〔K〕とすると、　$U=($^{ク}　　　　　　)

②**熱力学の第1法則** 気体が外部から得た熱量を Q〔J〕、外部からされた仕事を W〔J〕とすると、気体の内部エネルギーの変化 ΔU〔J〕は、$\Delta U=($^{ケ}　　　　　)と表される（熱力学の第1法則）。

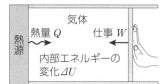

③**気体の状態変化** 気体の各状態変化について、熱力学の第1法則を用いて考えると、ΔU は次のようになる。

【定積変化】 体積一定なので気体がされる仕事は $W=($^{コ}　　　　)。$\Delta U=($^{サ}　　　　　)

【定圧変化】 圧力一定なので気体がする仕事を $p\Delta V$ とすると、$\Delta U=($^{シ}　　　　)

【等温変化】 温度一定なので、$\Delta U=($^{ス}　　　)

【断熱変化】 熱の出入りがないので $Q=($^{セ}　　　)。$\Delta U=($^{ソ}　　　)

④**モル比熱** 1mol の物質の温度を 1K 上昇させるのに必要な熱量を(^{タ}　　　　　)という。物質量 n〔mol〕の気体の温度を ΔT〔K〕だけ上昇させるのに必要な熱量 Q〔J〕は、定積変化では、定積モル比熱を C_V〔J/(mol·K)〕とすると、　$Q=($^{チ}　　　　)

同様に、定圧変化では、定圧モル比熱を C_p〔J/(mol·K)〕とすると、　$Q=($^{ツ}　　　　)

⑤**マイヤーの関係** 単原子分子からなる気体の定積モル比熱 C_V〔J/(mol·K)〕と定圧モル比熱 C_p〔J/(mol·K)〕は、気体定数 R〔J/(mol·K)〕を用いて、$C_V=($^{テ}　　　　)、$C_p=($^{ト}　　　　)と表される。C_V と C_p の間に、$C_p=($^{ナ}　　　　)の関係が成り立ち、これをマイヤーの関係という。

解答

(ア) 分子　(イ) 反比例　(ウ) 比例　(エ) $\dfrac{pV}{T}$　(オ) nRT　(カ) $\dfrac{3RT}{2N_A}$　(キ) $\dfrac{3}{2}kT$　(ク) $\dfrac{3}{2}nRT$　(ケ) $Q+W$　(コ) 0

(サ) Q　(シ) $Q-p\Delta V$　(ス) 0　(セ) 0　(ソ) W　(タ) モル比熱　(チ) $nC_V\Delta T$　(ツ) $nC_p\Delta T$　(テ) $\dfrac{3}{2}R$　(ト) $\dfrac{5}{2}R$　(ナ) C_V+R

例 題 ⑮ 気体の状態変化

関連問題 ➡ 73・77

物質量 n の単原子分子の理想気体の状態を、図のように変化させる。過程 A→B は定積変化、過程 B→C は等温変化、過程 C→A は定圧変化である。状態Aの温度を T_0、気体定数を R とする。次の問1〜問3について、正しいものを、下の①〜⑧のうちからそれぞれ一つ選べ。

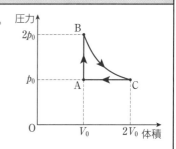

問1　状態Aにおける気体の内部エネルギーは nRT_0 の何倍か。

問2　状態Bの温度は T_0 の何倍か。

問3　過程 C→A において気体が放出する熱量は nRT_0 の何倍か。

① $\dfrac{1}{2}$　② 1　③ $\dfrac{3}{2}$　④ 2　⑤ $\dfrac{5}{2}$　⑥ 3　⑦ $\dfrac{7}{2}$　⑧ 4

(17. センター本試 [物理] 改)

指針　与えられた $p-V$ グラフは、単原子分子の理想気体のようすである。各状態における気体の圧力、温度、体積の間には、ボイル・シャルルの法則が成り立つ。また、過程 C→A は定圧変化なので、放出する熱量は定圧モル比熱を用いて表すことができる。

解説　問1　気体の内部エネルギーの式

「$U=\dfrac{3}{2}nRT$」から、$U=\dfrac{3}{2}nRT_0$ となる。解答：③

問2　状態Aと状態Bについて、ボイル・シャルルの法則「$\dfrac{pV}{T}=$ 一定」から、

$$\frac{p_0V_0}{T_0}=\frac{2p_0V_0}{T_B} \qquad T_B=2T_0$$

したがって、解答は④である。

問3　状態Cの温度は、状態Bと等しく $2T_0$ となる。また、定圧モル比熱 $C_p=\dfrac{5}{2}R$ を用いると、過程 C→A で吸収した熱量は $Q=nC_p\Delta T$ と表せるので、

$$Q=nC_p\Delta T=n\frac{5}{2}R(T_0-2T_0)=-\frac{5}{2}nRT_0$$

負の符号は、気体が熱を放出したことを意味する。したがって、放出した熱量は $\dfrac{5}{2}nRT_0$ である。解答：⑤

例 題 ⑯ 気体分子の平均運動エネルギー

関連問題 ➡ 74

単原子分子の理想気体の温度が 3.0×10^2 K で、分子1個あたりの平均運動エネルギーを有効数字2桁で表すとき、 1 ～ 3 に入る数字として正しいものを、下の①〜⓪のうちから一つずつ選べ。ただし、同じものを繰り返し選んでもよい。また、気体定数を 8.3 J/(mol・K)、アボガドロ定数を 6.0×10^{23}/mol とする。　 1 . 2 $\times10^{\boxed{3}}$ J

1 ・ 2 の選択肢：

① 1　② 2　③ 3　④ 4　⑤ 5　⑥ 6　⑦ 7　⑧ 8　⑨ 9　⓪ 0

3 の選択肢：

① 2　② -2　③ 3　④ -3　⑤ 21

⑥ -21　⑦ 22　⑧ -22　⑨ 23　⓪ -23

(15. センター追試 [物理] 改)

指針　単原子分子の理想気体では、分子間にはたらく力による位置エネルギーは0であり、内部エネルギーは、分子の平均運動エネルギーの和である。

解説　1 mol の気体の内部エネルギーは、$U=\dfrac{3}{2}RT$ である。1 mol の気体の分子数はアボガドロ定数 N_A 個なので、分子1個あたりの平均運動エネルギーは、

$$N_A\times\frac{1}{2}m\overline{v^2}=\frac{3}{2}RT$$

$$\frac{1}{2}m\overline{v^2}=\frac{3RT}{2N_A}=\frac{3\times8.3\times(3.0\times10^2)}{2\times(6.0\times10^{23})}=6.2\times10^{-21}\text{J}$$

解答は 1 ：⑥、 2 ：②、 3 ：⑥である。

断面積 S のシリンダーにヒーターがとりつけられている。図のように、シリンダーの内部に気体を入れ、なめらかに動くピストンでふたをし、質量 M のおもりをのせた。このとき、気体の圧力、体積、温度はそれぞれ P_1、V_1、T_1 であった。ピストンの質量は無視でき、シリンダーとピストンは熱を通さないものとする。また、大気圧を P_0 とし、重力加速度の大きさを g とする。

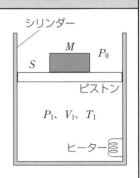

問1 シリンダー内の気体の圧力 P_1 を表す式として正しいものを、次の①～⑦のうちから一つ選べ。

① P_0 ② Mg ③ P_0+Mg ④ P_0-Mg ⑤ $\dfrac{Mg}{S}$ ⑥ $P_0+\dfrac{Mg}{S}$ ⑦ $P_0-\dfrac{Mg}{S}$

問2 ヒーターのスイッチを入れ、シリンダー内の気体に熱を加えた後、スイッチを切った。気体の体積は V_2、温度は T_2 になった。V_2 を表す式として正しいものを、次の①～⑥のうちから一つ選べ。

① $\dfrac{T_1}{T_2}V_1$ ② $\dfrac{T_1}{T_1+T_2}V_1$ ③ $\dfrac{T_2}{T_1+T_2}V_1$ ④ $\dfrac{T_2}{T_1}V_1$ ⑤ $\dfrac{T_1+T_2}{T_1}V_1$ ⑥ $\dfrac{T_1+T_2}{T_2}V_1$

問3 次に、図のように、手でピストンをゆっくり動かして気体の体積を V_1 に戻すと、温度は T_3 になった。この過程で、気体に加えられた仕事を W、内部エネルギーの変化量を ΔU とすると、T_2 と T_3、W と ΔU の関係を表す式の組み合わせとして正しいものを、次の①～⑨のうちから一つ選べ。ただし、ヒーターの熱容量は無視できるものとする。

①	$T_2<T_3$	$\Delta U<W$	⑥	$T_2=T_3$	$\Delta U>W$
②	$T_2<T_3$	$\Delta U=W$	⑦	$T_2>T_3$	$\Delta U<W$
③	$T_2<T_3$	$\Delta U>W$	⑧	$T_2>T_3$	$\Delta U=W$
④	$T_2=T_3$	$\Delta U<W$	⑨	$T_2>T_3$	$\Delta U>W$
⑤	$T_2=T_3$	$\Delta U=W$			

(12. センター追試 [物理 I])

指針 はじめピストンが静止しているとき、ピストンにはたらく力はつりあっている。ヒーターで気体を加熱し、状態が変化した後の気体の圧力は、状態が変化する前の P_1 と等しい。また、手でピストンを押すときの変化は、外部と熱のやりとりをしないので、断熱変化である。

解説 問1 気体がピストンを押す力は鉛直上向きに $P_1 S$、大気が押す力は鉛直下向きに $P_0 S$、おもりが押す力は鉛直下向きに Mg である。力のつりあいから、鉛直上向きを正とし、

$$P_1 S - P_0 S - Mg = 0 \qquad P_1 = P_0 + \dfrac{Mg}{S}$$

したがって、解答は⑥となる。

問2 加熱の前後で気体の圧力は等しく、シャルルの法則「$\dfrac{V}{T}$＝一定」を用いると、

$$\dfrac{V_1}{T_1}=\dfrac{V_2}{T_2} \qquad V_2=\dfrac{T_2}{T_1}V_1$$

したがって、解答は④である。

問3 断熱変化のため、加えられた熱量 Q は $Q=0$ である。熱力学の第1法則「$\Delta U=Q+W$」から $\Delta U=W$ となる。また、気体は圧縮されるので、外部から正の仕事をされ、内部エネルギーは増加し、温度は高くなる。$T_2<T_3$
したがって、解答は②である。

✓ **71** ☆☆☆ **シャルルの法則** 3分 　温度27℃、体積 $6.0 \times 10^{-2}\,m^3$ の気体を、圧力を変えずに温度を77℃に上昇させた。このときの体積を有効数字2桁で表すとき、 1 ～ 3 に入る数字として正しいものを、下の①～⓪のうちから一つずつ選べ。ただし、同じものを繰り返し選んでもよい。

　　　　 1 . 2 $\times 10^{-}$ 3 m^3

　①　1　　②　2　　③　3　　④　4　　⑤　5　　⑥　6　　⑦　7　　⑧　8　　⑨　9　　⓪　0

✓ **72** ☆☆☆ **気体の状態方程式** 6分 　図のように、大気中に鉛直に立てたシリンダーA、Bに、物質量がそれぞれ n、$2n$ の理想気体をおもりをのせたピストンで封じ込めた。シリンダーA内の気体の温度は T、おもりの質量は M、ピストンの面積は S、シリンダーB内の気体の温度は $2T$、おもりの質量は $2M$、ピストンの面積は $3S$ である。ただし、ピ

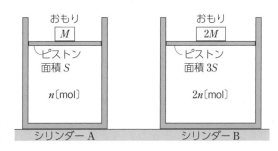

おもり M
ピストン 面積 S
n 〔mol〕
シリンダーA

おもり $2M$
ピストン 面積 $3S$
$2n$ 〔mol〕
シリンダーB

ストンの質量は無視でき、なめらかに動くものとする。シリンダーA内の気体の圧力を P_A、シリンダー内側の底面からピストン下面までの高さを h_A、シリンダーB内の気体の圧力を P_B、シリンダー内側の底面からピストン下面までの高さを h_B とすると、それらの関係として正しいものを次の①～④のうちから一つ選べ。

　①　$P_A < P_B$ かつ $h_A < h_B$　　②　$P_A < P_B$ かつ $h_A > h_B$

　③　$P_A > P_B$ かつ $h_A < h_B$　　④　$P_A > P_B$ かつ $h_A > h_B$

(17. 南山大　改)

✓ **73** ☆☆ **気体の状態変化** 4分 　次の文章中の空欄 1 ～ 3 に入れる語句として最も適当なものを、それぞれ下の選択肢から一つずつ選べ。

　図のような理想気体の状態変化のサイクル A→B→C→A を考える。

A→B：熱の出入りがないようにして、膨張させる。

B→C：熱の出入りができるようにして、定積変化で圧力を上げる。

C→A：熱の出入りができるようにして、等温変化で圧縮してもとの
　　　状態に戻す。

サイクルを1周する間、気体の内部エネルギーは 1 。この間に気体がされた仕事の総和は 2 であり、気体が吸収した熱量の総和は 3 である。

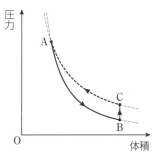

圧力

A

C

B

O　　体積

　 1 の選択肢：　①　増加する　　②　一定の値を保つ

　　　　　　　　　③　変化するがはじめの値に戻る　　④　減少する

　 2 の選択肢：　①　正　　②　0　　③　負

　 3 の選択肢：　①　正　　②　0　　③　負

(23. 共通テスト本試 [物理] 改) ➡ **例題⑮**

☑ **74** ☆ 思考・判断・表現 **分子の二乗平均速度** ⏱**2分** 分子量 M_1 の気体と分子量 M_2 の気体($M_1 > M_2$)について、絶対温度 T を変化させる。このとき、それぞれの分子の二乗平均速度 $\sqrt{\overline{v^2}}$ と絶対温度 T の関係を表すグラフが図1である。また、同じ種類の気体について、圧力を p_1 に保ちながら絶対温度 T を変化させる場合と、圧力を p_2($p_1 > p_2$)に保ちながら変化させる場合のそれぞれについて、$\sqrt{\overline{v^2}}$ と T の関係を表すグラフが図2である。気体の圧力を p、分子量を M、比例定数を K とした場合、2つのグラフに最も適した理想気体の関係式を、次の①～⑧のうちから一つ選べ。

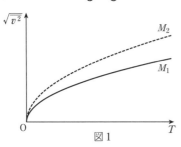

図1

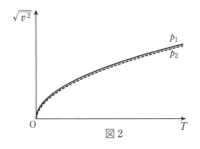

図2

① $\sqrt{\overline{v^2}} = K\sqrt{\dfrac{MT}{p}}$ 　② $\sqrt{\overline{v^2}} = K\sqrt{\dfrac{T}{pM}}$ 　③ $\sqrt{\overline{v^2}} = K\sqrt{pMT}$ 　④ $\sqrt{\overline{v^2}} = K\sqrt{\dfrac{pT}{M}}$

⑤ $\sqrt{\overline{v^2}} = K\sqrt{\dfrac{T}{M}}$ 　⑥ $\sqrt{\overline{v^2}} = K\sqrt{MT}$ 　⑦ $\sqrt{\overline{v^2}} = K\sqrt{\dfrac{T}{p}}$ 　⑧ $\sqrt{\overline{v^2}} = K\sqrt{pT}$

➡ **例題⑯**

☑ **75** ☆☆ **気体の混合** ⏱**8分** 図のように、熱をよく通す2つの容器 A、B が、コックのついた容積の無視できる細い管でつなげられ、大気中に置かれている。容器 A、B の容積はそれぞれ V_A、V_B である。コックが閉じた状態で、同じ分子からなる理想気体を、容器 A、B にそれぞれ物質量 n_A、n_B だけ閉じ込める。大気の温度は常に一定であるものとする。

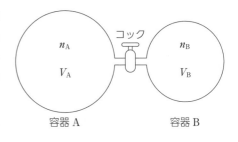

容器 A 　　　　　容器 B

問1 容器 A、B 内の気体の圧力をそれぞれ p_A、p_B としたとき、圧力の比 $\dfrac{p_A}{p_B}$ を表す式として正しいものを、次の①～⑥のうちから一つ選べ。

① $\dfrac{n_A}{n_B}$ 　② $\dfrac{n_A V_A}{n_B V_B}$ 　③ $\dfrac{n_A V_B}{n_B V_A}$ 　④ $\dfrac{n_B}{n_A}$ 　⑤ $\dfrac{n_B V_B}{n_A V_A}$ 　⑥ $\dfrac{n_B V_A}{n_A V_B}$

問2 次に、コックを開ける。十分に時間がたったとき、容器内の気体の圧力 p を表す式として正しいものを、次の①～⑤のうちから一つ選べ。

① $\dfrac{p_A V_A}{V_B} + \dfrac{p_B V_B}{V_A}$ 　② $\dfrac{p_A V_B}{V_A} + \dfrac{p_B V_A}{V_B}$ 　③ $\dfrac{p_A V_A + p_B V_B}{V_A + V_B}$ 　④ $\dfrac{p_A V_B + p_B V_A}{V_A + V_B}$ 　⑤ $p_A + p_B$

問3 コックを開ける前の気体の内部エネルギーの和 U_0 と、コックを開けて十分に時間がたった後の内部エネルギー U_1 の差 $U_0 - U_1$ を表す式として正しいものを、次の①～⑤のうちから一つ選べ。

① $p(V_A + V_B)$ 　② $p_A V_A + p_B V_B$ 　③ $p_A V_A + p_B V_B - \dfrac{1}{2}p(V_A + V_B)$

④ $\dfrac{1}{2}p(V_A + V_B) - p_A V_A - p_B V_B$ 　⑤ 0

（16. センター本試 [物理]）

76 断熱変化と等温変化 〔5分〕

☆☆☆　思考・判断・表現

ピストンの断面積が等しい2つのシリンダー A、B に気体を閉じ込め、図1のように、ピストン同士を硬い棒でつないで、水平にした。A は熱をよく伝えるが、B はピストンも含めて断熱容器である。最初、閉じ込められた気体はどちらも温度 T_0、圧力 P_0、体積 V_0 であった。次に両方のシリンダーに力を加えて、ゆっくりと押し縮めたところ、A、B 内部の気体の体積はそれぞれ V_A、V_B となった。このときの、B に閉じ込められた気体の温度 T_B と T_0 の大小関係、および、V_A と V_B の大小関係の組み合わせとして正しいものを、下の①～④のうちから一つ選べ。ただし、圧力が P_0、体積が V_0 の気体を等温変化させたときと断熱変化させたときの圧力と体積の関係は図2のようになる。

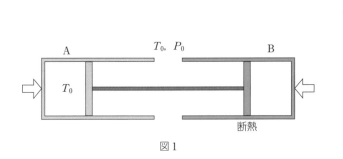

図1

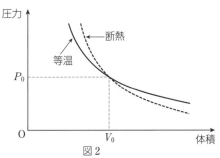

図2

	温度	体積
①	$T_B > T_0$	$V_A > V_B$
②	$T_B > T_0$	$V_A < V_B$
③	$T_B < T_0$	$V_A > V_B$
④	$T_B < T_0$	$V_A < V_B$

(10. センター本試 [物理 I] 改) ➡ 例題⓱

77 熱サイクルと仕事 〔3分〕

☆☆☆

理想気体の圧力と体積を図のように A→B→C→D→A と変化させた。これをサイクル①とする。A→B、C→D は定積変化、B→C、D→A は定圧変化である。次に同じ理想気体の圧力と体積を A→B→C'→D'→A と変化させた。これをサイクル②とする。C'→D' は定積変化、B→C'、D'→A は定圧変化である。サイクル①、サイクル②のそれぞれで気体がした仕事、およびその絶対値の関係として正しい組み合わせを次の①～④から一つ選べ。

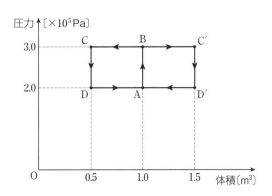

	サイクル①の仕事	サイクル②の仕事	絶対値の関係
①	負の仕事	正の仕事	両サイクルで等しい
②	負の仕事	正の仕事	サイクル②がサイクル①の2倍
③	正の仕事	負の仕事	両サイクルで等しい
④	正の仕事	負の仕事	サイクル②がサイクル①の2倍

(17. 東北学院大　改) ➡ 例題⓯

実践問題

78 ☆☆☆ **断熱変化** **8分** 図のように、容器とシリンダーが接続されている。コックを閉じることで、容器とシリンダーを仕切ることができる。シリンダーにはピストンがついており、シリンダー内をなめらかに動くことができる。容器、シリンダー、ピストン、コックは熱を通さず、容器とシリンダーの接続部分の体積は無視できるものとする。はじめ、容器の内部に理想気体が封入されてコックは閉じられており、ピストンはシリンダーの奥まで押し込まれている。このとき、気体の温度は T_0 であった。

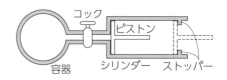

問1 まずコックを開き、ピストンを右にゆっくり動かしながら、ストッパーの位置まで移動させた。このとき、気体の温度は T_1 であった。この過程で気体がした仕事を W_1 とする。次に、ピストンをゆっくり左に動かし、シリンダーの奥まで押し込んだ。このとき、気体の温度は T_0 であった。この過程で気体がした仕事を W_2 とする。温度 T_0、T_1 の大小関係と、W_1、W_2 の関係を表す式の組み合わせとして正しいものを、次の①〜⑨のうちから一つ選べ。

	T_0、T_1 の大小関係	W_1、W_2 の関係		T_0、T_1 の大小関係	W_1、W_2 の関係
①	$T_0 < T_1$	$W_1 + W_2 > 0$	⑥	$T_0 = T_1$	$W_1 + W_2 < 0$
②	$T_0 < T_1$	$W_1 + W_2 = 0$	⑦	$T_0 > T_1$	$W_1 + W_2 > 0$
③	$T_0 < T_1$	$W_1 + W_2 < 0$	⑧	$T_0 > T_1$	$W_1 + W_2 = 0$
④	$T_0 = T_1$	$W_1 + W_2 > 0$	⑨	$T_0 > T_1$	$W_1 + W_2 < 0$
⑤	$T_0 = T_1$	$W_1 + W_2 = 0$			

問2 ピストンが押し込まれているはじめの状態から、コックを閉じたままピストンをストッパーの位置まで動かして固定する。その状態で、コックを開き、気体をシリンダー内に充満させた。このとき、気体の温度は T_3 であった。その後、シリンダーの奥までピストンをゆっくり動かし、気体を容器に戻した。このとき、気体の温度は T_4 であった。温度 T_0、T_3、T_4 の大小関係を表す式として正しいものを、次の①〜⑥のうちから一つ選べ。

① $T_0 = T_3 < T_4$　　② $T_3 < T_4 < T_0$　　③ $T_3 < T_0 = T_4$

④ $T_0 = T_4 < T_3$　　⑤ $T_4 < T_0 < T_3$　　⑥ $T_4 < T_0 = T_3$

(13. センター本試 [物理 I])

79 ☆☆ **思考・判断・表現** **真空膨張** **4分** 下の文章中の空欄 1・2 に入る語句として最も適当なものを、それぞれ下の選択肢から一つずつ選べ。

図(a)のように、断熱材でできた密閉したシリンダーを鉛直に立て、なめらかに動くある質量のピストンで仕切り、その下側に理想気体を入れた。上側は真空であった。ピストンについていた栓を抜いたところ、図(b)のように、ピストンはシリンダーの底面までゆっくり落下し、気体はシリンダー内全体に広がった。気体は、1、気体の温度は2。

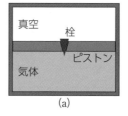
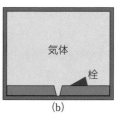

(a)　　　　　(b)

1の選択肢：① 等温で膨張するので　　② 真空中への膨張なので仕事はせず

③ 断熱膨張するので　　④ ピストンから押されることで正の仕事をされ

2の選択肢：① 上がる　　② 下がる　　③ 変化しない

(18. 大学入学共通テスト試行調査 [物理]　改)

☑ **80 気体の状態変化とグラフ** `9分`

☐ **80 気体の状態変化とグラフ** `9分`　シリンダーに閉じ込められた
気体について、次のような実験を行った。図1のように、断面積
S のシリンダーに質量 M のピストンを入れて、一定量の気体を閉
じこめた。そして、シリンダーと鉛直線とのなす角度 θ を変えて、
閉じこめられた気柱の長さ l の変化を調べた。ただし、実験は温
度を一定に保つことができる箱の中で行われ、シリンダー内に閉
じこめられた気体の温度は常に箱の中の温度と等しくなるように
した。シリンダーとピストンの摩擦は無視して考えるものとする。

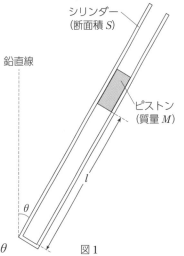

図1

問1　角度が θ のとき、シリンダー内に閉じこめられた気体の圧力
p はいくらか。最も適当なものを、次の①～⑧のうちから一つ選
べ。ただし、箱の中の圧力を p_0、重力加速度の大きさを g とする。

① $\left(p_0+\dfrac{Mg}{S}\right)\sin\theta$　　② $p_0+\dfrac{Mg}{S}\sin\theta$　　③ $p_0+Mg\sin\theta$

④ $(p_0+Mg)\sin\theta$　　⑤ $\left(p_0+\dfrac{Mg}{S}\right)\cos\theta$　　⑥ $p_0+\dfrac{Mg}{S}\cos\theta$

⑦ $p_0+Mg\cos\theta$　　⑧ $(p_0+Mg)\cos\theta$

問2　箱の中の温度が T_0 のとき、閉じこめられた気体の圧力 p と気柱
の長さ l の逆数 $\dfrac{1}{l}$ との関係をグラフにすると、図2の実線のように
なった。この結果から導かれる気体の性質に関する記述として最も適
当なものを、次の①～④のうちから一つ選べ。

① 温度が一定のとき、気体の体積は圧力に反比例する。
② 温度が一定のとき、気体の体積は圧力に比例する。
③ 温度が一定のとき、気体の体積は圧力によらず一定となる。
④ 温度が一定のときの気体の体積と圧力の関係については、この
　結果からだけでは何も結論できない。

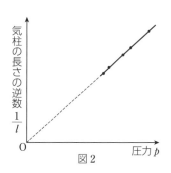

図2

問3　箱の中の温度 T_0 をより高い温度 T_1 にして、これまでと同じ手順で実験を行った。問2で得られ
た結果とともにグラフに表すと、どのようになるか。最も適当なものを、次の①～④のうちから一つ
選べ。

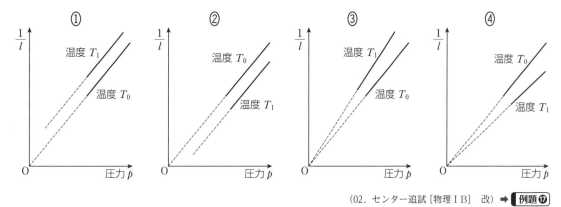

（02．センター追試［物理ⅠB］　改）➡ **例題⑰**

第Ⅱ章　熱

55

波動

1 波とその要素

①**波** ある場所で発生した振動が、次々と周囲に伝わる現象を波(波動)という。波を伝える物質を
(ア　　　　　　)、最初に振動を始めるところを(イ　　　　　　　)という。媒質が1回の振動に
要する時間 T 〔s〕を(ウ　　　　　　)、1秒間あたりの振動の回数 f 〔Hz〕を(エ　　　　　　)
という。T と f の関係は、　$f =$(オ　　　　　)

②**波の要素** 波源が単振動を続けるときに発生する波を、正弦波とい
う。波形の最も高いところを(カ　　　　　)、最も低いところを
(キ　　　　　)、隣りあう山と山(谷と谷)の間隔を(ク　　　　　)
という。振動の中心からの山の高さ(谷の深さ)が波の振幅である。
波は1周期 T 〔s〕の間に1波長 λ 〔m〕だけ進む。これから、波の速さ
v 〔m/s〕は、振動数 f 〔Hz〕を用いて、

$$v = \frac{\lambda}{T} = （ケ　　　　　　　）$$

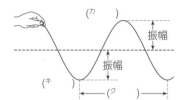

③**位相** 媒質がどのような振動状態(媒質の変位と速度)にあるかを示
すのに、(コ　　　　　)とよばれる量が用いられる。互いに同じ
振動状態を同位相、逆の振動状態を逆位相であるという。図の①と
同位相の点は(サ　　　　　)、逆位相の点は(シ　　　　　)である。

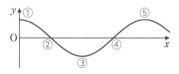

④**横波と縦波** 波の進行方向に対して媒質の振動方向が垂直な波を(ス　　　　　)という。また、波
の進行方向に対して媒質の振動方向が平行な波を(セ　　　　　)といい、この波は媒質の疎な部分
と密な部分が伝わる波であり、(ソ　　　　　)ともよばれる。

2 波の重ねあわせと反射

①**重ねあわせの原理** 2つの波が重なりあうときの媒質の変位は、それぞれの波の変位の(タ　　　　　)
になる。これを重ねあわせの原理といい、重なりあってできる波を合成波という。重なりあった2つ
の波は、通り過ぎた後、互いに影響を受けることなく進行する。このような性質を波の
(チ　　　　　)という。

②**定常波** 波長と振幅の等しい2つの波が、直線上を同じ速さで
互いに逆向きに進み、重なりあうと、合成波はどちらにも進ま
ない波となる。この波を(ツ　　　　　)といい、波の中で
常に振動しない部分を(テ　　　　　)、振幅が最大の部分を
(ト　　　　　)という。隣りあう腹と腹(節と節)の間の間隔は、
進行波の波長の(ナ　　　　　)である。

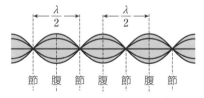

③**波の反射** 〔**自由端反射**〕 自由に動くことができる媒質の端を
自由端、そこでの反射を自由端反射という。自由端では、波の
山は(ニ　　　　　)として反射する。

〔**固定端反射**〕 固定された媒質の端を固定端、そこでの反射を
固定端反射という。固定端では、波の山は(ヌ　　　　　)とし
て反射する。

〔**正弦波の反射**〕 連続した正弦波が媒質の端で反射すると、定
常波が生じる。自由端では入射波と反射波が(ネ　　　　　)
めあって腹となり、固定端では(ノ　　　　　)めあって節となる。

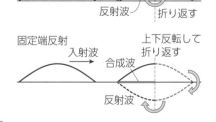

3 音波の性質

①音の速さと縦波　音波は、物質中を伝わる縦波(疎密波)である。空気中を伝わる音の速さ(音速) V 〔m/s〕は、振動数や波長に関係なく、温度が t〔℃〕のとき、

$$V = (^{\text{ハ}} \qquad\qquad)$$

②うなり　振動数がわずかに異なる2つの音波が重なりあうと、音の大小が周期的に生じる。この現象をうなりという。振動数 f_1〔Hz〕、f_2〔Hz〕の2つの波でうなりが生じるとき、1秒間あたりのうなりの回数 f〔Hz〕は、　$f = (^{\text{ヒ}} \qquad\qquad)$

4 物体の固有振動

①弦の固有振動　両端を固定した弦をはじくと、両端が節となる定常波が生じる。長さ L〔m〕の弦にできる腹の数が m のとき、波長を λ_m〔m〕とすると、

$$\lambda_m = (^{\text{フ}} \qquad\qquad) \quad (m = 1、2、3、\cdots)$$

弦の固有振動数 f_m〔Hz〕は、m、L、弦を伝わる波の速さ v〔m/s〕を用いて、　$f_m = (^{\text{ヘ}} \qquad\qquad) \quad (m = 1、2、3、\cdots)$

$m = 1$ のときの振動を基本振動、$m = 2$、3、…のときの振動をそれぞれ2倍振動、3倍振動、…という。

[弦を伝わる波の速さ]　弦の張力の大きさを S〔N〕、線密度を ρ〔kg/m〕とすると、弦を伝わる波の速さ v〔m/s〕は、　$v = (^{\text{ホ}} \qquad\qquad)$

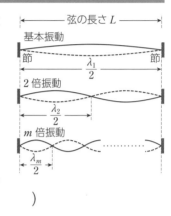

②気柱の固有振動　**[閉管]**　一端だけが閉じた管を閉管という。閉じた端(閉口端)では節、開いた端(開口端)では腹となる定常波が生じる。開口端補正を無視すると、定常波の節の数が m のとき、波長を λ_m〔m〕、気柱の長さを L〔m〕とすると、

$$\lambda_m = (^{\text{マ}} \qquad\qquad) \quad (m = 1、2、3、\cdots)$$

固有振動数 f_m〔Hz〕は、m、L、音速 V〔m/s〕を用いて、

$$f_m = (^{\text{ミ}} \qquad\qquad) \quad (m = 1、2、3、\cdots)$$

[開管]　両端が開いた管を開管という。開管では、両端の開口端が腹となる定常波が生じる。開口端補正を無視すると、定常波の節の数が m のとき、波長を λ_m〔m〕、気柱の長さを L〔m〕とすると、

$$\lambda_m = (^{\text{ム}} \qquad\qquad) \quad (m = 1、2、3、\cdots)$$

固有振動数 f_m〔Hz〕は、m、L、音速 V〔m/s〕を用いて、

$$f_m = (^{\text{メ}} \qquad\qquad) \quad (m = 1、2、3、\cdots)$$

③共振・共鳴　物体は、その $(^{\text{モ}} \qquad\qquad)$ と等しい振動数の周期的な力を受けると、大きく振動する。この現象を共振、または共鳴という。

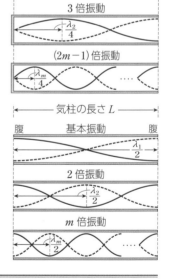

解答

(ア) 媒質　(イ) 波源　(ウ) 周期　(エ) 振動数　(オ) $\dfrac{1}{T}$　(カ) 山　(キ) 谷　(ク) 波長　(ケ) $f\lambda$　(コ) 位相　(サ) ⑤

(シ) ③　(ス) 横波　(セ) 縦波　(ソ) 疎密波　(タ) 和　(チ) 独立性　(ツ) 定常波　(テ) 節　(ト) 腹　(ナ) $\dfrac{1}{2}$　(ニ) 山

(ヌ) 谷　(ネ) 強　(ノ) 弱　(ハ) $331.5 + 0.6t$　(ヒ) $|f_1 - f_2|$　(フ) $\dfrac{2L}{m}$　(ヘ) $\dfrac{m}{2L}v$　(ホ) $\sqrt{\dfrac{S}{\rho}}$　(マ) $\dfrac{4L}{2m-1}$

(ミ) $\dfrac{2m-1}{4L}V$　(ム) $\dfrac{2L}{m}$　(メ) $\dfrac{m}{2L}V$　(モ) 固有振動数

例題 ⑱ 波の要素

振動数 5 Hz の正弦波が、x 軸の正の向きに進んでいる。図は、ある時刻の波形を表したものである。この正弦波の振幅、波長、速さの組み合わせとして最も適当なものを、次の①〜⑧のうちから一つ選べ。

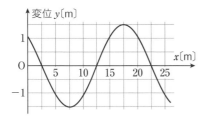

	①	②	③	④	⑤	⑥	⑦	⑧
振幅[m]	1.5	1.5	1.5	1.5	3.0	3.0	3.0	3.0
波長[m]	10	10	20	20	10	10	20	20
速さ[m/s]	50	100	50	100	50	100	50	100

(16. センター追試 [物理基礎] 改)

指針 振幅は、振動の中心からの山の高さ（または谷の深さ）である。山から谷までの高さではないので注意する。波長は、隣りあう山と山（または谷と谷）の間隔である。速さは「$v=f\lambda$」の式を用いて計算する。

解説【振幅】 グラフから、振動の中心($y=0$)から山までの高さは 1.5 m であり、振幅は 1.5 m となる。
【波長】 このグラフでは山と山（谷と谷）の間隔がとれ

ないため、同じ振動状態（位相）である $x=2.5$ m の点から 22.5 m の点までの距離を求めると、波長は 20 m となる。
【速さ】 速さを表す式「$v=f\lambda$」に各値を代入して、

$$v=5\times20=100\,\text{m/s}$$

したがって、解答は④となる。

例題 ⑲ 弦の固有振動

関連問題 → 87

弦の振動に関する次の文章中の空欄 ア ・ イ に入れる数値の組み合わせとして、最も適当なものを、下の①〜⑧のうちから一つ選べ。

基本振動数が 360 Hz となるように、長さ 0.450 m の弦が弦楽器に張られている。弦を伝わる波の速さは ア m/s である。この弦を振動数 イ Hz で振動させると、腹が 2 つの定常波ができる。

	①	②	③	④	⑤	⑥	⑦	⑧
ア	162	162	324	324	400	400	800	800
イ	180	720	180	720	180	720	180	720

(17. センター本試 [物理基礎] 改)

指針 弦の振動では、両端が節となる定常波ができる。基本振動では腹が 1 つ、2 倍振動では腹が 2 つである。弦にできる定常波の波形と弦の長さの関係から波長を求め、波の速さ、振動数を計算する。

解説 ア 基本振動における振動数 f_1 が 360 Hz である。このときの波長 λ_1 は、弦の長さが 0.450 m であるから、

$$\lambda_1=2\times0.450=0.900\,\text{m}$$

速さを表す式「$v=f\lambda$」を用いると、

$$v=360\times0.900=324\,\text{m/s}$$

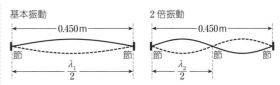

イ 腹が 2 つの定常波は 2 倍振動のときにできる波形である。2 倍振動の振動数 f_2 は、基本振動の振動数 f_1 の 2 倍であり、

$$f_2=2f_1=720\,\text{Hz}$$

したがって、解答は④となる。

81 波の要素 **4分** *x*軸に沿って伝わる正弦波を考える。右図の実線は時刻0sにおける波形を表し、破線は時刻0.2sにおける波形を表している。ただし、時刻0sから0.2sの間、位置*x*=0mでの媒質の変位*y*は単調に増加した。次の各問に答えよ。

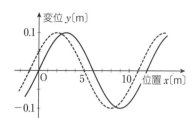

問1 波の速度*v*[m/s]として最も適当なものを、次の①～⑥のうちから一つ選べ。*x*軸の正の向きを速度の正の向きとする。

① −60   ② −5   ③ −0.25   ④ 60   ⑤ 5   ⑥ 0.25

問2 縦軸に変位*y*を、横軸に時刻*t*をとる。*x*=6mでの媒質の振動のようすを表すグラフはどれか。次の①～④のうちから正しいものを一つ選べ。

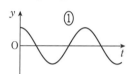 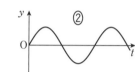 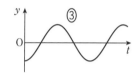 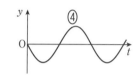

(15. センター本試 [物理基礎] 改) ➡ 例題⑬

82 縦波 **3分** なめらかな水平面上につりあいの状態で長いばねを置き、ばねの一端を長さ方向に一定の振動数で振動させた。ある時刻のばねの状態を、ばねの各点の変位を*y*としてグラフに表したい。ただし、*x*軸の正の向きへの変位を*y*軸の正の値とし、*x*軸の負の向きへの変位を*y*軸の負の値とする。図のような疎密波ができた状態を表すグラフとして最も適当なものを、以下の①～④のうちから一つ選べ。ただし、この時刻での図中の点A、B、Cの位置にある媒質は動かなかったものとする。

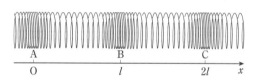

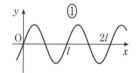 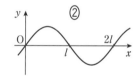 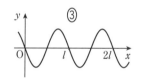 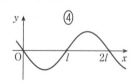

(02. センター追試 [物理ⅠB] 改)

83 重ねあわせの原理 **2分** 図は、互いに逆向きに進む2つのパルス波の、ある時刻における波形を表している。この後、2つのパルス波がそれぞれ矢印の向きに3目盛り進んだときの合成波の波形を表す図として正しいものを、次の①～⑥のうちから一つ選べ。

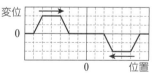

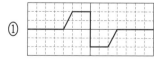 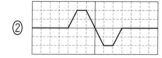 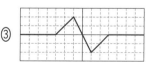

 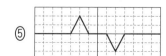 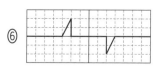

(08. センター本試 [物理Ⅰ])

第Ⅲ章 波動

☑ **84** 定常波 **4分** 両端を固定した長さ L の弦に、右図のように 3 倍振動の定常波を発生させた。時刻 0、t_0、$2t_0$、$3t_0$ に波形 1、2、3、4 となり、時刻 $4t_0$ にはじめて波形 1 にもどって、その後、同じ振動を繰り返した。この定常波の振動数 f はいくらか。正しいものを、次の①〜⑥のうちから一つ選べ。

① $\dfrac{1}{t_0}$　② $\dfrac{1}{2t_0}$　③ $\dfrac{1}{3t_0}$　④ $\dfrac{1}{4t_0}$　⑤ $\dfrac{1}{6t_0}$　⑥ $\dfrac{1}{8t_0}$

(99. センター追試 [物理 I B] 改)

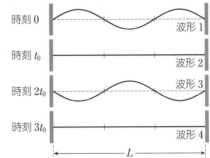

☑ **85** 波の反射 **4分** 右図のように、横波のパルス波が x 軸の正の向きに進行している。この波は $x=0$ で反射した後、x 軸の負の向きに進行する。$x=0$ の点が自由端の場合と固定端の場合のそれぞれについて、反射した後の波形を表す下図の記号(a)〜(d)の組み合わせとして最も適当なものを、下の①〜⑧のうちから一つ選べ。

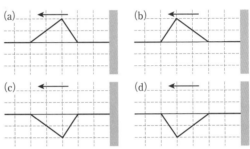

	自由端	固定端		自由端	固定端
①	(a)	(c)	⑤	(c)	(a)
②	(a)	(d)	⑥	(c)	(b)
③	(b)	(c)	⑦	(d)	(a)
④	(b)	(d)	⑧	(d)	(b)

(17. センター追試 [物理基礎] 改)

☑ **86** うなり **4分** 音などでおこる「うなり」の現象を考える。図(a)と(b)は、わずかに異なる 2 つの振動数 f_1 と f_2 の波($f_1 > f_2$)の、ある位置での時間と変位の関係を示している。図(c)は 2 つの波を 1 つの図の中に描いたものである。これら 2 つの波の合成波の、図(c)と同じ位置での時間と変位の関係を表すグラフは図(ア)〜(エ)のうちどれか。また、うなりの周期はそのグラフ中に示された時間間隔 A と B のどちらか。グラフと時間間隔を示す記号の組み合わせとして最も適当なものを、下の①〜⑧のうちから一つ選べ。図(ア)〜(エ)のグラフの目盛りは、図(a)〜(c)のグラフの目盛りと等しいものとする。

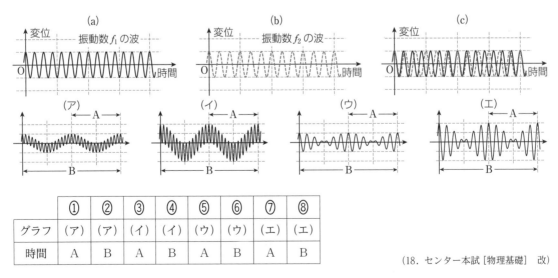

	①	②	③	④	⑤	⑥	⑦	⑧
グラフ	(ア)	(ア)	(イ)	(イ)	(ウ)	(ウ)	(エ)	(エ)
時間	A	B	A	B	A	B	A	B

(18. センター本試 [物理基礎] 改)

☑ **87** ☆☆☆ 思考・判断・表現 **弦の固有振動** 5分 図のように、端を台に固定したピアノ線の弦を間隔が18cmあいたコマ1、コマ2で支え、滑車を通して他端におもりをつり下げた。1個あたり50gのおもりの数を変えながら、ピアノ線の中央をはじき上下に振動させ、弦の基本振動数を3桁の精度で測定し、次の結果を得た。

おもりの数	基本振動数[Hz]
1個	110
4個	220
9個	330
12個	381

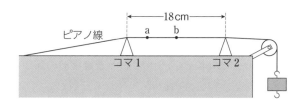

問1 弦が基本振動をしているとき、図の点a、bにおける上下方向の変位を、時間 t に対してそれぞれ実線、破線で示した。そのグラフとして最も適当なものを、次の①～④のうちから一つ選べ。ただし、点bはコマ1、2の中点とする。

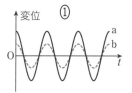 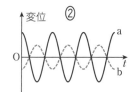 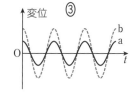 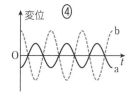

問2 おもりの数を9個にして、基本振動数を110Hzにするためには、コマ1とコマ2の間隔を何cmにすればよいか。最も適当な数値を、次の①～⑥のうちから一つ選べ。

① 6　② 9　③ 24　④ 36　⑤ 45　⑥ 54　　(05. センター追試［物理IB］ 改) ➡ 例題⑲

☑ **88** ☆☆☆ 思考・判断・表現 **気柱の固有振動** 6分 気柱の共鳴について考える。ただし、開口端補正は考えなくてよい。

図1

問1 図1のように、片側が閉じた細長い閉管Aの管口付近に、スピーカーaが置かれている。スピーカーaの発振音の振動数を0Hzから徐々に大きくしていくと、最初の共鳴が振動数 f_1 ＝340Hzでおこった。さらに、振動数を大きくしていくと、ある振動数 f_2 で再び共鳴がおこった。f_2[Hz]の値として最も適当なものを、次の①～⑥のうちから一つ選べ。

① 510　② 680　③ 850　④ 1020　⑤ 1190　⑥ 1360

問2 次の文章中の空欄 ア ・ イ に入れる語句の組み合わせとして最も適当なものを、下の①～④のうちから一つ選べ。

図2のように、問1の閉管Aおよびスピーカーaの横に同じ形状の閉管Bとスピーカーbを置いた。閉管B内部の気体はヒーターで一様に暖めることができる。スピーカーa、bの振動数を340Hzに保ち、それぞれの管で共鳴をおこしてから、ヒーターを用いて閉管Bを暖めると、閉管Bでは共鳴しなくなった。これは、閉管B内の音の速さが ア し、共鳴する振動数が イ するからである。

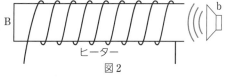
ヒーター
図2

	①	②	③	④
ア	減少	減少	増加	増加
イ	減少	増加	減少	増加

(15. センター追試［物理基礎］ 改)

実践問題

89 ☆☆☆ **波の反射と定常波** ⏱5分 次の文章中の空欄 ア ・ イ に入れる数値と語句の組み合わせとして最も適当なものを、下の①〜④のうちから一つ選べ。

　　x軸の正の向きに進行してきた波（入射波）は、$x=1.0$mの位置で反射して逆向きに進み、入射波と反射波の合成波は定常波となる。図は、ある時刻における入射波の波形を実線で、反射波の波形を破線で表している。-0.2m$\leqq x \leqq 0.2$mにおける定常波の節の位置をすべて表すと、$x=$ ア mである。また、入射波は$x=1.0$mの位置で イ 反射している。

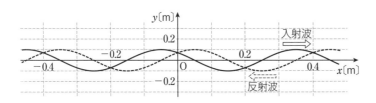

	ア	イ
①	-0.1、0.1	固定端
②	-0.1、0.1	自由端
③	-0.2、0、0.2	固定端
④	-0.2、0、0.2	自由端

（18. センター本試［物理］　改）

90 ☆☆ **弦の固有振動の合成** ⏱5分 両端を固定した弦の振動を考える。基本振動の周期はTであり、右図には時刻$t=0$から$t=\dfrac{4T}{8}$までの基本振動、2倍振動、およびそれらの合成波のようすを、$\dfrac{T}{8}$ごとに示している。時刻$t=\dfrac{5T}{8}$でのそれぞれの波形を表す図(a)〜(f)の組み合わせとして最も適当なものを、次の①〜⑧のうちから一つ選べ。ただし、図の破線と破線の間隔は、すべて等しいものとする。

	基本振動	2倍振動	合成波
$t=0$			
$t=\dfrac{T}{8}$			
$t=\dfrac{2T}{8}$			
$t=\dfrac{3T}{8}$			
$t=\dfrac{4T}{8}$			

基本振動　(a)　(b)
2倍振動　(c)　(d)
合成波　(e)　(f)

	基本振動	2倍振動	合成波		基本振動	2倍振動	合成波
①	(a)	(c)	(e)	⑤	(b)	(c)	(e)
②	(a)	(c)	(f)	⑥	(b)	(c)	(f)
③	(a)	(d)	(e)	⑦	(b)	(d)	(e)
④	(a)	(d)	(f)	⑧	(b)	(d)	(f)

（18. センター本試［物理］　改）

✓ **91** ☆☆ 思考・判断・表現 **気柱の固有振動** 5分 次の文章は、管楽器に関する生徒 A、B、C の会話である。生徒たちの説明が科学的に正しい考察となるように、文章中の空欄 ア ～ ウ に入れる語句の組み合わせとして最も適当なものを、下の①～⑧のうちから一つ選べ。

A：気温が変わると、管楽器の音の高さが変化するって本当かな。

B：管楽器は気柱の振動を利用する楽器だから、気柱の基本振動数で音の高さを考えてみようか。

C：気温が下がると音速が小さくなり、基本振動数は ア なって、音の高さが変化するのかな。

B：管の長さだって温度によって変化するだろう。気温が下がると管の長さが縮むから、基本振動数は イ なるだろう。

A：どちらの影響もあるね。2つの影響の度合いを比べてみよう。

B：調べてみると、気温が下がると管の長さは 1 K あたり全長の数万分の1程度縮むようだ。

C：音速は15℃では約340m/sで、この温度付近では 1 K 下がると音速は約0.6m/s小さくなる。この変化の割合は 1 K あたり600分の1ぐらいになるね。

A：ということは、 ウ の変化の方が影響が大きそうだね。予想どおりになるか、実験してみよう。

	①	②	③	④	⑤	⑥	⑦	⑧
ア	小さく	小さく	小さく	小さく	大きく	大きく	大きく	大きく
イ	小さく	小さく	大きく	大きく	小さく	小さく	大きく	大きく
ウ	音速	管の長さ	音速	管の長さ	音速	管の長さ	音速	管の長さ

(18. 大学入学共通テスト試行調査 [物理基礎] 改)

✓ **92** ☆☆☆ **気柱の固有振動** 8分 図1のように、一方の端をふたで閉じた細長い管が x 軸に沿って置かれている。閉口端および開口端は、それぞれ $x = 0\,\text{cm}$ および $x = 50\,\text{cm}$ の位置にある。開口端近くに置かれたスピー

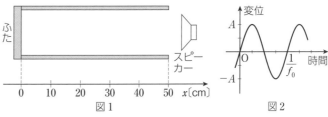

図1   図2

カーから振動数 f_0 の音を発生させたところ共鳴した。このとき閉管内に定常波が生じ、$x = 10\,\text{cm}$、$30\,\text{cm}$、$50\,\text{cm}$ の3か所に腹ができていた。ただし、開口端補正は無視できるものとする。

問1　$x = 10\,\text{cm}$ における媒質の変位の時間変化は、図2のような振幅 A の正弦波で表される。$x = 30\,\text{cm}$ における媒質の変位の時間変化を表すグラフとして最も適当なものを、次の①～④のうちから一つ選べ。ただし、x 軸の正の向きの変位を正とする。

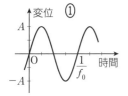 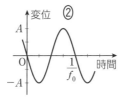 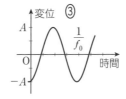 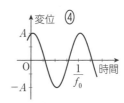

問2　図1の状態で閉管のふたを取ると、共鳴しなくなった。そこで、スピーカーから発せられる音の振動数を f_0 から徐々に小さくしていくと、振動数が f_1 になったときに再び共鳴した。振動数の比 $\dfrac{f_1}{f_0}$ として最も適当なものを、次の①～⑥のうちから一つ選べ。

① $\dfrac{3}{5}$　② $\dfrac{2}{3}$　③ $\dfrac{5}{7}$　④ $\dfrac{4}{5}$　⑤ $\dfrac{5}{6}$　⑥ $\dfrac{6}{7}$

(16. センター追試 [物理] 改)

6 波の性質

1 正弦波の式と位相

①**正弦波の式** x軸の正の向きに正弦波が伝わっている。波の振幅 A[m]、周期 T[s]を用いて、時刻 t[s]における原点($x=0$)の媒質の変位 y_0[m]は、$y_0 = A\sin\dfrac{2\pi}{T}t$ と表されるとする。波の速さを v[m/s]とすると、位置 x[m]の媒質は(^{ア}　　　　)[s] 遅れて原点と同じ振動をする。したがって、波の波長を λ[m]とすると、時刻 t[s]における位置 x[m]の媒質の変位 y[m]は、

$$y = A\sin\dfrac{2\pi}{T}\left(^{\text{イ}}\quad\quad\right) = A\sin 2\pi\left(^{\text{ウ}}\quad\quad\right)\quad\quad \text{これを正弦波の式という。}$$

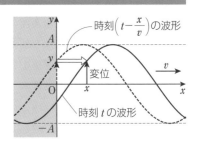

時刻$\left(t-\dfrac{x}{v}\right)$の波形

変位

時刻 t の波形

②**位相** 正弦波の式における sin の角度部分は、(^{エ}　　　　)とよばれ、媒質の振動状態を表す。単位にはラジアン(記号 rad)が用いられる。

2 波の伝わり方

①**波の干渉** 2つの波が重なりあい、強めあったり弱めあったりする現象を波の(^{オ}　　　　)という。強めあう場所、弱めあう場所は、2つの波源からの距離の差によって決まる。同位相で振動する波源 S_1、S_2 からの距離を L_1、L_2、波の波長を λ とすると、0以上の整数mを用いて、それぞれの条件は、

　強めあう条件：$|L_1 - L_2| = (^{\text{カ}}\quad\quad)$
　弱めあう条件：$|L_1 - L_2| = (^{\text{キ}}\quad\quad)$

②**ホイヘンスの原理** 波面上の各点からは、それを波源とする球面波(素元波)が発生する。素元波は、波の進む速さと等しい速さで広がり、これら無数の素元波に共通に接する面が、次の瞬間の波面になる。これを(^{ク}　　　　)の原理という。

③**波の反射** 壁(反射面)に平面波が入射すると、波は反射して進む。波が反射するとき、入射角を θ、反射角を θ' とすると、

　$\theta = (^{\text{ケ}}\quad\quad)$　　これを反射の法則という。

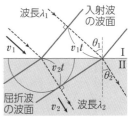

反射波の波面　入射波の波面

④**波の屈折** 異なる2つの媒質の境界面に向かって、平面波が斜めに入射すると、波の一部は反射し、残りは屈折して進む。入射角を θ_1、屈折角を θ_2、媒質 I、II における波の速さを v_1、v_2、波長を λ_1、λ_2、媒質 I に対する媒質 II の屈折率を n_{12} とすると、

$$\dfrac{\sin\theta_1}{\sin\theta_2} = \dfrac{v_1}{v_2} = (^{\text{コ}}\quad\quad) = n_{12}\quad\quad \text{これを屈折の法則という。}$$

屈折によって波の振動数は変化(^{サ}　　　　)。

⑤**波の回折** 波が障害物の背後へまわりこむ現象を(^{シ}　　　　)という。平面波がすき間を通過する場合、波長と同程度の幅のすき間ではよく回折し、波長よりも十分に大きいすき間では、回折は目立たない。

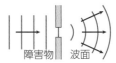

障害物　波面

解答

(ア) $\dfrac{x}{v}$　(イ) $\left(t-\dfrac{x}{v}\right)$　(ウ) $\left(\dfrac{t}{T}-\dfrac{x}{\lambda}\right)$　(エ) 位相　(オ) 干渉　(カ) $m\lambda$ $\left(\text{または}\ 2m\cdot\dfrac{\lambda}{2}\right)$

(キ) $\left(m+\dfrac{1}{2}\right)\lambda$ $\left(\text{または}\ (2m+1)\dfrac{\lambda}{2}\right)$　(ク) ホイヘンス　(ケ) θ'　(コ) $\dfrac{\lambda_1}{\lambda_2}$　(サ) しない　(シ) 回折

例題 ⑳ 波の干渉

関連問題 ➡ 94・99

図のように、水面上にある2つの波源A、Bを、同じ振幅、同じ振動数、同位相で単振動させた。このとき発生した合成波を観測する。波の波長がλ、波源A、Bから観測点までの距離がそれぞれL_A、L_Bのとき、2つの波源から発生した波が弱めあう条件を表す式として正しいものを、次の①～⑧のうちから一つ選べ。ただし、$n=0$、1、2…とし、波の減衰は無視できるものとする。

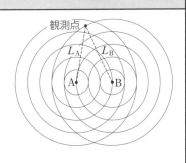

観測点

① $L_A+L_B=n\lambda$ ② $L_A+L_B=\left(n+\dfrac{1}{2}\right)\lambda$ ③ $L_A+L_B=\dfrac{n}{2}\lambda$ ④ $L_A+L_B=\left(\dfrac{n}{2}+\dfrac{1}{4}\right)\lambda$

⑤ $|L_A-L_B|=n\lambda$ ⑥ $|L_A-L_B|=\left(n+\dfrac{1}{2}\right)\lambda$ ⑦ $|L_A-L_B|=\dfrac{n}{2}\lambda$ ⑧ $|L_A-L_B|=\left(\dfrac{n}{2}+\dfrac{1}{4}\right)\lambda$

(17. センター追試 [物理] 改)

指針 2つの波源が同位相で振動しており、波が弱めあう条件は、次のように表される。
（2つの波源からの距離の差＝半波長の奇数倍）
強めあう条件でなく、弱めあう条件を求めるので注意する。

解説 波源からの距離の差は、$|L_A-L_B|$となる。2つの波が弱めあうには、この値が半波長の奇数倍とな

ればよい。したがって、

$$|L_A-L_B|=(2n+1)\dfrac{\lambda}{2} \quad (n=0、1、2、\cdots)$$

$$|L_A-L_B|=\left(n+\dfrac{1}{2}\right)\lambda$$

したがって、解答は⑥となる。

例題 ㉑ 平面波の屈折

関連問題 ➡ 95・96

図は、深さの異なる2つの部分からなる水槽を上から見た図である。この水槽の浅い部分で振動板を水面にあてて3.0Hzで振動させたところ、水面波が伝わり2つの部分の境界で屈折した。このとき水面波の速さは、浅い部分では0.30m/s、深い部分では0.40m/sであった。浅い部分と深い部分のうち、水面波の波長の長い部分はどちらか。また、その値はいくらか。最も適当な組み合わせを、次の①～⑥のうちから一つ選べ。

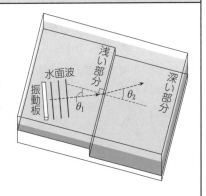

水面波 振動板 浅い部分 深い部分 θ_1 θ_2

	①	②	③	④	⑤	⑥
波長の長い部分	浅い	浅い	浅い	深い	深い	深い
波長[m]	0.10	10	0.90	0.13	7.5	1.2

(07. センター本試 [物理Ⅰ] 改)

指針 屈折の法則「$\dfrac{\sin\theta_1}{\sin\theta_2}=\dfrac{v_1}{v_2}=\dfrac{\lambda_1}{\lambda_2}$」の式を利用する。なお、波は屈折してもその振動数は変化しない。

解説 屈折の法則「$\dfrac{v_1}{v_2}=\dfrac{\lambda_1}{\lambda_2}$」から、速さの大きい

深い部分で波長が長くなる。また、波の速さの式「$v=f\lambda$」から、波長λは、

$$\lambda=\dfrac{v}{f}=\dfrac{0.40}{3.0}=0.133\text{m} \qquad 0.13\text{m}$$

したがって、解答は④となる。

必修問題

☑ **93** ☆☆☆ **正弦波の式** 〈4分〉 x 軸の正の向きに速さ 2 m/s で進む正弦波がある。図は、$x=0$ における、変位 y[m] と時刻 t[s] の関係を表している。位置 x[m] における、時刻 t[s] での変位 y[m] を表す式として最も適当なものを、次の①~⑧のうちから一つ選べ。

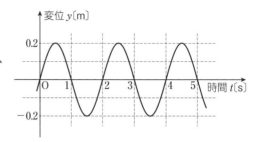

① $0.2\sin\{\pi(t+2x)\}$ ② $0.2\sin\{\pi(t-2x)\}$ ③ $0.2\sin\left\{\pi\left(t+\dfrac{x}{2}\right)\right\}$ ④ $0.2\sin\left\{\pi\left(t-\dfrac{x}{2}\right)\right\}$

⑤ $0.2\sin\{2\pi(t+2x)\}$ ⑥ $0.2\sin\{2\pi(t-2x)\}$ ⑦ $0.2\sin\left\{2\pi\left(t+\dfrac{x}{2}\right)\right\}$ ⑧ $0.2\sin\left\{2\pi\left(t-\dfrac{x}{2}\right)\right\}$

(16. センター本試 [物理])

☑ **94** ☆☆☆ 思考・判断・表現 **波の干渉** 〈4分〉 水面波の干渉について考える。図のように、水路に仕切り板を置き、水路に沿った方向に小さく振動させたところ、仕切り板の両側において周期 T で互いに逆位相の水面波が発生した。2つの水面波は、水路を伝わった後、出口Aと出口Bから広がって水路の外で干渉した。水面波の速さは、水路の中と外で等しく、v であるとする。また、水路の幅の影響は無視してよい。

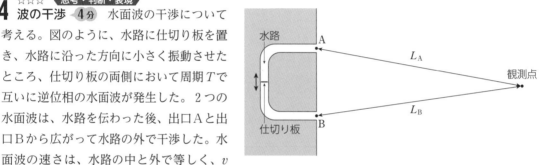

問1 はじめ、仕切り板の振動の中心は、出口Aまでの経路の長さと出口Bまでの経路の長さが等しくなる位置にあった。出口Aおよび出口Bから観測点までの距離をそれぞれ L_A、L_B とするとき、干渉によって水面波が強めあう条件を表す式として正しいものを、次の①~⑧のうちから一つ選べ。ただし、$m=0$、1、2…である。

① $L_A+L_B=mvT$ ② $L_A+L_B=\left(m+\dfrac{1}{2}\right)vT$ ③ $L_A+L_B=\dfrac{mvT}{2}$ ④ $L_A+L_B=\left(\dfrac{m}{2}+\dfrac{1}{4}\right)vT$

⑤ $|L_A-L_B|=mvT$ ⑥ $|L_A-L_B|=\left(m+\dfrac{1}{2}\right)vT$ ⑦ $|L_A-L_B|=\dfrac{mvT}{2}$ ⑧ $|L_A-L_B|=\left(\dfrac{m}{2}+\dfrac{1}{4}\right)vT$

問2 次に、仕切り板の振動の中心位置を水路に沿って d だけずらしたところ、問1の状況において2つの水面波が強めあっていた場所が、弱めあう場所となった。d の最小値として正しいものを、次の①~⑤のうちから一つ選べ。

① $\dfrac{vT}{8}$ ② $\dfrac{vT}{4}$ ③ $\dfrac{vT}{2}$ ④ vT ⑤ $2vT$

(15. センター本試 [物理]) ➡ 例題 ⑳

☑ **95** ^{☆☆☆} **平面波の屈折** ⟨3分⟩ 次の文章中の空欄 ア ・ イ に入れる語句の組み合わせとして最も適当なものを、下の①〜③のうちから一つ、④〜⑥のうちから一つ、合計二つ選べ。

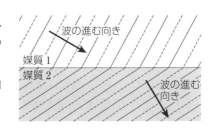

図は、媒質1と媒質2の境界で波が屈折したときの、波の山の位置を実線で、谷の位置を破線で描いたものである。媒質1と媒質2で比較すると波の速さは ア 、振動数は イ 。

	①	②	③		④	⑤	⑥
ア	媒質1内の方が速く	等しく	媒質2内の方が速く	イ	媒質1内の方が大きい	等しい	媒質2内の方が大きい

(18. センター追試 [物理] 改) → 例題㉑

☑ **96** ^{☆☆☆} **屈折の法則** ⟨5分⟩ 媒質1から入射した平面波が境界面で屈折し、媒質2を伝播する。図は、ある時刻における波のようすを示している。図中の破線は平面波の山の位置を表しており、媒質1、2において破線が境界面となす角度をそれぞれ θ_1、θ_2、境界面上での山の間隔を d とする。また、媒質1、2での波の速さをそれぞれ v_1、v_2、波長をそれぞれ λ_1、λ_2 とする。

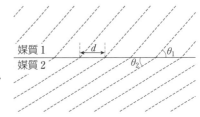

問1 境界面上の1点で、単位時間あたりに、媒質1から到達する波の山の数と媒質2へと出ていく波の山の数とは等しい。このことから成立する関係として正しいものを、次の①〜④のうちから一つ選べ。

① $\dfrac{v_1 \sin\theta_1}{\lambda_1} = \dfrac{v_2 \sin\theta_2}{\lambda_2}$　② $\dfrac{v_1 \cos\theta_1}{\lambda_1} = \dfrac{v_2 \cos\theta_2}{\lambda_2}$　③ $v_1 \lambda_1 = v_2 \lambda_2$　④ $\dfrac{v_1}{\lambda_1} = \dfrac{v_2}{\lambda_2}$

問2 境界面上での山の間隔 d が、媒質1と2において共通であることから成立する関係として正しいものを、次の①〜⑤のうちから一つ選べ。

① $\lambda_1 \sin\theta_1 = \lambda_2 \sin\theta_2$　② $\dfrac{\lambda_1}{\sin\theta_1} = \dfrac{\lambda_2}{\sin\theta_2}$　③ $\lambda_1 \cos\theta_1 = \lambda_2 \cos\theta_2$

④ $\dfrac{\lambda_1}{\cos\theta_1} = \dfrac{\lambda_2}{\cos\theta_2}$　⑤ $\lambda_1 = \lambda_2$

(15. センター本試 [物理] 改) → 例題㉑

☑ **97** ^{☆☆} **波の回折** ⟨3分⟩ 水の入った水槽に、すき間のある薄いつい立てを上部が水面から出るように置く。つい立てに平行な波面をもつ水面波を送ると、波がすき間を通りぬけ、つい立ての背後にまわり込むようすが観察された。図は、まわり込んだ波のある時刻での波面を模式的に表したものである。ただし、図は真上から見たようすであり、図中の矢印は入射する水面波の進行方向を示している。この波の代わりに、つい立てに平行な波面をもつ振動数が半分の水面波を送った。このとき観察される波面を模式的に表したものとして最も適当な図を、次の①〜④のうちから一つ選べ。

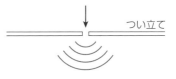

① 　② 　③ 　④

(13. センター本試 [物理Ⅰ])

実践問題

☑ **98** ☆☆ **正弦波の式** `5分` x 軸の正の向きに正弦波が進行している。図は、時刻 t[s] が 0 s と 0.1 s のときの、位置 x[m] と媒質の変位 y[m] の関係を表している。時刻 t ($t \geqq 0$) における $x=0$ m での媒質の変位が、

$$y = 0.1 \sin\left(2\pi \frac{t}{T} + \alpha\right)$$

と表されるとき、T[s] と α[rad] の数値の組み合わせとして最も適当なものを、次の①〜⑧のうちから一つ選べ。

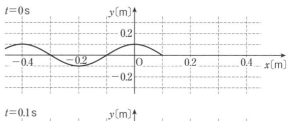

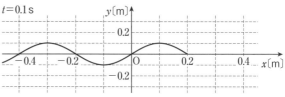

	①	②	③	④	⑤	⑥	⑦	⑧
T	0.2	0.2	0.2	0.2	0.4	0.4	0.4	0.4
α	0	$\frac{\pi}{2}$	π	$\frac{3\pi}{2}$	0	$\frac{\pi}{2}$	π	$\frac{3\pi}{2}$

(18. センター本試 [物理] 改)

☑ **99** ☆☆ 思考・判断・表現 **水面波の干渉** `7分` 水面上で距離 d だけはなれた点 A、B に 2 つの波源を置いた。この 2 つの波源を同じ振動数、同じ振幅、同位相で振動させ、波長 λ の波を発生させた。このとき、2 つの波が常に弱めあう点を連ねた線(節線)の模様は、図の実線のようになった。

問1 図に示した節線上の点を P とすると、|AP−BP| はいくらか。正しいものを、次の①〜⑥のうちから一つ選べ。

① $\frac{1}{2}\lambda$ ② λ ③ $\frac{3}{2}\lambda$ ④ 2λ ⑤ $\frac{5}{2}\lambda$ ⑥ 3λ

問2 距離 d と波長 λ の比はどのような範囲になるか。最も適当なものを、次の①〜⑤のうちから一つ選べ。

① $\frac{1}{2} < \frac{d}{\lambda} < \frac{3}{2}$ ② $\frac{3}{2} < \frac{d}{\lambda} < \frac{5}{2}$ ③ $\frac{5}{2} < \frac{d}{\lambda} < \frac{7}{2}$

④ $\frac{7}{2} < \frac{d}{\lambda} < \frac{9}{2}$ ⑤ $\frac{9}{2} < \frac{d}{\lambda} < \frac{11}{2}$

問3 次に、2 つの波源の振動数と振幅は同じままで、振動の位相を互いに逆にして波を発生させた。このとき、節線の模様はどのようになるか。最も適当なものを、次の①〜⑥のうちから一つ選べ。

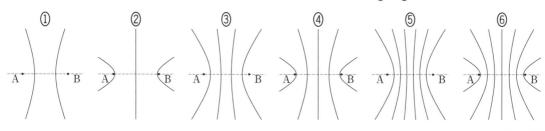

(03. センター本試 [物理 I B]) ➡ **例題 ⑳**

☑ **100** ☆☆ 思考・判断・表現 **水面波** ⏱7分 水面に広がる波紋のようすを、水面波が伝わる速さの変化をふまえて考える。図は、水槽の水面を真上から見たものである。水深は、y軸を境に変わっていて、領域Ⅱ($x>0$)における水面波の速さは、領域Ⅰ($x<0$)における水面波の速さの1.5倍である。いま、x軸上の点Pに置かれた振動数5 Hzの波源から水面波を発生させた。図の実線は、波を発生させ始めてから、ある時間経過したときの水面波の山の位置を表している。ただし、座標軸の1目盛りは4 cmである。

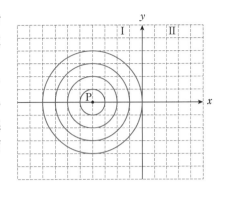

問1 領域Ⅰにおける水面波の速さは何 cm/s か。次の①〜⑥のうちから正しいものを一つ選べ。

① 10　② 15　③ 20　④ 25　⑤ 30　⑥ 35

問2 水面波が領域Ⅱに進むと、その波長は何 cm か。次の①〜⑥のうちから正しいものを一つ選べ。

① 2　② $\dfrac{8}{3}$　③ 4　④ 6　⑤ $\dfrac{16}{3}$　⑥ 8

問3 図の状態から0.2秒後の水面波の山の位置を表している図はどれか。次の①〜④のうちから正しいものを一つ選べ。ただし、領域ⅠとⅡの境界における水面波の反射は無視している。

①　　　　　　　　②　　　　　　　　③　　　　　　　　④

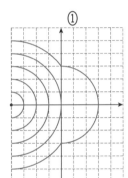
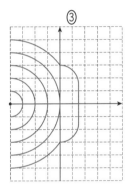
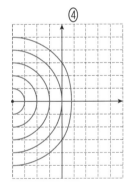

問4 狭いすき間のある平面状の障害物をy軸に沿って鉛直に置き、すき間がx軸上にくるようにして、同様の実験をした。最初に出た波の山が、すき間に到達してから0.2秒後の水面波の山の位置を表している図はどれか。次の①〜④のうちから正しいものを一つ選べ。ただし、障害物による水面波の反射は無視している。

①　　　　　　　　②　　　　　　　　③　　　　　　　　④

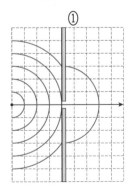
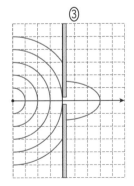
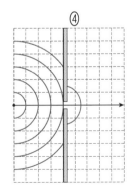

(96. センター本試 [物理] 改)

7 音波

1 音の伝わり方

音波においても、反射、屈折、回折、干渉などの現象がみられる。

・山びこが聞こえるのは、音波が（ア　　　　）するためである。

・昼間には聞こえない遠くの電車の音が、夜間には聞こえることがある。これは、音波の（イ　　　）のようすが、昼と夜とでは異なるためである。

・部屋の窓を少し開けると、外の音源と壁で隔てられていても、外の音を聞くことができる。これは、音波が（ウ　　　　）し、部屋の内側にまわりこむためである。

・2つの音源から同じ振動数の音を発したとき、音源からの距離の差によって、音が大きく聞こえたり、小さく聞こえたりする。これは音波が（エ　　　　）するためである。

2 ドップラー効果

音源や観測者が移動することによって、音源の振動数と異なる振動数の音が観測される現象を（オ　　　　　）効果という。音源が移動し、観測者が静止している場合、観測者が観測する音波の（カ　　　　）が変化し、異なる振動数の音として聞こえる。この場合、音源の振動数を f 〔Hz〕、音速を V 〔m/s〕、音源から観測者に向かう向きを正として、音源の速度を v_S 〔m/s〕とすると、観測者が観測する音の振動数 f' 〔Hz〕は、$f' = ($ キ　　　　　$)f$

一方、音源が静止し、観測者が移動する場合、観測者が観測する（ク　　　　　）の数が異なり、異なる振動数 f' の音として聞こえる。観測者の速度を v_0 〔m/s〕とすると、$f' = ($ ケ　　　　　$)f$

音源と観測者の両方が移動する場合、音源が移動することによる波長の変化と、観測者が移動することによる振動数の変化が同時におこる。この場合に観測される振動数 f' 〔Hz〕は、$f' = ($ コ　　　　　$)f$

音源
（振動数 f、音速 V）　　　[正の向き →]　　観測者（振動数 f'）

速度 v_S　　　　　　　　　　　速度 v_0

解答

（ア）反射　（イ）屈折　（ウ）回折　（エ）干渉　（オ）ドップラー　（カ）波長　（キ）$\dfrac{V}{V-v_S}$　（ク）波　（ケ）$\dfrac{V-v_0}{V}$　（コ）$\dfrac{V-v_0}{V-v_S}$

例題 22　音の伝わり方

関連問題 ➡ 101

次の文章中の空欄 ア ・ イ に入れる語句の組み合わせとして最も適当なものを、右の①〜⑥のうちから一つ選べ。

風の吹いていない冬の夜間に、上空に比べて地表付近の気温が低くなるときがある。このとき、上空と地表付近での音速は ア 。このような状況では、気温差がない場合に比べて、地表で発せられた音が遠くの地表面上に イ 。

	ア	イ
①	地表付近の方が速い	届きやすくなる
②	地表付近の方が速い	届きにくくなる
③	等しい	届きやすくなる
④	等しい	届きにくくなる
⑤	地表付近の方が遅い	届きやすくなる
⑥	地表付近の方が遅い	届きにくくなる

(17. センター本試 [物理])

指針　音速は、$V = 331.5 + 0.6t$（t は気温）で表され、気温が高いほど速い。音波は低温側に向かって屈折する。

解説　上空よりも地表付近の気温が低いため、地表付近の方が音速が遅くなる。そのため、音波が下に向かって屈折するので、地表に音が届きやすくなる。したがって、解答は⑤となる。

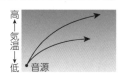

高 ← 気温 → 低
音源

例題 ㉓ 水面波によるドップラー効果

関連問題 ➡ 103・104・105

図は、流れのない媒質中を動く波源がつくる波のようすを示している。媒質を伝わる波は、速さ 2 m/s で円形に広がる。図中の黒丸と曲線はそれぞれ、ある時刻における波源の位置と波の山の位置を表す。

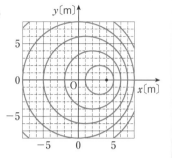

問1　x 軸上における波の波長を、波源の位置より左側で λ_1、右側で λ_2 とする。波長の比 $\dfrac{\lambda_2}{\lambda_1}$ として最も適当なものを、次の①〜⑦のうちから一つ選べ。

① $\dfrac{1}{3}$　② $\dfrac{1}{2}$　③ $\dfrac{2}{3}$　④ 1　⑤ $\dfrac{3}{2}$　⑥ 2　⑦ 3

問2　x 軸上における波の振動数 f [Hz] は、波源の位置より右側で何 Hz か。f の値として最も適当な数値を、次の①〜⑦のうちから一つ選べ。

① 0.1　② 0.2　③ 0.5　④ 1　⑤ 2　⑥ 5　⑦ 10　　　(16. センター追試 [物理] 改)

指針　隣りあう山と山の間の距離が波長である。与えられた問題図から波長を読み取る。

解説　問1　波源より左側では山と山の間の距離が 3 m、右側では 1 m となっている。波長の比は、

$$\frac{\lambda_2}{\lambda_1} = \frac{1}{3}$$

したがって、解答は①となる。

問2　波の速さ v は 2 m/s、波源の位置より右側での波長 λ_2 は 1 m なので、振動数は、

$$f = \frac{v}{\lambda_2} = \frac{2}{1} = 2\,\text{Hz}$$

したがって、解答は⑤となる。

例題 ㉔ 観測者が移動する場合のドップラー効果

関連問題 ➡ 104

次の文章中の空欄 ア ・ イ に入る式の組み合わせとして正しいものを、下の①〜⑧から一つ選べ。

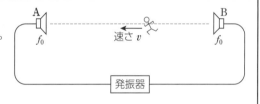

図のように、発振器につながれた2つのスピーカー A、B があり、ともに振動数 f_0 の音を出す。観測者が B から A に向けて速さ v で移動したところ、観測者にはうなりが聞こえた。観測者が A から受けた音の振動数は ア である。また、単位時間あたりのうなりの回数は イ である。ただし、音速を V とする。　(16. センター本試 [物理] 改)

	①	②	③	④	⑤	⑥	⑦	⑧
ア	$\dfrac{V}{V-v}f_0$	$\dfrac{V}{V-v}f_0$	$\dfrac{V}{V+v}f_0$	$\dfrac{V}{V+v}f_0$	$\dfrac{V-v}{V}f_0$	$\dfrac{V-v}{V}f_0$	$\dfrac{V+v}{V}f_0$	$\dfrac{V+v}{V}f_0$
イ	$\dfrac{2v}{V-v}f_0$	$\dfrac{v}{V-v}f_0$	$\dfrac{2v}{V+v}f_0$	$\dfrac{v}{V+v}f_0$	$\dfrac{2v}{V}f_0$	$\dfrac{v}{V}f_0$	$\dfrac{2v}{V}f_0$	$\dfrac{v}{V}f_0$

指針　観測者が静止しているとき、A、B から聞こえる音の振動数は同じだが、移動しているときは、ドップラー効果によってそれぞれ異なる振動数が聞こえ、うなりが生じる。

解説　観測者が A から受ける音の振動数 f_A は、ドップラー効果の式から、

$$f_A = \frac{V-(-v)}{V}f_0 = \frac{V+v}{V}f_0$$

B から受ける音の振動数 f_B は、　$f_B = \dfrac{V-v}{V}f_0$

うなりの回数 n は、f_A と f_B の差であり、

$$n = |f_A - f_B| = \frac{2v}{V}f_0$$

したがって、解答は⑦となる。

※観測者は A に近づき、B から遠ざかる。ドップラー効果の式を用いるときの速度の符号に注意する。

第Ⅲ章　波動

71

必修問題

☑ **101** ☆☆ **音の伝わり方** 3分 空気中の音速は、空気の温度によって決まる。音波の伝わり方が、気温の変化によってどのように変わるかを考えよう。風のない晴天の日、地表に比べて上空の気温が低い場合、地表から発した音波の伝わり方を示す図として最も適当なものを、次の①〜④のうちから一つ選べ。

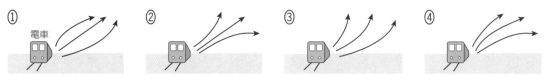

(08. センター追試［物理 I］ 改) ➡ **例題 ㉒**

☑ **102** ☆☆ **音の定常波** 4分 図のように、スピーカー A、B が十分隔てて置かれ、A と B を結ぶ直線上にある測定器 P で音波を測定する。2 つのスピーカーには発振器が接続され、振動数と振幅が同じ平面波の音波が P へ向けて発せられるものとする。また、風はなく、音速は一定であるとする。

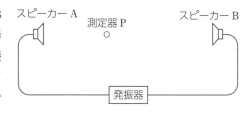

問1　A、B から同時に音波を出し始めたところ、B からの音が A からの音に対して時間 T だけ遅れて P に届いた。PA 間の距離を L、音速を V とするとき、PB 間の距離として正しいものを、次の①〜⑤のうちから一つ選べ。

① VT 　② $L-VT$ 　③ $L+VT$ 　④ $L-2VT$ 　⑤ $L+2VT$

問2　次に、A、B から一定の振動数の音波を発し、A と B の間のいろいろな位置に P を置いて音波を測定すると、音が最も大きくなる場所が 1.0 m の間隔で存在した。このことから、AB 間に定常波ができていることがわかる。スピーカーから発せられている音波の振動数は何 Hz か。最も適当な数値を、次の①〜⑥のうちから一つ選べ。ただし、音速は 340 m/s とする。

① 680 　② 510 　③ 340 　④ 170 　⑤ 85 　⑥ 34 　(09. センター本試［物理 I］ 改)

☑ **103** ☆☆☆ **音源が移動するときの音の伝わり方** 4分 図のように、救急車が一定の振動数のサイレンを鳴らしながら、直線上を速さ v で進んでいる。音速を V とし、風は吹いていないものとする。時刻 0 に位置 x_0 を通過した救急車は、時刻 t に位置 x_1 に達した。x_0 で発せられた音波の時刻 t における波面を地表面で描いたものとして最も適当なものを、次の①〜④のうちから一つ選べ。

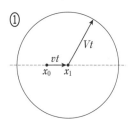
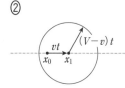
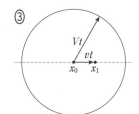
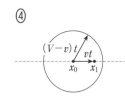

(06. センター本試［物理 I］ 改) ➡ **例題 ㉓**

☑ **104** ☆☆☆ 思考・判断・表現 **観測者・音源が動く場合のドップラー効果** 6分　音のドップラー効果について考える。空気中の音の速さをVとする。また、風は吹いていないものとする。

問1　次の文章中の空欄　ア　・　イ　に入れる語句と式の組み合わせとして最も適当なものを、下の①〜⑥のうちから一つ選べ。

図1のように、静止している振動数f_1の音源へ向かって、観測者が速さvで移動している。このとき、観測者に聞こえる音の振動数はf_1よりも　ア　、音源から観測者へ向かう音波の波長は　イ　である。

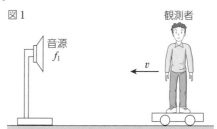

図1

	ア	イ
①	小さく	$\dfrac{V-v}{f_1}$
②	小さく	$\dfrac{V}{f_1}$
③	小さく	$\dfrac{V^2}{(V+v)f_1}$

	ア	イ
④	大きく	$\dfrac{V-v}{f_1}$
⑤	大きく	$\dfrac{V}{f_1}$
⑥	大きく	$\dfrac{V^2}{(V+v)f_1}$

問2　図2のように、静止している観測者へ向かって、振動数f_2の音源が速さvで移動している。音源から観測者へ向かう音波の波長λを表す式として正しいものを、下の①〜⑤のうちから一つ選べ。

① $\dfrac{V}{f_2}$　　② $\dfrac{V-v}{f_2}$　　③ $\dfrac{V+v}{f_2}$

④ $\dfrac{V^2}{(V-v)f_2}$　　⑤ $\dfrac{V^2}{(V+v)f_2}$

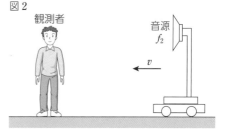

図2

(17. センター本試 [物理] 改) ➡ **例題㉓・㉔**

☑ **105** ☆☆☆ 思考・判断・表現 **反射とドップラー効果** 4分　次の文章中の空欄　ア　〜　ウ　に当てはまる語句の組み合わせとして最も適当なものを、下の①〜⑥のうちから一つ選べ。

図のように、Aさんが静かな室内で壁を背にして、静止しているBさんに向かって一定の速さで歩く。このとき、振動数fのおんさを鳴らすと、Bさんは1秒間にn回のうなりを聞いた。これは、直接Bさんに向かってくる、振動数がfより　ア　音波と、壁で反射してBさんに向かってくる、振動数がfより　イ　音波の重ねあわせを聞いた結果である。Aさんがさらに速く歩いたとき、Bさんが聞く1秒あたりのうなりの回数は　ウ　。ただし、Aさんの背後の壁以外からの反射音は無視できるものとする。

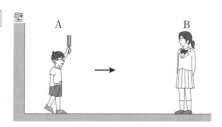

	ア	イ	ウ
①	大きい	小さい	多くなる
②	大きい	小さい	変化しない
③	大きい	小さい	少なくなる

	ア	イ	ウ
④	小さい	大きい	多くなる
⑤	小さい	大きい	変化しない
⑥	小さい	大きい	少なくなる

(21. 共通テスト [物理] 改) ➡ **例題㉓**

実践問題

☑ **106** ☆☆☆ **ドップラー効果による速度測定** **6分** 図のように、静止している振動数 1600 Hz の音源へ向かって、反射板を速さ v[m/s]で動かした。音源の背後で静止している観測者は、反射板で反射した音を聞いた。その音の振動数は 1800 Hz であった。また、音速は $3.4×10^2$ m/s とする。

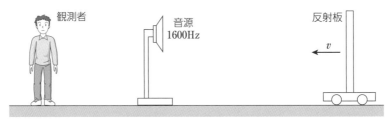

観測者　　　　音源 1600Hz　　　　反射板　　　v

下の空欄に入れる数字として正しいものを、下の①～⓪のうちから一つずつ選べ。ただし、同じものを繰り返し選んでもよい。

反射板の速さ v[m/s]は、$\boxed{1}$.$\boxed{2}$×10$\boxed{3}$ m/s である。

① 1　② 2　③ 3　④ 4　⑤ 5　⑥ 6　⑦ 7　⑧ 8　⑨ 9　⓪ 0

(17. センター本試 [物理] 改)

☑ **107** ☆☆ **思考・判断・表現** **等速円運動とドップラー効果** **5分** 一定の振動数 f_0 の音を出す音源Pが、図1のように、点Oを中心として半径 r、速さ v で時計回りに等速円運動をしている。点Qで静止している観測者が、届いた音波の振動数を測定する。点Qから円に引いた2本の接線の接点のうち、音源が観測者に近づく方を点A、遠ざかる方を点Bとする。また、直線OQと円が交わる2点のうち、Qに近い方を点C、遠い方を点Dとする。v は音速 V より小さく、風は吹いていないものとする。

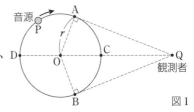

図1

問1　音源が点A、点Bを通過したときに出した音を観測者が測定したところ、振動数は、それぞれ f_A、f_B であった。f_A と v を表す式の組み合わせとして正しいものを、次の①～⑥のうちから一つ選べ。

	①	②	③	④	⑤	⑥
f_A	f_0	f_0	$\dfrac{V+v}{V}f_0$	$\dfrac{V+v}{V}f_0$	$\dfrac{V}{V-v}f_0$	$\dfrac{V}{V-v}f_0$
v	$\dfrac{f_B}{f_A}V$	$\dfrac{f_A-f_B}{f_A+f_B}V$	$\dfrac{f_B}{f_A}V$	$\dfrac{f_A-f_B}{f_A+f_B}V$	$\dfrac{f_B}{f_A}V$	$\dfrac{f_A-f_B}{f_A+f_B}V$

問2　図2は、図1での音源と観測者を入れかえた場合である。次の文章(a)～(d)のうち、正しいものの組み合わせを、後の①～⑥のうちから一つ選べ。

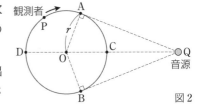

図2

(a) 図1の場合、観測者から見ると、点Aを通過したときに出した音の速さの方が、点Bを通過したときに出した音の速さより大きい。

(b) 図1の場合、点Oを通過する音波の波長は、音源の位置によらずすべて等しい。

(c) 図2の場合、音源から見た音の速さは、音が進む向きによらずすべて等しい。

(d) 図2の場合、点Cで観測する音波の波長は、点Dで観測する音波の波長より長い。

① (a)と(b)　② (a)と(c)　③ (a)と(d)　④ (b)と(c)　⑤ (b)と(d)　⑥ (c)と(d)

(23. 共通テスト本試 [物理] 改)

☑ **108** ^{☆☆}**ドップラー効果の原理** ⟨6分⟩ 媒質中を伝わる波動を、ベルトコンベアによる物品の搬送と対応させて、ドップラー効果を考えてみよう。

思考・判断・表現

図のように十分に長いベルトコンベアがあり、上に乗せたものを一定の速さ V で右に運んでいる。左側にいる作業者Aは、一定の速さ v_A で作業者Bに向かって移動しながら、一定の時間間隔 T_0 で小さな箱をベルトコンベアの上に乗せていく。右側の作業者Bは、運ばれてくる箱をベルトコンベアの端で回収する。ただし、$v_A < V$ とする。

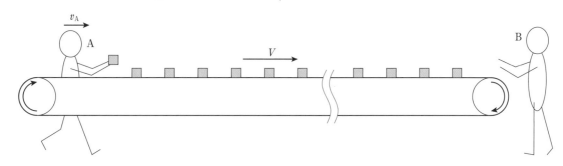

問1　次の文章中の空欄 ア ・ イ に入れる式の組み合わせとして正しいものを、下の①〜⑥のうちから一つ選べ。

作業者Aが静止している場合($v_A = 0$)は、ベルトコンベア上の箱の間隔は $T_0 V$ であるが、動いている場合($v_A \neq 0$)は、箱の間隔は $d =$ ア となる。このとき、静止している作業者Bが箱を受け取る時間間隔は、$T =$ イ である。

	①	②	③	④	⑤	⑥
ア	$T_0 V$	$T_0 V$	$T_0(V + v_A)$	$T_0(V + v_A)$	$T_0(V - v_A)$	$T_0(V - v_A)$
イ	$\dfrac{d}{V + v_A}$	$\dfrac{d}{V - v_A}$	$\dfrac{d}{V}$	$\dfrac{d}{V - v_A}$	$\dfrac{d}{V}$	$\dfrac{d}{V + v_A}$

問2　次の文章中の空欄 ウ 〜 オ に入れる語句の組み合わせとして最も適当なものを、下の①〜⑥のうちから一つ選べ。

作業者A、Bをそれぞれ波源と観測者にみたてて、ドップラー効果との対応を考えてみよう。箱の位置を波の山の位置、作業者Aが箱を置く時間間隔 T_0 を波源での波の周期、箱の速さ V を波の速さとみなすと、ベルトコンベア上にならぶ箱の間隔 d は観測される波の ウ 、作業者Bが箱を受け取る時間間隔 T は観測される波の周期と解釈できる。

波源が運動してドップラー効果がおきているときは、波の エ は変わらず、 オ が変化する。ベルトコンベアの搬送は波動と異なる現象であるが、上記のように考えると、ドップラー効果を理解することができる。

	ウ	エ	オ
①	波長	波長	振動数
②	波長	速さ	振動数
③	振動数	波長	振動数
④	波長	振動数	速さ
⑤	振動数	振動数	速さ
⑥	振動数	速さ	波長

(14. センター本試 [物理Ⅰ])

8 光波

1 光の性質 ●━━━

①**光の速さ** 光は(^{ア})とよばれる波の一種であり、物質のない真空中でも伝わる。光が伝わる速さは、きわめて大きい。真空中の光速 c〔m/s〕は、 $c=3.0\times10^8$m/s

②**光の反射・屈折** 光は異なる媒質の境界面に達すると、その一部が反射し、残りは屈折する。

[反射の法則] 入射角 θ_1 と反射角 $\theta_1{}'$ との間には、$\theta_1 = (^{イ})$ が成り立つ。

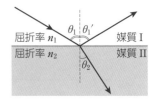

[屈折の法則] 入射角を θ_1、屈折角を θ_2、媒質Ⅰ、Ⅱにおける光速をそれぞれ v_1〔m/s〕、v_2〔m/s〕、波長を λ_1〔m〕、λ_2〔m〕、屈折率(絶対屈折率)を n_1、n_2、媒質Ⅰに対する媒質Ⅱの相対屈折率を n_{12} とすると、

$\dfrac{\sin\theta_1}{\sin\theta_2} = \dfrac{v_1}{v_2} = \dfrac{\lambda_1}{\lambda_2} = (^{ウ}) = n_{12}$ が成り立つ。また、$n_1\sin\theta_1 = n_2\sin\theta_2$ が成り立つ。

③**全反射** 屈折率の大きい媒質から小さい媒質へ光が入射するとき、臨界角 θ_C よりも大きい入射角で入射した光は、境界面ですべて反射する。これを全反射という。光が屈折率 n_1 から $n_2 (n_1 > n_2)$ の媒質に進む場合、$\sin\theta_C = (^{エ})$ の関係が成り立つ。

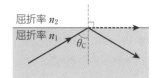

④**光の分散** 光をプリズムに通すと、波長による屈折率の違いによって光が分かれる。この現象を光の(^{オ})という。

⑤**光の散乱** 光が波長と同程度かそれよりも小さな粒子にあたると、その粒子を中心としてあらゆる方向に進む。この現象を光の(^{カ})という。

⑥**偏光** 光を偏光板に通すと、振動が一方向だけの光となる。このような光を(^{キ})という。

2 レンズと鏡 ●━━━

①**凸レンズと凹レンズ**

[凸レンズ] 光軸に平行な光線は、凸レンズを通過後1点に収束する。この点を(^{ク})という。焦点はいずれもレンズの外側にあり、レンズの中心から各焦点までの距離は等しい。この距離を(^{ケ})という。凸レンズでは、倒立の実像、正立の虚像が観測される。

[凹レンズ] 光軸に平行な光線は、レンズを通過後、焦点から発散するように進む。凹レンズでは、正立の(^{コ})像のみが観測される。

②**レンズの式** レンズから物体までの距離を a〔m〕、レンズから像までの距離を b〔m〕、焦点距離を f〔m〕、倍率を m とし、表のように正、負の符号を取り決めると、次式が成り立つ。

$$\dfrac{1}{a} + \dfrac{1}{b} = (^{サ}) \qquad m = (^{シ})$$

	正	負
f	凸レンズ	凹レンズ
a	常に正	―
b	レンズの後方	レンズの前方

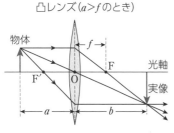
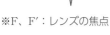

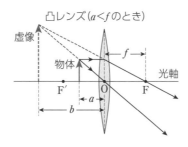

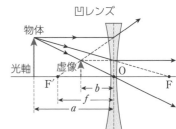

※F、F′：レンズの焦点

③**凹面鏡と凸面鏡**　凹面鏡では、光軸に平行に入射した光線は（ス　　　　）に集まり、球面の中心を通る光線は、同じ経路をもどる。凸面鏡では、光軸に平行に進む光は焦点から出たように進み、球面の（セ　　　　）に向かう光線は、同じ経路をもどる。

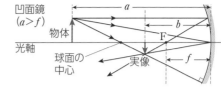

[球面鏡の式]

$$\frac{1}{a}+\frac{1}{b}=（ソ　　　　）$$

$$m=（タ　　　　）$$

	正	負
f	凹面鏡	凸面鏡
a	常に正	—
b	鏡の前方	鏡の後方

3 光の回折と干渉

①**ヤングの実験**　複スリットに波長 λ〔m〕の光を入射させると、回折した光がスクリーン上で明暗の干渉縞をつくる。スリットの間隔を d〔m〕、スクリーンまでの距離を L〔m〕、OP を x〔m〕とし、$L \gg d$、$L \gg x$ とする。このとき、経路差 $|S_1P-S_2P|=（チ　　　　）$ と近似できる。この経路差が半波長の（ツ　　　　）倍となる位置に明線、（テ　　　　）倍となる位置に暗線が観察される。

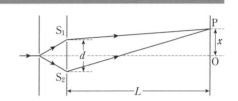

②**回折格子**　回折格子に垂直に光をあてる。隣りあうスリットの間隔（格子定数）を d〔m〕、光の波長を λ〔m〕とする。入射方向と角 θ をなす方向に明線が得られる条件は、

（ト　　　　）$=m\lambda$　　　$(m=0、1、2、\cdots)$

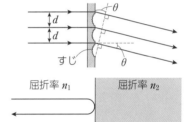

③**反射光の位相**　光が屈折率 n_1 の媒質から屈折率 n_2 の媒質に向かって進み、境界面で反射する。入射光と反射光の位相のずれは、$n_1 > n_2$ のときに（ナ　　　　）、$n_1 < n_2$ のときに（ニ　　　　）である。

④**薄膜による干渉**　薄膜の上面と下面の反射光が干渉する。上面で反射する光の位相だけが π ずれるとき、薄膜の屈折率を $n (n>1)$、厚さを d〔m〕、波長を λ〔m〕、屈折角を θ とすると、反射光が強めあう条件は、

（ヌ　　　　　　　）$=(2m+1)\dfrac{\lambda}{2n}$　　　$(m=0、1、2、\cdots)$

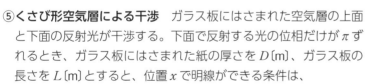

⑤**くさび形空気層による干渉**　ガラス板にはさまれた空気層の上面と下面の反射光が干渉する。下面で反射する光の位相だけが π ずれるとき、ガラス板にはさまれた紙の厚さを D〔m〕、ガラス板の長さを L〔m〕とすると、位置 x で明線ができる条件は、

$$2d=（ネ　　　　）=(2m+1)\frac{\lambda}{2}　　　(m=0、1、2、\cdots)$$

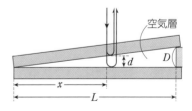

解答

（ア）電磁波　（イ）θ_1'　（ウ）$\dfrac{n_2}{n_1}$　（エ）$\dfrac{n_2}{n_1}$　（オ）分散　（カ）散乱　（キ）偏光　（ク）焦点　（ケ）焦点距離　（コ）虚　（サ）$\dfrac{1}{f}$

（シ）$\left|\dfrac{b}{a}\right|$　（ス）焦点　（セ）中心　（ソ）$\dfrac{1}{f}$　（タ）$\left|\dfrac{b}{a}\right|$　（チ）$d\dfrac{x}{L}$　（ツ）偶数　（テ）奇数　（ト）$d\sin\theta$　（ナ）0　（ニ）π

（ヌ）$2d\cos\theta$　（ネ）$2x\dfrac{D}{L}$

例題 ㉕ 全反射

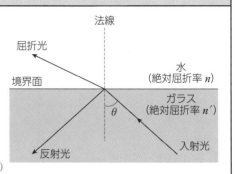

関連問題 ➡ 111・122

図はガラスと水の境界面での光の進み方を示している。入射角 θ がある値 θ_0(臨界角)よりも大きいとき、ガラスと水の境界面で光は全反射する。水の絶対屈折率を n とすると、ガラスの絶対屈折率 n' はどのように表されるか。正しいものを、次の①～④のうちから一つ選べ。

① $n\sin\theta_0$ ② $\dfrac{\sin\theta_0}{n}$ ③ $\dfrac{n}{\sin\theta_0}$ ④ $\dfrac{1}{n\sin\theta_0}$

(02. センター追試 [物理 I B])

指針 入射角が臨界角であるとき、屈折角が $90°$ になる。この条件で屈折の法則の式を立てる。

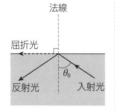

解説 入射角が θ_0 のとき、屈折角は $90°$ になり、このようすは図のように示される。

屈折の法則「$\dfrac{\sin\theta_1}{\sin\theta_2} = \dfrac{n_2}{n_1}$」から、

$$\frac{\sin\theta_0}{\sin 90°} = \frac{n}{n'} \qquad n' = \frac{n}{\sin\theta_0}$$

したがって、解答は③である。

例題 ㉖ 凸レンズ

関連問題 ➡ 112・113・120

次の文中の空欄 ア ・ イ に入れる数値と語句の組み合わせとして最も適当なものを、下の①～⑧のうちから一つ選べ。

図のように、焦点距離が $12\,\mathrm{cm}$ の凸レンズから $4\,\mathrm{cm}$ の位置に物体を置いたとき、レンズから ア cm の位置に イ が見えた。

	ア	イ			ア	イ
①	12	実像		⑤	12	虚像
②	6	実像		⑥	6	虚像
③	4	実像		⑦	4	虚像
④	3	実像		⑧	3	虚像

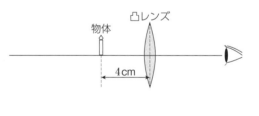

(16. センター追試 [物理])

指針 像の位置は、レンズの式「$\dfrac{1}{a} + \dfrac{1}{b} = \dfrac{1}{f}$」から求められる。実像か虚像か(レンズの前方か後方か)は、b の符号で判断する。

解説 レンズの式「$\dfrac{1}{a} + \dfrac{1}{b} = \dfrac{1}{f}$」を用いる。凸レンズなので $f>0$ として、f および a の値を代入すると、

$$\frac{1}{4} + \frac{1}{b} = \frac{1}{12} \qquad \frac{1}{b} = \frac{1}{12} - \frac{3}{12} = -\frac{2}{12} = -\frac{1}{6}$$

$$b = -6\,\mathrm{cm}$$

$b<0$ なので、レンズの前方 $6\,\mathrm{cm}$ の位置に像ができる。レンズの前方にできる像は虚像である。したがって、解答は⑥である。

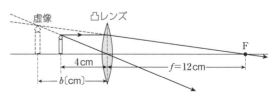

例題 **㉗** 回折格子

関連問題 ➡ 115・116

波長 λ の単色光を回折格子の面に垂直にあてた場合、次の図の中で回折光が最も強めあうのはどれか。最も適当なものを、次の①〜④のうちから一つ選べ。

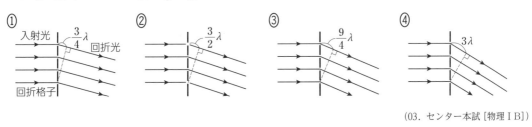

① 入射光 $\dfrac{3}{4}\lambda$ 回折光 回折格子
② $\dfrac{3}{2}\lambda$
③ $\dfrac{9}{4}\lambda$
④ 3λ

(03. センター本試 [物理ⅠB])

指針 隣りあうスリットから出た回折光の経路差が波長の整数倍になるとき、光は強めあう。

解説 隣りあう回折光の経路差は、図のようになる。経路差が波長の整数倍のとき、同位相の光が到達して強めあう。解答群で示されている経路差は、

経路差

スリット4つ分の経路差になるため、示されている経路差を3で割れば、隣りあうスリットの経路差が得られる。各選択肢について計算すると、

① : $\dfrac{\lambda}{4}$ ② : $\dfrac{\lambda}{2}$ ③ : $\dfrac{3\lambda}{4}$ ④ : λ

隣りあう経路差が波長の整数倍になるのは④である。

例題 **㉘** 薄膜の干渉

関連問題 ➡ 118・121

図のように、表面に薄膜がコーティングされたガラスに、単色光が垂直に入射した場合の反射光の干渉を考える。空気の絶対屈折率を1とし、薄膜の絶対屈折率 n は、ガラスの絶対屈折率 n' よりも小さく、1よりも大きいものとする。

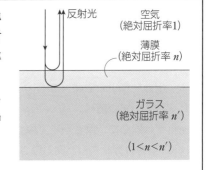

反射光
空気 (絶対屈折率1)
薄膜 (絶対屈折率 n)
ガラス (絶対屈折率 n')
$(1<n<n')$

問1 薄膜中を進む光の速さは、どのように表されるか。正しいものを、次の①〜④のうちから一つ選べ。ただし、空気中の光速を c とする。

① c　② nc　③ $(n-1)c$　④ $\dfrac{c}{n}$

問2 空気中の光の波長を λ としたとき、反射光が弱めあうための膜の最小の厚さはいくらか。正しいものを、次の①〜④のうちから一つ選べ。

① $\dfrac{\lambda}{4}$　② $\dfrac{\lambda}{4n}$　③ $\dfrac{\lambda}{2}$　④ $\dfrac{\lambda}{2n}$

(03. センター追試 [物理ⅠB])

指針 屈折率 n の媒質中における光の速さは、屈折の法則から求められる。反射における光の位相のずれに注意して、干渉の条件を考える。

解説 問1 薄膜中の光速を c' とすると、屈折の法則「$\dfrac{v_1}{v_2}=\dfrac{n_2}{n_1}$」から、 $\dfrac{c}{c'}=\dfrac{n}{1}$ $c'=\dfrac{c}{n}$

したがって、解答は④である。

問2 薄膜の上面、下面とも、屈折率のより大きい媒質との境界面における反射なので、どちらも反射光の位相が π ずれる。薄膜の厚さを d とすると、経路

差は $2d$ となる。薄膜内での光の波長を λ' とすると、反射光が弱めあう条件は、

$$2d=(2m+1)\dfrac{\lambda'}{2} \quad (m=0、1、2、\cdots)$$

屈折率 n の媒質中の波長は、屈折の法則から、

$\lambda'=\dfrac{\lambda}{n}$ であり、最小の厚さとなるときは $m=0$ なので、

$$2d=(2\times0+1)\times\dfrac{\lambda/n}{2} \qquad d=\dfrac{\lambda}{4n}$$

したがって、解答は②である。

☑ **109** ^{☆☆} **フィゾーの実験** 〈4分〉 図のような装置を用いて、光速を測定することができる。最初、歯車が止まっているときには、歯の間を光が通り、遠くにある鏡に反射して再び歯の間を通り抜けてくる。歯車を回転させると、光が反射してもどってくる間に歯が動いているので、回転数を上げていくと反射光が歯にさえぎられてしだいに暗くなる。さらに回転を速くしていくと再び明るく見えるようになり、最も明るくなるときの回転数から光速が求められる。歯数が100の歯車を用いると、回転数が毎秒300回になったときはじめて最も明るくなり、光速の値として 3×10^8 m/s が得られた。歯車と鏡の間の距離は何mか。最も適当な数値を、次の①～⑧のうちから一つ選べ。

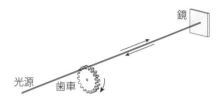

① 100　② 300　③ 500　④ 1000　⑤ 3000　⑥ 5000　⑦ 10000　⑧ 30000

(06. センター本試［物理Ⅰ］)

☑ **110** ^{☆☆☆} 思考・判断・表現 **光の屈折** 〈5分〉 厚さが一定で、空気に対する屈折率 n のガラス板が床から一定の高さに保たれている。このガラス板の上側から床の上にある物体を見たところ、実際の距離より少し近くに見えた。これは、図のように、物体から出た光がガラス板で屈折して目に届くためである。

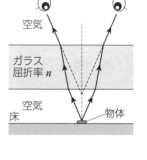

問1　空気中の光の速さを c_1、波長を λ_1 とし、ガラス中の光の速さを c_2、波長を λ_2 とする。ガラスの屈折率 n と c_1、c_2、λ_1、λ_2 の間の関係として正しいものを、次の①～④のうちから一つ選べ。

① $n = \dfrac{c_1}{c_2} = \dfrac{\lambda_1}{\lambda_2}$　② $n = \dfrac{c_2}{c_1} = \dfrac{\lambda_2}{\lambda_1}$　③ $n = \dfrac{c_1}{c_2} = \dfrac{\lambda_2}{\lambda_1}$　④ $n = \dfrac{c_2}{c_1} = \dfrac{\lambda_1}{\lambda_2}$

問2　次の文章中の空欄 ┃ ア ┃・┃ イ ┃ に入れる文として最も適当なものを、下の①～③のうちからそれぞれ一つずつ選べ。

屈折率は同じで、厚さが半分のガラス板で同じ実験をしたとき、物体までの見かけの距離は ┃ ア ┃。次に、最初のガラス板と同じ厚さで、屈折率が 1.2 倍のガラス板に交換すると、見かけの距離は ┃ イ ┃。

① 最初のガラス板の場合よりも短くなった　② 最初のガラス板の場合よりも長くなった

③ 最初のガラス板の場合と同じであった

(06. センター追試［物理Ⅰ］　改)

☑ **111** ^{☆☆☆} **水中への光の入射** 〈4分〉 池に潜り、深さ h の位置から水面を見上げ、水の外を見ていた。図のように、光を通さない円板が水面に置かれたので、外が全く見えなくなった。そのとき円板の中心は、潜っている人の目の鉛直上方にあった。このように外が見えなくなる円板の半径の最小値 R を与える式として正しいものを、下の

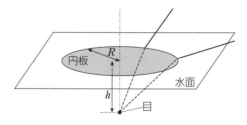

①～⑥のうちから一つ選べ。ただし、空気に対する水の屈折率（相対屈折率）を n とし、水面は波立っていないものとする。また、円板の厚さと目の大きさは無視してよい。

① $\dfrac{h}{\sqrt{1 - \dfrac{1}{n}}}$　② $\dfrac{h}{n-1}$　③ $\dfrac{h}{\sqrt{n-1}}$　④ $\dfrac{h}{\sqrt{1 - \dfrac{1}{n^2}}}$　⑤ $\dfrac{h}{n^2 - 1}$　⑥ $\dfrac{h}{\sqrt{n^2 - 1}}$

(09. センター本試［物理Ⅰ］) ➡ 例題㉕

112 レンズの性質 2分

図のように、凸レンズの左に万年筆がある。F、F′はレンズの焦点である。レンズの左に光を通さない板Bを置き、レンズの中心より上半分を完全に覆った。万年筆の先端Aから出た光が届く点として適当なものを、図中の①～⑦のうちからすべて選べ。ただし、レンズは薄いものとする。

(18. 大学入学共通テスト試行調査 [物理]) ➡ 例題 26

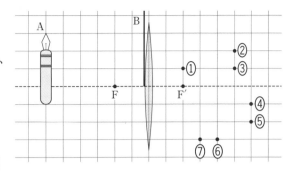

113 虚像 5分 思考・判断・表現

凸レンズのはたらきについて考えよう。図1のように、レンズから距離 a の位置に物体を置いたとき、レンズから距離 b の位置に像ができた。図2は a と b の関係を表すグラフである。ただし、b が負の値をとるのは、レンズから見て物体側に像ができるときである。

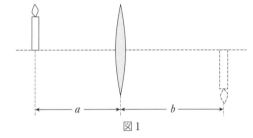

図1

問1　このレンズの焦点距離は何 cm か。最も適当な数値を、次の①～④のうちから一つ選べ。

① 5　② 10　③ 20　④ 40

問2　像と物体の位置が、図2中のBで与えられるとき、像の大きさは物体の大きさの何倍か。最も適当な数値を、次の①～⑤のうちから一つ選べ。

① $\dfrac{1}{3}$　② $\dfrac{1}{2}$　③ 1　④ 2　⑤ 3

問3　このレンズを虫めがねとして用いるためには、図2中のA～Dのどこで使えばよいか。最も適当なものを、次の①～④のうちから一つ選べ。

① A　② B　③ C　④ D

(07. センター追試 [物理Ⅰ]) ➡ 例題 26

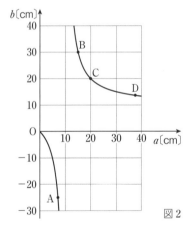

図2

114 凹面鏡 1分

図のように、光軸に平行な2本の光線を凹面鏡に入射させた。反射後の光線の経路を示した概念図として正しいものを、次の①～④のうちから一つ選べ。

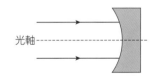

光軸

① 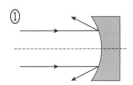　② 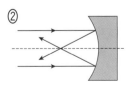　③ 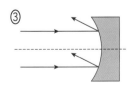　④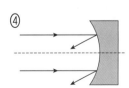

(00. センター追試 [物理ⅠA] 改)

115 ヤングの実験 ⟨7分⟩

図のように、空気中でスリットSから出た波長λの単色光を、2つのスリットA、Bに通し十分にはなれたスクリーン上にあてた。このとき、スクリーン上に明暗の縞が生じ、点Oには明線が見られた。ただし、AとBはSから等距離にあり、スクリーン上の点Oからも等距離にある。空気の絶対屈折率を1とする。

光源　スリット　スリット　スクリーン

問1　次の文章中の空欄 ア ・ イ に入れる式および記述の組み合わせとして最も適当なものを右の①〜④のうちから一つ選べ。

スクリーン上で点Oに最も近い明線の位置をPとすると、$|(SA+AP)-(SB+BP)|=$ ア の条件式が成り立つ。このとき、スリットA、Bの間隔を小さくすると、Pの位置は イ 。

	ア	イ
①	λ	点Oからはなれる向きに移動する
②	λ	点Oに近づく向きに移動する
③	$\lambda/2$	点Oからはなれる向きに移動する
④	$\lambda/2$	点Oに近づく向きに移動する

問2　次の文章中の空欄 ウ ・ エ に入れる式および語句の組み合わせとして最も適当なものを、右の①〜⑥のうちから一つ選べ。

図の実験装置を絶対屈折率 $n(n>1)$ の液体の中に入れて、同様の実験を行った。このとき、液体中の光の波長は ウ となり、スクリーン上の干渉縞の間隔は エ 。(12. センター追試 [物理Ⅰ]) ➡ 例題 ㉗

	ウ	エ			ウ	エ
①	$n\lambda$	広くなる		④	λ/n	広くなる
②	$n\lambda$	狭くなる		⑤	λ/n	狭くなる
③	$n\lambda$	変化しない		⑥	λ/n	変化しない

116 回折格子 ⟨3分⟩

図のように、格子定数(スリットの間隔)d の回折格子に、垂直に細い太陽光線を入射した。透過光をスクリーンに投影したところ、スクリーン上に一次回折光のスペクト

ルが現れた。このときの光の色の並び方として最も適当なものを、次の①〜⑥のうちから一つ選べ。ただし、入射光線の延長線がスクリーンと交わる位置をPとする。

(09. センター本試 [物理Ⅰ] 改) ➡ 例題 ㉗

117 ニュートンリング ⟨4分⟩

図のように、上面が平らな球面ガラスAを平面ガラスBの上に置いて、真上から青と赤の単色光をそれぞれあてて上から観測する。赤の単色光をあてたときと比べ、青の単色光のときの同心円状の明暗の縞はどのようになるか。最も適当なものを次の①〜③のうちからそれぞれ一つ選べ。ただし、同じものを繰り返し選んでもよい。

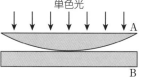

単色光

中心付近の同心円の間隔：　1 　　中心からはなれたところの同心円の間隔：　2

① せばまる　　② 広がる　　③ 変わらない

(99. センター本試 [物理ⅠB] 改)

☑ **118** ☆☆☆ **薄膜の干渉** **4分** 図のように、波長 λ の平行光線を透明で一様な厚さの薄膜に斜めに入射させ、右側で反射光を観察する。光線1は薄膜の表面の点Dで反射する。光線2は点Bで薄膜内に入り、薄膜の裏面の点Cで反射して点Dで再び空気中に出てくる。CDの距離を a、ADの距離を b、薄膜中での光の波長を λ' とするとき、光線1と光線2とが薄膜から反射された後に弱めあう条件として正しいものを、次の①〜⑥のうちから一つ選べ。ただし、m は正の整数とし、薄膜の屈折率は空気の屈折率より大きいものとする。

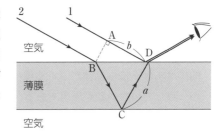

① $\left(\dfrac{2a}{\lambda'} - \dfrac{b}{\lambda'}\right) = m + \dfrac{1}{2}$　　② $\left(\dfrac{2a}{\lambda} - \dfrac{b}{\lambda}\right) = m + \dfrac{1}{2}$　　③ $\left(\dfrac{2a}{\lambda'} - \dfrac{b}{\lambda'}\right) = m$

④ $\left(\dfrac{2a}{\lambda} - \dfrac{b}{\lambda}\right) = m$　　⑤ $\left(\dfrac{2a}{\lambda'} - \dfrac{b}{\lambda}\right) = m$　　⑥ $\left(\dfrac{2a}{\lambda'} - \dfrac{b}{\lambda}\right) = m + \dfrac{1}{2}$

(05. センター本試 [物理 I B] 改) → **例題㉘**

☑ **119** ☆☆☆ 思考・判断・表現 **くさび形空気層の干渉** **8分**

　図(a)のように、2枚の平面ガラス板に細長い円柱をはさんでくさび形の空気層をつくり、単色光を真上から入射させた。真上から見ると図(b)のような等間隔の明暗の干渉縞が観測された。干渉縞は図(c)に模式的に示すように、くさび形の空気層の上下の境界面からの2つの反射光の干渉によって生じる。この装置を使って、細長い円柱の直径を測定することができる。

問1　オレンジ色の単色光(空気中での波長 5.9×10^{-7} m)を用いて、ある細長い円柱の直径を測定する実験を行った。このとき、上に置いたガラス板の左端と円柱の間に観測された干渉縞の明線の本数は全部で210本であった。この円柱の直径は何 mm か。最も適当な数値を、次の①〜⑥のうちから一つ選べ。

① 1.2　　② 0.62　　③ 0.12　　④ 0.062　　⑤ 0.012　　⑥ 0.0062

問2　次の文章中の空欄 ア ・ イ の中に入れる語句として最も適当なものを、下の①〜③のうちからそれぞれ一つ選べ。ただし、同じものを繰り返し選んでもよい。なお、「水で満たす前」とは、問1の場合を指す。

　この実験で、単色光をオレンジ色から青色に変えたとき、干渉縞の数は ア 。次に、単色光をオレンジ色にもどしてくさび形の空気層を水で満たしたときに、やはり干渉縞が観測された。このとき、干渉縞の数は水で満たす前と比べて イ 。

① 増加した　　② 減少した　　③ 変わらなかった

(11. センター追試 [物理 I] 改)

実践問題

☑ **120** ☆ 思考・判断・表現 **眼球のしくみ** 5分 「近視」と「遠視」は、図に模式的に示すように水晶体がつくる像の位置と、網膜の位置が一致していないのが原因である。

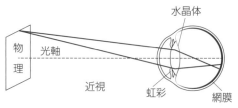

問1 以下は「遠視」の状態に関する説明文である。文章中の空欄 1 ・ 2 に入る語句として最も適当なものを、それぞれ下の選択肢から一つずつ選べ。

水晶体の焦点距離が 1 、倒立の 2 が網膜にぼやけて映る。

1 の選択肢：① 長く ② 短く

2 の選択肢：① 実像 ② 虚像

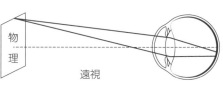

問2 「近視」を補正するためにメガネを用いる。次の図で補正のようすを正しく説明しているのはどれか。最も適当なものを、次の①〜④のうちから一つ選べ。

① 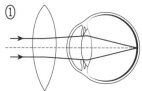 ② 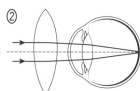 ③ 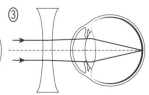 ④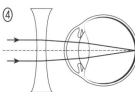

(02. センター追試 [物理 I A] 改) ➡ 例題 ㉖

☑ **121** ☆☆☆ **せっけん膜の干渉** 5分 細い針金でできた枠をせっけん水につけて引き上げると、薄い膜(せっけん膜)ができる。これを垂直に立て、白色光をあてて光源側から観察すると、図1のように虹色の縞模様が見えた。

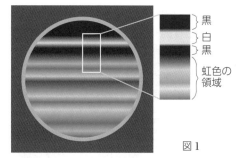

図1

問1 図2のように、波長 λ の光が厚さ d、絶対屈折率 n のせっけん膜に垂直に入射する。せっけん膜の2つの表面で反射した光が強めあう条件を表す式として適当なものを、次の①〜⑧のうちから一つ選べ。ただし、空気の絶対屈折率を1とする。選択肢中の m は、$m = 0$、1、2、…である。

① $\dfrac{d}{n} = m\lambda$ ② $\dfrac{d}{n} = \left(m + \dfrac{1}{2}\right)\lambda$ ③ $\dfrac{2d}{n} = m\lambda$ ④ $\dfrac{2d}{n} = \left(m + \dfrac{1}{2}\right)\lambda$

⑤ $nd = m\lambda$ ⑥ $nd = \left(m + \dfrac{1}{2}\right)\lambda$ ⑦ $2nd = m\lambda$ ⑧ $2nd = \left(m + \dfrac{1}{2}\right)\lambda$

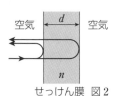

せっけん膜 図2

問2 次の 1 ・ 2 に入る語句として最も適当なものを、それぞれ下の選択肢から一つずつ選べ。

図1の「虹色の領域」には、 1 の色が上から順番に見え、これは波長が短い順である。したがって、この領域ではせっけん膜は 2 と考えられる。

1 の選択肢：

① 赤・緑・青 ② 赤・青・緑 ③ 青・赤・緑 ④ 青・緑・赤 ⑤ 緑・青・赤 ⑥ 緑・赤・青

2 の選択肢：

① 上部ほど厚い ② 中央部ほど厚い ③ 下部ほど厚い ④ 厚さが一定

(18. 大学入学共通テスト試行調査 [物理] 改) ➡ 例題 ㉘

図1

☑ **122** ☆ 思考・判断・表現 **光の屈折と全反射** 9分　次の文章中の空欄 ア ～ キ に入れる語句として最も適当なものを、それぞれの直後の｛ ｝で囲んだ選択肢のうちから一つずつ選べ。

図1のように、装飾用にカット(研磨成形)したダイヤモンドは、同じ形状のガラスよりも輝いて見える。その理由を考えよう。

図2は、装飾用にカットしたダイヤモンドの断面であり、DE面上のある点Pから入射した単色光の光路の一部を示している。この単色光でのダイヤモンドの絶対屈折率を n、外側の空気の絶対屈折率を1として、入射角 i と屈折角 r の関係は ア ｛① $\sin i = n \sin r$　② $\sin i = \dfrac{1}{n}\sin r$｝で与えられる。点Pで屈折した光は、AC面に入射角 θ_{AC} で入射する。θ_{AC} が小さいとき、単色光は AC 面で反射し、BC 面に入射角 θ_{BC} で入射する。θ_{AC} が大きくなり、臨界角 θ_C を超えると全反射がおこる。このときの θ_C は イ ｛① $\sin\theta_C = n$　② $\sin\theta_C = \dfrac{1}{n}$｝から求められる。

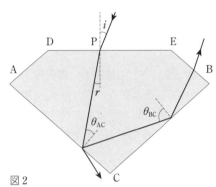

図2

図3はDE面への入射角 i に対するAC面への入射角 θ_{AC} とBC面への入射角 θ_{BC} の変化を示す。(a)はダイヤモンドの場合を示す。(b)は同じ形にカットしたガラスの場合を示し、記号に ′ をつけて区別する。また、入射角が $i = i_C$ のとき、θ_{AC} はダイヤモンドの臨界角と等しい。

光は、ダイヤモンドでは、$0° < i < i_C$ のとき面ACで ウ ｛① 全反射　② 部分反射｝し、$i_C < i < 90°$ のとき面ACで エ ｛① 全反射　② 部分反射｝する。ガラスでは、$0° < i < 90°$ のとき面ACで オ ｛① 全反射　② 部分反射｝する。なお、「部分反射」とは、境界面に入射した光の一部が反射し、残りの光は境界面を透過することを表す。ダイヤモンドでは $0° < i < 90°$ のとき面BCで全反射する。ガラスでは、面BCに達した光は全反射する。

ダイヤモンドがガラスより明るく輝くのは、ダイヤモンドはガラスより屈折率が カ ｛① 大きい　② 小さい｝ため臨界角が小さく、入射角の広い範囲で二度 キ ｛① 全反射　② 部分反射｝し、観察者のいる上方へ進む光が多いからである。

(21. 共通テスト [物理] 改) ➡ 例題㉕

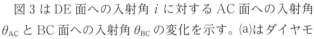

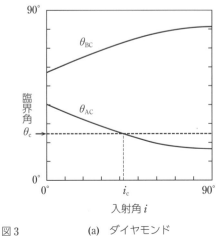

(a) ダイヤモンド

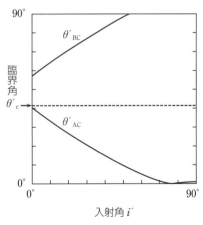

(b) ガラス

図3

「物理基礎」の復習❹ 電気

1 静電気

①**電荷と帯電** 物質は原子でできており、原子は、原子核とそれをとりまく負電荷をもつ(ア　　　　　)から構成される。一般に、原子核は、正電荷をもつ(イ　　　　　)と電荷をもたない(ウ　　　　　)からなる。物体間を電子が移動することで、物体が電気を帯びることを(エ　　　　　)という。

②**導体・不導体・半導体** 金属のように電気をよく通す物質を(オ　　　　)、電気をほとんど通さない物質を(カ　　　　　)という。また、電気の通しやすさが導体と不導体の中間程度の物質を(キ　　　　　)という。

2 電流と抵抗

①**電荷と電流** 導線の任意の断面を時間 t〔s〕の間に大きさ q〔C〕の電気量が通過するとき、電流の大きさ I〔A〕は、　$I = ($ク　　　　　$)$
断面積 S〔m²〕の導線中に電気量 $-e$〔C〕の自由電子が 1 m³ あたり n 個あり、一定の速さ v〔m/s〕で移動しているとする。このとき、電流の大きさ I〔A〕は、　$I = ($ケ　　　　　$)$

②**オームの法則** 導体を流れる電流 I〔A〕は、導体に加わる電圧 V〔V〕に比例し、導体の抵抗 R〔Ω〕に反比例する。

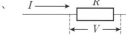

$I = ($コ　　　　$)$　　　または　　$V = ($サ　　　　$)$

③**抵抗率** 抵抗率 ρ〔Ω·m〕の物質の抵抗 R〔Ω〕は、物質の長さ L〔m〕に比例し、その断面積 S〔m²〕に反比例する。

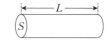

$R = ($シ　　　　$)$

④**抵抗の接続** ［直列接続］　直列に接続された 2 つの抵抗に電圧を加える。このとき、各抵抗に流れる(ス　　　　　)は等しく、各抵抗に加わる電圧の和は全体に加わる電圧に等しい。2 つの抵抗 R_1、R_2 の合成抵抗 R は、

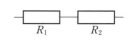

$R = ($セ　　　　$)$

［並列接続］　並列に接続された 2 つの抵抗に電圧を加える。このとき、各抵抗に加わる(ソ　　　　　)は等しく、各抵抗に流れる電流の和は全体に流れる電流に等しい。2 つの抵抗 R_1、R_2 と合成抵抗 R には、次の関係が成り立つ。　$\dfrac{1}{R} = ($タ　　　　　　$)$

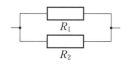

3 電気エネルギー

①**ジュール熱** 抵抗 R〔Ω〕に電圧 V〔V〕を加え、電流 I〔A〕を t〔s〕間流したとき、抵抗で発生するジュール熱 Q〔J〕は、　$Q = ($チ　　　　$) = RI^2 t = \dfrac{V^2}{R} t$　　　この関係はジュールの法則とよばれる。

②**電力量と電力** 電流がある時間内にする仕事の量を(ツ　　　　　)といい、抵抗で発生するジュール熱は電流がした仕事に等しい。電力量の単位にはジュール(記号 J)が用いられる。また、電流が単位時間にする仕事を(テ　　　　)といい、その単位にはワット(記号 W)が用いられる。

解答

(ア) 電子　(イ) 陽子　(ウ) 中性子　(エ) 帯電　(オ) 導体　(カ) 不導体(絶縁体)　(キ) 半導体　(ク) $\dfrac{q}{t}$　(ケ) $envS$

(コ) $\dfrac{V}{R}$　(サ) RI　(シ) $\rho\dfrac{L}{S}$　(ス) 電流　(セ) $R_1 + R_2$　(ソ) 電圧　(タ) $\dfrac{1}{R_1} + \dfrac{1}{R_2}$　(チ) VIt　(ツ) 電力量　(テ) 電力

例 題 ㉙ 抵抗の接続

関連問題 ➡ 126・127・129・130・131

図(a)、(b)のように、抵抗値が 10Ω、20Ω、40Ω の抵抗 R_1、R_2、R_3 をつなぎ、PQ 間に 10V の電圧を加えた。図(a)の電流 I_a、図(b)の電流 I_b はそれぞれいくらか。次の空欄 | 1 | ～ | 4 | に入れる数字として最も適当なものを、下の①～⓪のうちから一つずつ選べ。ただし、同じものを繰り返し選んでもよい。

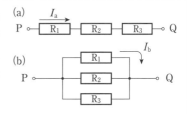
(a)
(b)

$$I_a = 0.\boxed{1}\boxed{2}\,\text{A} \qquad I_b = \boxed{3}.\boxed{4}\,\text{A}$$

① 1　② 2　③ 3　④ 4　⑤ 5　⑥ 6　⑦ 7　⑧ 8　⑨ 9　⓪ 0

(15. センター本試 [物理基礎] 改)

指針 直列接続では、各抵抗に流れる電流が等しく、並列接続では、各抵抗に加わる電圧が等しい。

解説 図(a)は直列接続であり、合成抵抗は 10＋20＋40＝70Ω である。これに 10V の電圧が加わるので、オームの法則「$I = \dfrac{V}{R}$」から、

$$I_a = \frac{10}{70} \qquad I_a = 0.142\,\text{A} \qquad 0.14\,\text{A}$$

したがって、解答は | 1 | が①、| 2 | が④となる。図(b)は並列接続であり、R_1 の抵抗には 10V の電圧が加わる。オームの法則から、$I_b = \dfrac{10}{10}$　$I_b = 1.0\,\text{A}$

したがって、解答は | 3 | が①、| 4 | が⓪となる。

必修問題

ESSENTIAL

123 ☆☆☆ **電流** 2分　導線に 1.0A の電流を60秒間流した。この間に導線のある断面を通過した電気量の大きさは何Cか。最も適当な数値を、次の①～⑥のうちから一つ選べ。

① 0.017　② 0.17　③ 1.0　④ 30　⑤ 60　⑥ 120　(15. センター追試 [物理基礎])

124 ☆☆☆ **電気抵抗** 3分　抵抗値 10Ω と 30Ω の 2 つの抵抗を、図(a)、(b)のように接続し、直流電源で 10V の電圧を加えた。それぞれの回路において、30Ω の抵抗に流れる電流 I_1 と I_2 の値について、次の空欄 | 1 | ～ | 4 | に入れる数字として最も適当なものを、下の①～⓪のうちから一つずつ選べ。ただし、同じものを繰り返し選んでもよい。

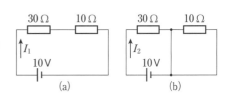

$$I_1 = 0.\boxed{1}\boxed{2}\,\text{A} \qquad I_2 = 0.\boxed{3}\boxed{4}\,\text{A}$$

① 1　② 2　③ 3　④ 4　⑤ 5　⑥ 6　⑦ 7　⑧ 8　⑨ 9　⓪ 0

(17. センター本試 [物理基礎] 改)

125 ☆☆☆ 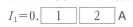 **電気抵抗** 3分　図のように、内部抵抗の無視できる起電力 E の電池と電流計を可変抵抗に直列につなぐ。可変抵抗の値を R_0 にすると、電流計を流れる電流の大きさは I_0 であった。可変抵抗の値を R_0 から $2R_0$ まで変化させたときの電流の大きさの変化を表すグラフを、次の①～④のうちから一つ選べ。

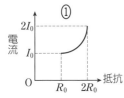
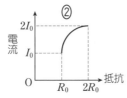
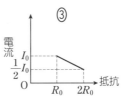
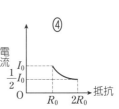

(07. センター本試 [物理 I] 改)

☑ **126** ☆☆☆ **電気抵抗** (3分)　長さ18mの一様な導線の両端に1.5Vの電圧をかけて電流を流した。次にこの導線を3等分して長さを6mにし、その3本を並列に接続して1.5Vの電圧をかけた場合、3本の導線に流れる全電流は元の何倍になるか。次の①～⑤のうちから一つ選べ。

①　$\frac{1}{9}$　　②　$\frac{1}{3}$　　③　1　　④　3　　⑤　9　　(06. センター本試 [物理 I] 改) ➡ **例題㉙**

☑ **127** ☆☆ **電気抵抗** (5分)　図のように3つの抵抗 R_1、R_2、R_3 からなる電気回路に、一定電圧30Vを発生する直流電源と内部抵抗が無視できる電流計を接続した。R_1、R_2 の抵抗値はそれぞれ60Ωと20Ωであり、R_3 の抵抗値はわかっていない。図のAB間の電圧の値が12Vであるとき、次の空欄 ┃ 1 ┃ ～ ┃ 4 ┃ に入れる数字として最も適当なものを、下の①～⓪のうちから一つずつ選べ。ただし、同じものを繰り返し選んでもよい。

　R_3 の抵抗値：┃ 1 ┃ 2 ┃ Ω　　　　電流計を流れる電流：┃ 3 ┃. ┃ 4 ┃ A
①　1　②　2　③　3　④　4　⑤　5　⑥　6　⑦　7　⑧　8　⑨　9　⓪　0

(13. センター本試 [物理 I] 改) ➡ **例題㉙**

☑ **128** ☆☆☆ **電気エネルギー** (3分)　次の文章中の空欄 ┃ 1 ┃・┃ 2 ┃ に入れる式と単位として正しいものを、下の①～③のうちから、それぞれ一つずつ選べ。

抵抗値 R の抵抗に大きさ I の電流を時間 t だけ流した。発生したジュール熱は ┃ 1 ┃ と表され、その単位であるジュール(記号 J)は基本単位 kg、m、s を用いて ┃ 2 ┃ と表される。

┃ 1 ┃ の解答　①　RIt　　　②　RI^2t　　　③　R^2It
┃ 2 ┃ の解答　①　kg・m^2/s　　②　kg・m/s　　③　kg・m^2/s^2　　(17. センター本試 [物理基礎] 改)

☑ **129** ☆☆☆ **電気エネルギー** (3分)　それぞれの抵抗線 A、B の両端に加える電圧を変化させ、電流を測定したところ、図のようなグラフが得られた。抵抗線 A と B を並列につなぎ、直流電源に接続したとき、抵抗線 A の単位時間あたりの発熱量は、抵抗線 B の発熱量の何倍か。最も適当な数値を、次の①～⑦のうちから一つ選べ。

①　0.063　　②　0.25　　③　0.50　　④　1.0
⑤　2.0　　⑥　4.0　　⑦　16

(17. センター追試 [物理基礎] 改) ➡ **例題㉙**

☑ **130** ☆☆ **電気エネルギー** 〔思考・判断・表現〕 (5分)　100V用400Wの電熱線Aと100V用500Wの電熱線Bがある。各電熱線の抵抗は温度によらず一定で、太さは一様である。次の空欄 ┃ 1 ┃ ～ ┃ 8 ┃ に入れる数字として最も適当なものを、下の①～⓪のうちから一つずつ選べ。ただし、同じものを繰り返し選んでもよい。

問1　A、Bを直列に接続して180Vの電源に接続したとき、次の量を求めよ。
　　電熱線Aに流れる電流：┃ 1 ┃. ┃ 2 ┃ A　　電熱線Bの消費電力：┃ 3 ┃. ┃ 4 ┃ ×10^┃ 5 ┃ W
問2　電熱線Bを半分に切って、その2つを並列につないだもの(電熱線Cとする)を、電熱線Aと直列に接続して電源につないだところ、電熱線全体の消費電力が480Wであった。電源の電圧は何Vか。
　　┃ 6 ┃. ┃ 7 ┃ ×10^┃ 8 ┃ V
①　1　②　2　③　3　④　4　⑤　5　⑥　6　⑦　7　⑧　8　⑨　9　⓪　0

(17. 杏林大　改) ➡ **例題㉙**

実践問題

PRACTICE

☑ **131** ☆☆ 思考・判断・表現 **抵抗の接続** 5分 全長25.0mの一様な太さのニクロム線を図1
のように横10.0m、縦5.0mのコの字型に折り曲げ、ニクロム線の両
端に電圧15Vの直流電源と電流計を接続した。このとき、ニクロム線
に流れる電流は0.15Aであった。次に、図2のように20Ωの抵抗を
接続した。さらに、ニクロム線の左端から距離$L(0≦L≦10.0m)$の位
置に抵抗の無視できる銅線を置き、その両端をニクロム線に接続した。
電流計の示す電流の大きさをIとするとき、IとLの関係を表すグラ
フとして最も適当なものを、次の①～④のうちから一つ選べ。

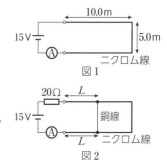
図1
図2

① 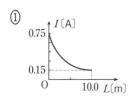　② 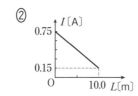　③ 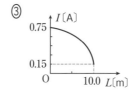　④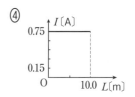

(12. センター本試［物理Ⅰ］ 改) ➡ 例題㉙

☑ **132** ☆ 思考・判断・表現 **ジュール熱と水の温度上昇** 7分 図1のように、電熱線に電流を流し、
容器に入れた水を加熱する実験を行った。電熱線の抵抗値は一定であり、
電熱線で生じた熱はすべて水の温度上昇に使われるものとする。

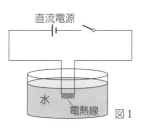
図1

問1　容器に27℃、100gの水を入れ、6.0Vの直流電源とスイッチに直列に
接続した抵抗3.0Ωの電熱線を浸し、5.0分間電流を流すと、水温が36℃ま
で上昇した。この実験で得られる水の比熱は何J/(g·K)か。次の①～④の
うちから一つ選べ。

　　① 3.8　　② 4.0　　③ 4.2　　④ 4.4

問2　問1で、より正確な値を求める方法として適切でないものを、次の①～③のうちから一つ選べ。

　　① 水の質量変化を小さくするため、温度変化は大きくしすぎない。

　　② 導線の抵抗を小さくするため、できる限り短い配線で回路をつくる。

　　③ 電熱線からの熱をできる限り水に与えるため、水を入れる容器には金属製のものを使う。

問3　図2のように可変抵抗を接続し、可変抵抗の抵抗値を変化させ、それ
ぞれの場合において同じ電源の電圧で同じ時間だけ電流を流した後、水の
温度を測定した。電流を流す前後の水の温度差と可変抵抗の抵抗値との関
係を表すグラフとして最も適当なものを、次の①～④のうちから一つ選べ。
ただし、電流を流す前の水の温度と質量は一定であり、可変抵抗の最大値
は電熱線の抵抗に比べて十分に大きいものとする。

図2

① 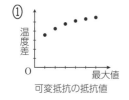　② 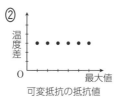　③ 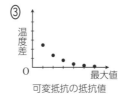　④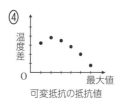

(15. センター追試［物理Ⅰ］ 改)

第Ⅳ章 電気と磁気

電場と電位

1 静電気力

①電荷と静電気力　電荷の量を（ア　　　　　　　）といい、その単位には（イ　　　　　　　　　）（記号 C）が用いられる。同種の電荷間には（ウ　　　　　　　）力、異種の電荷間には（エ　　　　　　　）力がはたらく。また、物体間で電荷のやりとりがあっても、電気量の総和は変わらない。これを（オ　　　　　　　　）の法則という。

②静電誘導と誘電分極　導体に帯電体を近づけると、帯電体に近い側の表面には帯電体と（カ　　　　　　）種の電荷が現れ、遠い側の表面には帯電体と（キ　　　　　　）種の電荷が現れる。この現象は静電誘導とよばれる。また、不導体（誘電体）に帯電体を近づけると、不導体を構成する原子や分子の内部で電荷の分布がずれる。この現象は不導体における静電誘導であり、（ク　　　　　　　　　）とよばれる。

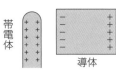

帯電体　導体

③静電気力に関するクーロンの法則　2 つの点電荷の間にはたらく静電気力 F〔N〕は、それぞれの電気量 q_1〔C〕、q_2〔C〕、電荷間の距離 r〔m〕、クーロンの法則の比例定数 k〔N·m²/C²〕を用いて、　$F=$（ケ　　　　　　）

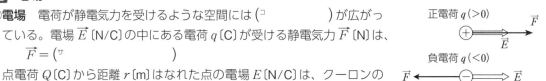

2 電場

①電場　電荷が静電気力を受けるような空間には（コ　　　　　　　）が広がっている。電場 $\vec{E}$〔N/C〕の中にある電荷 q〔C〕が受ける静電気力 $\vec{F}$〔N〕は、$\vec{F}=$（サ　　　　　　　　）

点電荷 Q〔C〕から距離 r〔m〕はなれた点の電場 E〔N/C〕は、クーロンの法則の比例定数 k〔N·m²/C²〕を用いて、　$E=$（シ　　　　　　　）

正電荷 $q(>0)$

負電荷 $q(<0)$

②電気力線と電場　電気力線が密であるほど、電場の強さは（ス　　　　　　　）。一般に、任意の閉じた曲面（閉曲面）を貫く電気力線の本数 N は、閉曲面内部の電荷の和を Q〔C〕とするとき、クーロンの法則の比例定数 k〔N·m²/C²〕を用いて、　$N=$（セ　　　　　　　）　これをガウスの法則という。

3 電位

①電位と電位差　単位電荷（+1C）がもつ静電気力による位置エネルギーを（ソ　　　　　　）という。電位 V〔V〕は、電荷 q〔C〕がもつ静電気力による位置エネルギー U〔J〕を用いて、　$V=$（タ　　　　　　）

2 点 A、B の電位をそれぞれ V_A〔V〕、V_B〔V〕とする。点Aから点Bまで電荷 q〔C〕を移動させるとき、静電気力がする仕事 W〔J〕は、　$W=$（チ　　　　　　）

②一様な電場と電位差　強さ E〔N/C〕の一様な電場中で、距離 d〔m〕はなれた 2 点間の電位差が V〔V〕であるとき、$V=$（ツ　　　　　　　）の関係が成り立つ。

③点電荷のまわりの電位　点電荷 Q〔C〕から距離 r〔m〕はなれた点での電位 V〔V〕は、無限遠を基準（0 V）とすると、クーロンの法則の比例定数 k〔N·m²/C²〕を用いて、　$V=$（テ　　　　　　　　）

④等電位面　電位の等しい点を連ねた面を（ト　　　　　　　）といい、この面は電気力線と垂直になる。また、等電位面の断面を示した線を（ナ　　　　　　　）という。

⑤電場中の導体　電場中に導体を置くと、導体内部の電場は（ニ　　　　　　）となる。また、導体全体が等電位となり、導体表面には電気力線が垂直に出入りする。

解答

（ア）電気量　（イ）クーロン　（ウ）斥（反発）　（エ）引　（オ）電気量保存　（カ）異　（キ）同　（ク）誘電分極　（ケ）$k\dfrac{q_1q_2}{r^2}$

（コ）電場（電界）　（サ）$q\vec{E}$　（シ）$k\dfrac{Q}{r^2}$　（ス）強い　（セ）$4\pi kQ$　（ソ）電位　（タ）$\dfrac{U}{q}$　（チ）$q(V_A-V_B)$　（ツ）Ed　（テ）$k\dfrac{Q}{r}$

（ト）等電位面　（ナ）等電位線　（ニ）0

例題 ㉚ クーロンの法則

関連問題 ➡ 135・137

質量mの小球Aを天井から糸でつるし、それにある電荷を与えた。qの正電荷をもつ小球BをAに近づけると、図のように、Aは鉛直方向から45°傾いて静止した。このとき、A、Bは水平に距離lはなれていた。重力加速度の大きさをg、クーロンの法則の比例定数をkとする。

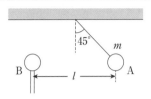

問1 小球A、Bの間にはたらく静電気力の大きさはいくらか。正しいものを次の①〜⑥のうちから一つ選べ。

① mg　② $\dfrac{1}{2}mg$　③ $\dfrac{\sqrt{3}}{2}mg$　④ $\dfrac{\sqrt{2}}{2}mg$　⑤ $\sqrt{2}\,mg$　⑥ $\sqrt{3}\,mg$

問2 小球Aがもつ電荷はいくらか。正しいものを次の①〜⑥のうちから一つ選べ。

① $\dfrac{mgl}{kq}$　② $\dfrac{mgl}{2kq}$　③ $\dfrac{\sqrt{3}\,mgl}{2kq}$　④ $\dfrac{mgl^2}{kq}$　⑤ $\dfrac{mgl^2}{2kq}$　⑥ $\dfrac{\sqrt{3}\,mgl^2}{2kq}$

指針 小球Aには、重力、糸の張力、静電気力の3力がはたらき、つりあっている。

解説 問1 小球Aには、重力mg、糸の張力S、静電気力Fがはたらく（図）。力はつりあっており、Fとmgは等しい。

$F=mg$　　解答は①

問2 AとBは斥力をおよぼしあうので、Aがもつ電荷は正であり、これをQとする。クーロンの法則の式「$F=k\dfrac{q_1q_2}{r^2}$」に$F=mg$、$q_1=Q$、$q_2=q$、$r=l$を代入すると、

$$mg=k\dfrac{Qq}{l^2}\qquad Q=\dfrac{mgl^2}{kq}\qquad 解答は④$$

例題 ㉛ 電場の合成

関連問題 ➡ 136・146

xy平面内で、A$(-4.0,\ 0)$、B$(4.0,\ 0)$の2点に、それぞれ$+5.0\times10^{-6}$C、-5.0×10^{-6}Cの点電荷が固定されている。クーロンの法則の比例定数を9.0×10^9N・m²/C²とし、A、Bの電荷がP$(0,\ 3.0)$につくる合成電場の強さE〔N/C〕を有効数字2桁で表すとき、次の式の空欄 1 〜 3 に入れる数字として最も適当なものを、下の①〜⓪のうちから一つずつ選べ。ただし、同じものを繰り返し選んでもよい。　$E=\boxed{1}.\boxed{2}\times10^{\boxed{3}}$N/C

① 1　② 2　③ 3　④ 4　⑤ 5　⑥ 6　⑦ 7　⑧ 8　⑨ 9　⓪ 0

指針 A、Bの電荷がPにつくる電場をそれぞれ求め、平行四辺形の法則を用いて合成する。

解説 まず、Aの電荷がPにつくる電場$\overrightarrow{E_A}$を求める。$\overrightarrow{E_A}$の向きは、Aの電荷が正なので、$\overrightarrow{AP}$の向きとなる。AP間の距離は$\sqrt{3.0^2+4.0^2}=5.0$mなので、電場の強さE_Aは、「$E=k\dfrac{Q}{r^2}$」から、

$$E_A=9.0\times10^9\times\dfrac{5.0\times10^{-6}}{5.0^2}=1.8\times10^3\text{N/C}$$

A、Bの各電荷の大きさは等しく、AP＝BPであるから、Bの電荷がPにつくる電場の強さをE_Bとすると、$E_A=E_B$である。したがって、A、Bの各電荷がつく

る電場は、図のように示され、合成電場$\overrightarrow{E}$はx軸の正の向きとなる。$\overrightarrow{E_A}$と$\overrightarrow{E}$のなす角を$\theta\left(\cos\theta=\dfrac{4.0}{5.0}\right)$として、電場の強さ$E$は、

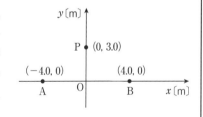

$$E=E_A\cos\theta\times2$$
$$=1.8\times10^3\times\dfrac{4.0}{5.0}\times2$$
$$=2.88\times10^3\text{N/C}\qquad 2.9\times10^3\text{N/C}$$

解答… 1 ：②　 2 ：⑨　 3 ：③

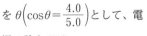

必修問題

☑ 133 ☆☆ **思考・判断・表現** **電荷の分離** **5分** 次の文章中の空欄 ア ～ ウ に入れる語句の組み合わせとして最も適当なものを、下の①～⑨のうちから一つ選べ。

図(a)のように、帯電していない不導体(絶縁体)に、正に帯電した棒を近づけると、誘電分極のため不導体と棒の間に ア がはたらく。

図(b)のように、帯電していない導体A、Bを接触させ、正に帯電した棒を近づけると、静電誘導のため導体Bと棒の間には イ がはたらく。次に、図(c)のように棒を近づけたまま、導体A、Bを周囲との電荷の出入りがないようにしてはなした後、棒を取り除き、図(d)のように導体A、Bも互いに十分遠ざける。このとき導体Aは ウ 。

不導体
(絶縁体)　　　正に帯電
した棒
(a)

導体
(b)
(c)
(d)

	ア	イ	ウ		ア	イ	ウ		ア	イ	ウ
①	引力	引力	正に帯電している	④	引力	斥力	帯電していない	⑦	斥力	引力	帯電していない
②	引力	引力	負に帯電している	⑤	斥力	引力	正に帯電している	⑧	斥力	斥力	正に帯電している
③	引力	斥力	正に帯電している	⑥	斥力	引力	負に帯電している	⑨	斥力	斥力	負に帯電している

(16. センター本試 [物理])

☑ 134 ☆☆ **箔検電器** **3分** 図1のような装置は箔検電器とよばれ、箔の開き方から電荷の有無や帯電の程度を知ることができる。

問1 箔検電器の動作を説明する次の文章の空欄 ア ～ ウ に入れる記述a～cの組み合わせとして最も適当なものを、下の①～⑥のうちから一つ選べ。

帯電していない箔検電器の金属板に正の帯電体を近づけると、 ア ため自由電子が引き寄せられ、金属板は負に帯電する。一方、箔検電器内では イ ため、帯電体から遠い箔の部分は正に帯電し、箔は ウ ため開く。

金属板

金属棒

箔

図1

a．同種の電荷は互いに反発しあう　　b．異種の電荷は互いに引きあう　　c．電気量の総量は一定である

	①	②	③	④	⑤	⑥
ア	a	a	b	b	c	c
イ	b	c	a	c	a	b
ウ	c	b	c	a	b	a

問2 箔検電器に電荷Qを与えて、図2(a)で示したように箔を開いた状態にしておいた。次に箔検電器の金属板に、負に帯電した塩化ビニル棒を遠方から近づけたところ、箔の開きは次第に減少して図2(b)のように閉じた。はじめに与えた電荷Qと図2(b)の状態の金属板の部分にある電荷Q'にあてはまる式の組み合わせとして正しいものを、次の①～⑥のうちから一つ選べ。

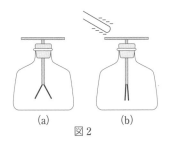

(a)　　　　(b)

図2

① $Q>0$、$Q'>0$　　② $Q>0$、$Q'=0$　　③ $Q>0$、$Q'<0$
④ $Q<0$、$Q'>0$　　⑤ $Q<0$、$Q'=0$　　⑥ $Q<0$、$Q'<0$

(09. センター本試 [物理 I] 改)

☑ **135** ☆☆☆ **静電気力** 5分 図のように、一辺の長さが a の正三角形のそれぞれの頂点に、

正の電気量 q の点電荷が固定されている。このとき、1つの点電荷が他の2つの

点電荷から受ける静電気力の大きさはいくらか。次の①～⑥のうちから正しいも

のを一つ選べ。ただし、クーロンの法則の比例定数を k とする。

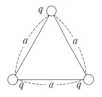

① $k\dfrac{\sqrt{3}\,q^2}{2a}$　　② $k\dfrac{\sqrt{3}\,q^2}{a}$　　③ $k\dfrac{2q^2}{a}$

④ $k\dfrac{\sqrt{3}\,q^2}{2a^2}$　　⑤ $k\dfrac{\sqrt{3}\,q^2}{a^2}$　　⑥ $k\dfrac{2q^2}{a^2}$

(17. 神奈川大　改) ➡ 例題 ㉚

☑ **136** ☆☆☆ **点電荷がつくる電場** 6分 図1のように、正方形

ABCDの頂点に電気量 $\pm Q(Q>0)$ の点電荷を固定する。点

Pでの電場の向きを表す矢印として最も適当なものを、図2

の①～⑧のうちから一つ選べ。ただし、点Pは正方形と同じ

面内にあり、辺BCの垂直二等分線(破線)上で、辺BCより

右側にある。

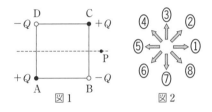

(18. センター本試 [物理]) ➡ 例題 ㉛

☑ **137** ☆☆ **点電荷の力のつりあい** 5分 図のように、正方形の各頂点に4つの点電荷

を固定した。それぞれの電気量は q、Q、Q'、Q である。ただし、$Q>0$、$q>0$ で

ある。電気量 q の点電荷にはたらく静電気力がつりあうとき、Q' を表す式として

正しいものを、次の①～⑧のうちから一つ選べ。

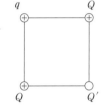

① Q　　② $\sqrt{2}\,Q$　　③ $2Q$　　④ $2\sqrt{2}\,Q$

⑤ $-Q$　　⑥ $-\sqrt{2}\,Q$　　⑦ $-2Q$　　⑧ $-2\sqrt{2}\,Q$

(15. センター本試 [物理]) ➡ 例題 ㉚

☑ **138** ☆☆☆ **電気力線** 4分 絶対値が等しく符号が逆の電気量をもった2つの点電荷がある。点電荷のまわ

りの電気力線のようすを表す図として最も適当なものを、次の①～⑥のうちから一つ選べ。ただし、

電気力線の向きを表す矢印は省略してある。

① 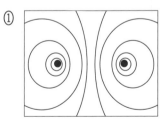 　　② 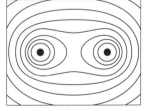　　③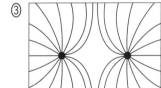

④ 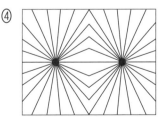　　⑤ 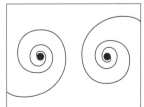　　⑥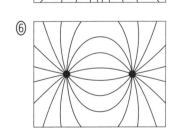

(17. センター本試 [物理])

139 ☆☆☆ **点電荷のまわりの電位** (3分) 右図のように、点Aに電気量$+q(q>0)$の点電荷を、点Bに$-q$の点電荷を置く。2点A、Bから等距離で、∠AOB＝90°となる点Oを原点にとり、線分ABに平行にx軸をとる。x軸上の電位Vを表すグラフとして最も適当なものを、次の①～④のうちから一つ選べ。ただし、電位の基準を無限遠とする。

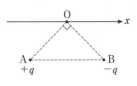

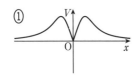 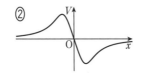 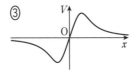 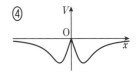

(01. センター追試 [物理 I B] 改)

140 ☆☆ 思考・判断・表現 **電場から受ける力** (6分) 図1のように、中心が原点に固定され、xy面内で回転できる絶縁体の棒が、x軸上に置かれている。その両端の点にそれぞれ$+Q(Q>0)$、$-Q$の電荷を置いた。点Aはx軸上に、点Bはy軸上にある。

問1 点Aと点Bでの電場の向きとして正しいものを、図2の①～④のうちから一つずつ選べ。

問2 y軸の正の方向に電場Eをかけたところ、絶縁体の棒はエネルギーが最も低くなる向きで静止した。このときの棒の向きはどうなっているか。次の①～⑧のうちから正しいものを一つ選べ。

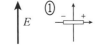 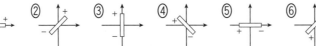

(97. センター追試 [物理 I B] 改)

141 ☆☆ 思考・判断・表現 **点電荷が電場から受ける力** (5分) 互いに平行な極板が、L、$2L$、$3L$の3通りの間隔で置かれており、左端の極板の電位は0で、極板の電位は順に一定値$V(>0)$ずつ高くなっている。隣り合う極板間の中央の点A～Fのいずれかに点電荷を1つ置くとき、点電荷にはたらく静電気力の大きさが最も大きくなる点を、次の①～⑥のうちからすべて選べ。

① A ② B ③ C ④ D ⑤ E ⑥ F

(21. 共通テスト [物理] 改)

142 ☆☆☆ **電場中で正電荷を運ぶ仕事** (3分) 図の⊕と⊖は電気量の絶対値が等しい正負の点電荷で、破線は一定の電位差ごとに描かれた等電位線である。別の正電荷をAからFまでの実線に沿って矢印の向きに運ぶとき、外力のする仕事が、正で最大の区間はどこか。正しいものを、次の①～⑤のうちから一つ選べ。

① AB ② BC ③ CD ④ DE ⑤ EF

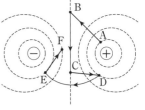

(00. センター本試 [物理 I B])

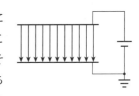

✓ **143** ☆☆ 導体球の電気力線 **2分** 図に示すように、平行な2枚の広い導体板に電圧を加えると、導体板間の電気力線はたがいに平行で等間隔になる。ここに導体球を入れると、電気力線はどのように変化するか。導体球の内部とそのまわりでの電気力線を表す図として最も適当なものを、次の①～④のうちから一つ選べ。ただし、図中の矢印をつけた実線は電気力線を表し、矢印の向きは電場の向きを示す。

① 　　② 　　③ 　　④

(02. センター本試 [物理 I B])

✓ **144** ☆ 電場中の導体 **5分** 図のように、2枚の広い金属板A、Bを向かい合わせ、中央には電荷をもたない導体Cが金属板A、Bに平行に置かれている。金属板A、B、導体Cの面積はともにS、導体の厚さはd、金属板A、Bの間隔は$5d$である。金属板A、Bに垂直にx軸をとり、金属板Aの位置を座標の原点とする。ここで、金属板Aを接地し、金属板BにQの正電荷を与えた。

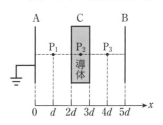

問1　図のように、金属板A、Bの中心を結ぶ直線上に点P_1、P_2、P_3をとる。それぞれの座標は$x=d$、$\frac{5}{2}d$、$4d$である。これら3点での電場のx成分E_1、E_2、E_3はそれぞれいくらか。組み合わせとして正しいものを、右の①～⑤のうちから一つ選べ。ただし、電場のx成分の符号は図の右向きが正であり、クーロンの法則の比例定数をkとして、$E_0=\frac{4\pi kQ}{S}$　と表すものとする。

	E_1	E_2	E_3
①	E_0	0	E_0
②	$-E_0$	0	$-E_0$
③	0	E_0	0
④	E_0	E_0	E_0
⑤	$-E_0$	E_0	E_0

問2　金属板Bの電位V_Bは問1のE_0を用いて表すとどのようになるか。正しいものを、次の①～⑥のうちから一つ選べ。

① $-E_0d$　② $-4E_0d$　③ $-5E_0d$　④ E_0d　⑤ $4E_0d$　⑥ $5E_0d$

(05. センター本試 [物理 I B]　改)

✓ **145** ☆☆☆ 金属板の挿入と電位 **3分** 2枚の広い金属板を向かい合わせ、金属板間の距離を$3d$とし、電圧V_0の電池をつないで、金属板間の電位差を常にV_0に保つ。次に、帯電していない厚さdの導体を、図のように金属板間の中央に、金属板と平行となるように挿入した。金属板と導体の面は同じ大きさ同じ形である。また、左の金属板からの距離をxとする。図中には、両金属板の中心を結ぶ線分、および$x=d$、$x=2d$の位置を破線で示した。十分長い時間が経過した後の、両金属板の中心を結ぶ線分上の電位Vとxの関係を表す最も適当なグラフを、次の①～⑥のうちから一つ選べ。

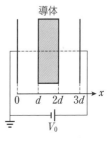

① 　② 　③ 　④ 　⑤　⑥
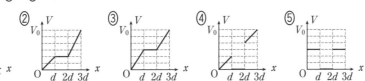

(17. センター本試 [物理]　改)

実践問題

☑ **146** 電場と電位 `10分` 図のように平面上に座標軸 x、y をとり、y 軸上の点 $y=a$ に正の電荷 Q をもつ小物体を置く。次に y 軸上の点 $y=-a$ に同じ正の電荷 Q をもつ第2の小物体をもってくる。クーロンの法則の比例定数を k とする。

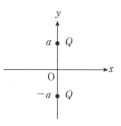

問1 第2の小物体を、十分にはなれた位置から現在の位置 $y=-a$ までもってくるのに必要とした仕事はいくらか。正しいものを、次の①～⑥のうちから一つ選べ。

① $\dfrac{kQ^2}{a^2}$ ② $\dfrac{2kQ}{a}$ ③ $\dfrac{kQ^2}{a}$ ④ $\dfrac{2kQ^2}{a}$ ⑤ $\dfrac{2kQ^2}{a^2}$ ⑥ $\dfrac{kQ^2}{2a}$

問2 これら2つの小物体の電荷は周囲に電場をつくる。このとき、x 軸上の電場の向きは x 軸に平行である。x 軸上の電場 E を表すグラフとして最も適当なものを、次の①～④のうちから一つ選べ。ただし、x 軸の正の向きを電場の正の向きとする。

① ② ③ ④

問3 x 軸上で負の側の十分遠方から、小さな正の電荷 q をもつ質量 m の粒子をある初速度で入射させる。粒子の初速度を大きくしていくと、ある初速度より大きくなったとき、粒子は x の正方向へ通り抜けた。そのときの粒子の初速度はいくらか。正しいものを、次の①～⑥のうちから一つ選べ。

① $\dfrac{1}{a}\sqrt{\dfrac{2kqQ}{m}}$ ② $\dfrac{1}{a}\sqrt{\dfrac{4kqQ}{m}}$ ③ $\dfrac{1}{a}\sqrt{\dfrac{8kqQ}{m}}$ ④ $\sqrt{\dfrac{2kqQ}{ma}}$ ⑤ $\sqrt{\dfrac{4kqQ}{ma}}$ ⑥ $\sqrt{\dfrac{8kqQ}{ma}}$

(99. センター本試 [物理ⅠB]) ➡ 例題❸

☑ **147** 電場と電位 `10分` 図のように、$+2Q$ の正電荷、および $-Q$ の負電荷をもつ2つの小球 A、B を距離 a はなして固定する。小球 A の位置を原点とし、A から B の向きに x 軸をとる。次の各問に答えよ。

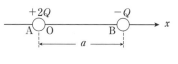

問1 x 軸上で電場が0となる点の x 座標を表す式として正しいものを、次の①～⑧のうちからすべて選べ。該当するものがない場合は⓪を選べ。

① 0 ② $\dfrac{1}{3}a$ ③ $\dfrac{1}{2}a$ ④ $\dfrac{2}{3}a$ ⑤ a ⑥ $(2-\sqrt{2})a$ ⑦ $(2+\sqrt{2})a$ ⑧ $2a$

問2 x 軸上で電位が0となる点の x 座標を表す式として正しいものを、次の①～⑧のうちからすべて選べ。該当するものがない場合は⓪を選べ。ただし、電位の基準を無限遠とする。

① 0 ② $\dfrac{1}{3}a$ ③ $\dfrac{1}{2}a$ ④ $\dfrac{2}{3}a$ ⑤ a ⑥ $(2-\sqrt{2})a$ ⑦ $(2+\sqrt{2})a$ ⑧ $2a$

☆☆ **148** 電場と電位 【思考・判断・表現】 15分

太郎君は、図1のように墨汁を画用紙に均一に塗った導体紙の2辺を電極にして電圧をかけ、導体紙上の任意の点の電位を測定し、電場のようすを調べる実験を計画した。

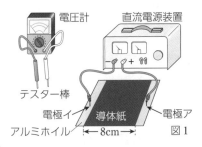

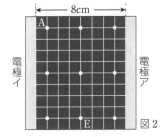

図1

図2

手順1 1辺が10cmの導体紙の向かい合った2辺に、幅1cm長さ10cmのアルミホイルをセロハンテープで固定し、電極とする。直流電源装置を8.0Vに設定し、＋端子および－端子をアルミホイル電極の中心付近に接続する。＋端子および－端子を接続した部分を電極アおよび電極イとする。また、電極イを接地し電位を0Vとした。

手順2 図2のように、導体紙に1cm間隔の格子線と9個の点を描く。ただし、格子線および点は電気を通さないインクであり、電場には影響しない。

手順3 電極イに対するいくつかの点の電位を測定する。図2中の点Aを始点とし、点B、C、Dを経て点Eを終点とする経路を考える。点Aから点Eまでの経路上の各点での電位と、点Aからたどった経路の長さとの関係をグラフに表すと、図3のようになった。ただし、図2には始点Aおよび終点Eのみ示してあり、点B、C、Dは9個の点のいずれかである。

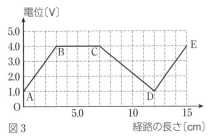

図3

問1 図1の電圧計を用いて、手順3の方法で図3のようなグラフを得るための操作として最も適当なものを、次の①〜④のうちから一つ選べ。

① 一方のテスター棒を電極アに固定し、他方のテスター棒で導体紙上の各点を移動させ、電位を測定する。

② 一方のテスター棒を電極イに固定し、他方のテスター棒で導体紙上の各点を移動させ、電位を測定する。

③ 一方のテスター棒を点Aに固定し、他方のテスター棒で導体紙上の各点を移動させ、電位を測定する。

④ 一方のテスター棒はどこにも接続せず、他方のテスター棒で導体紙上の各点を移動させ、電位を測定する。

問2 図2において、A→B→C→D→E の経路を示した図はどれか、正しいものを、右の①〜④のうちから一つ選べ。

問3 図2において、導体紙上の等電位線の概略を示した図はどれか。正しいものを、右の①〜④のうちから一つ選べ。

10 コンデンサー

1 平行板コンデンサー

①コンデンサーの電気容量 一対の導体を用いて電荷をたくわえる装置をコンデンサーという。コンデンサーにたくわえられる電気量 Q [C] は、極板間の電位差 V [V] に比例し、比例定数を C として、

$$Q = ({}^{ア}\qquad\qquad)$$

この C を $({}^{イ}\qquad\qquad)$ といい、単位にはファラド（記号 F）が用いられる。

②電気容量と誘電体 平行板コンデンサーの電気容量 C [F] は、一般に、極板の面積 S [m²]、極板の間隔 d [m]、比例定数 ε を用いて、

$$C = ({}^{ウ}\qquad\qquad)$$

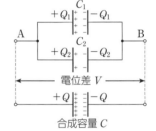

ε の単位は F/m で、その値は、極板間に満たした誘電体によって決まり、$({}^{エ}\qquad\qquad)$ とよばれる。

③比誘電率 極板間が真空で電気容量 C_0 [F] のコンデンサーに、誘電率 ε [F/m] の誘電体を極板間に満たしたとき、電気容量が C [F] に増加したとする。真空の誘電率を ε_0 [F/m] として、電気容量の増加の割合を ε_r とすると、次の関係が成り立つ。

$$\varepsilon_r = ({}^{オ}\qquad\quad) = \frac{\varepsilon}{\varepsilon_0} \qquad \varepsilon_r \text{ は } ({}^{カ}\qquad\qquad) \text{ とよばれる。}$$

2 コンデンサーの接続

①並列接続 電気容量 C_1 [F]、C_2 [F] のコンデンサーを並列に接続したとき、それらの合成容量 C [F] は、

$$C = ({}^{キ}\qquad\qquad)$$

並列接続では、各極板間の $({}^{ク}\qquad\qquad)$ は等しい。また、各コンデンサーにたくわえられる電気量の比は、$({}^{ケ}\qquad\qquad)$ の比に等しい。

②直列接続 電気容量 C_1 [F]、C_2 [F] のコンデンサーを直列に接続したとき、はじめに電荷がなければ、各電気容量とそれらの合成容量 C [F] との間には、次の関係が成り立つ。

$$\frac{1}{C} = ({}^{コ}\qquad\qquad)$$

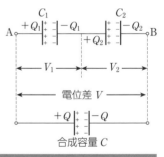

直列接続では、はじめに充電されていない場合、各コンデンサーにたくわえられる $({}^{サ}\qquad\qquad)$ の大きさは等しい。また、各コンデンサーにかかる電圧の比は、$({}^{シ}\qquad\qquad)$ の逆数の比に等しい。

3 静電エネルギー

充電されたコンデンサーにはエネルギーがたくわえられており、それを $({}^{ス}\qquad\qquad)$ エネルギーという。電気容量 C [F] のコンデンサーに電圧 V [V] の電池を接続し、Q [C] の電気量がたくわえられたとき、コンデンサーの静電エネルギー U [J] は、次式で表される。

$$U = ({}^{セ}\qquad\qquad) = \frac{1}{2}CV^2 = \frac{Q^2}{2C}$$

解答

（ア）CV （イ）電気容量 （ウ）$\varepsilon\dfrac{S}{d}$ （エ）誘電率 （オ）$\dfrac{C}{C_0}$ （カ）比誘電率 （キ）$C_1 + C_2$ （ク）電位差 （ケ）電気容量

（コ）$\dfrac{1}{C_1} + \dfrac{1}{C_2}$ （サ）電気量 （シ）電気容量 （ス）静電 （セ）$\dfrac{1}{2}QV$

例 題 ㉜ コンデンサーの電気容量

関連問題 ➡ 149・150

真空中に面積 S の2枚の金属板 A、B が間隔 d で平行に固定してある。これに起電力 V_0 の電池をつないで充電した。ε_0 は定数(真空の誘電率)である。

問1　コンデンサーの電気容量はいくらか。次の①～④から正しいものを一つ選べ。

① $\dfrac{\varepsilon_0}{dS}$　　② $\dfrac{d}{\varepsilon_0 S}$　　③ $\dfrac{dS}{\varepsilon_0}$　　④ $\dfrac{\varepsilon_0 S}{d}$

問2　金属板 A、B にたくわえられた電荷をそれぞれ $+Q_0$、$-Q_0$ とする。金属板の間の電場の大きさはいくらか。次の①～④のうちから正しいものを一つ選べ。

① $\dfrac{Q_0}{\varepsilon_0 d}$　　② $\dfrac{Q_0}{\varepsilon_0 S}$　　③ $\varepsilon_0 SQ_0$　　④ $\dfrac{\varepsilon_0 SQ_0}{d}$

(96. センター追試 [物理] 改)

指針　平行板コンデンサーの電気容量 C は、面積 S に比例し、極板間隔 d に反比例する。誘電率 ε を用いて「$C=\varepsilon\dfrac{S}{d}$」と表される。電荷がたくわえられた極板間には一様な電場 E が生じており、極板間の電位差 V は「$V=Ed$」と表される。

解説　問1　平行板コンデンサーの電気容量 C は、$C=\varepsilon_0\dfrac{S}{d}$ から、解答は④となる。

問2　コンデンサーの間には一様な電場が生じる。電場の強さを E とすると、電圧 V_0 は、$V_0=Ed$ となる。これと「$C=\varepsilon_0\dfrac{S}{d}$」、および Q_0 を「$Q=CV$」の式に代入すると、

$$Q_0=\varepsilon_0\frac{S}{d}\times Ed=\varepsilon_0 SE \qquad E=\frac{Q_0}{\varepsilon_0 S}$$

したがって、解答は②となる。

例 題 ㉝ コンデンサーのつなぎかえ

関連問題 ➡ 152・155・156

電気容量が C、$3C$、$2C$ のコンデンサー C_1、C_2、C_3 を用いて、図のような回路を組んだ。すべてのコンデンサーに電荷がない状態から、スイッチ S を a 側に倒し C_1 のコンデンサーを 9.0 V の電池で充電した後、スイッチ S を b 側に切り替えた。空欄 | 1 | ～

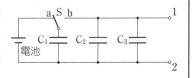

| 4 | に入れる数字として最も適当なものを、下の①～⓪のうちから一つずつ選べ。ただし、同じものを繰り返し選んでもよい。

問1　C_1 にたくわえられる電気量は、C_3 の電気量の | 1 |.| 2 | 倍となる。

問2　図の端子1、2間の電位差は | 3 |.| 4 | V となる。

①1　　②2　　③3　　④4　　⑤5　　⑥6　　⑦7　　⑧8　　⑨9　　⓪0

(01. センター本試 [物理 I B] 改)

指針　スイッチ S を a 側から b 側に切り替えると、各コンデンサーの極板間の電位差が等しくなるようにコンデンサー C_1 にたくわえられていた電荷が移動する。

解説　問1　スイッチ S が a 側につながれているとき、電気容量 C のコンデンサー C_1 にたくわえられる

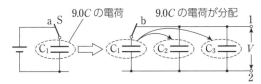

電気量 Q は、「$Q=CV$」から、　$Q=9.0C$ [C]
スイッチ S を b 側に倒したとき、端子1、2間の電圧を V とすると、各コンデンサーの極板間の電位差は等しく V であり、C_1、C_3 にたくわえられる電気量は CV、$2CV$ となる。

したがって、解答は | 1 | が⓪、| 2 | が⑤となる。

問2　電気量保存の法則から、スイッチの切り替え前後において、各コンデンサーの上側の極板にたくわえられる電気量の和は等しい。

$$9.0C=CV+3CV+2CV \qquad V=1.5V$$

したがって、解答は | 3 | が①、| 4 | が⑤となる。

第Ⅳ章　電気と磁気

99

ESSENTIAL

☑ **149** ☆☆☆ **コンデンサーの電気容量** ⟨2分⟩　極板の面積がす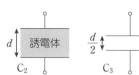
べて等しい平行板コンデンサー C_1、C_2、C_3 がある。
極板の距離は C_1、C_2 では d で、C_3 では $\dfrac{d}{2}$ である。
また、コンデンサー C_1、C_3 は空気で、C_2 は比誘電率3.0の誘電体でそれぞれ満たされている。電気容量の大きいものから順に並べるとどうなるか。順序の正しいものを次の①～④のうちから一つ選べ。

① C_1、C_3、C_2　　② C_2、C_3、C_1　　③ C_2、C_1、C_3　　④ C_3、C_1、C_2

(01. センター本試 [物理 I B] 改) ➡ 例題 ㉜

☑ **150** ☆☆☆ 思考・判断・表現 **コンデンサーの電気容量** ⟨2分⟩　極板間隔 d の平行板コンデ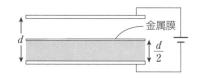
ンサーに電池を接続し、極板と同じ大きさで、厚さ $\dfrac{d}{2}$、比誘電率
ε_r の誘電体を入れ、その上の表面には厚さの無視できる金属膜を
つけた。

問1　コンデンサーの電気容量は、誘電体を入れないときの何倍か。次の①～⑥のうちから一つ選べ。

① ε_r　　② $2\varepsilon_r$　　③ $\dfrac{\varepsilon_r}{2}$　　④ $\dfrac{\varepsilon_r+1}{2}$　　⑤ $\dfrac{2}{\varepsilon_r+1}$　　⑥ $\dfrac{2\varepsilon_r}{\varepsilon_r+1}$

問2　誘電体を入れたコンデンサー内の電気力線のようすとして最も適当なものを、次の①～⑤のうちから一つ選べ。

① 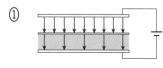　② 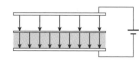　③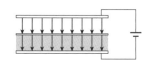

④ 　⑤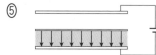

(00. センター追試 [物理 I B]) ➡ 例題 ㉜

☑ **151** ☆☆☆ **コンデンサーの接続** ⟨5分⟩　図のように、電気容量がそれぞれ 4.0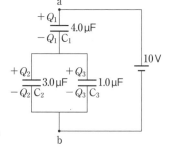
μF、3.0μF、1.0μF の充電されていないコンデンサー C_1、C_2、C_3 をつ
なぎ、端子 a、b に 10V の直流電源をつないだ。

問1　コンデンサー C_1、C_2、C_3 にたくわえられる電気量 Q_1、Q_2、Q_3 の
間の関係を表す式を、次の①～③のうちから一つ選べ。

①　$Q_1 = Q_2 + Q_3$　　②　$Q_2 = Q_3 + Q_1$　　③　$Q_3 = Q_1 + Q_2$

問2　次の空欄 1 ～ 5 に入れる数字として最も適当なものを、
①～⓪のうちから一つずつ選べ。ただし、同じものを繰り返し選んで
もよい。

電気量 Q_1 の値 1 . 2 $\times 10^{-3}$ C　　3つのコンデンサーの合成容量 4 . 5 μF

① 1　② 2　③ 3　④ 4　⑤ 5　⑥ 6　⑦ 7　⑧ 8　⑨ 9　⓪ 0

(16. センター本試 [物理] 改)

152 コンデンサーのつなぎかえ 〈5分〉 スイッチ S_1、S_2 と電気容量

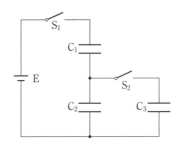

がそれぞれ 2.0μF、3.0μF、2.0μF のコンデンサー C_1、C_2、C_3 および
起電力 5.0V の電池 E で図のような回路を組んだ。最初 S_1、S_2 は
開いており、各コンデンサーの電気量は 0 C であった。下の文章中
の空欄 $\boxed{1}$ ～ $\boxed{6}$ に入れる数字として最も適当なものを、①
～⓪のうちから一つずつ選べ。ただし、同じものを繰り返し選んで
もよい。

問1 最初に S_1 のみを閉じたとき、C_1 と C_2 にたくわえられる電気量はそれぞれ等しい。この電気量
はいくらか。 $\boxed{1}$. $\boxed{2}$ μC

問2 次に、S_1 を開き S_2 を閉じたとき、十分な時間が経過した後、C_2 と C_3 にたくわえられる電気量は、
それぞれいくらか。 C_2 の電気量 $\boxed{3}$. $\boxed{4}$ μC C_3 の電気量 $\boxed{5}$. $\boxed{6}$ μC

① 1 ② 2 ③ 3 ④ 4 ⑤ 5 ⑥ 6 ⑦ 7 ⑧ 8 ⑨ 9 ⓪ 0

(12. 湘南工科大 改) ➡ 例題 ㉝

153 静電エネルギー 〈5分〉 [思考・判断・表現] 電気

量が 0 で電気容量がともに C のコ
ンデンサー C_1、C_2 を、図のように、
起電力 V の電池に接続した。図2
および図3の C_1 にたくわえられ

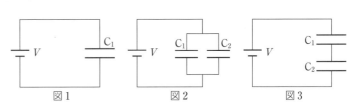

る静電エネルギーは、図1の C_1 にたくわえられる静電エネルギーのそれぞれ何倍か。下の①～⑤の
うちから一つずつ選べ。

図2の静電エネルギー：$\boxed{1}$ 倍 図3の静電エネルギー：$\boxed{2}$ 倍

① $\frac{1}{4}$ ② $\frac{1}{2}$ ③ 1 ④ 2 ⑤ 4

154 誘電体の挿入 〈5分〉 図1のように、真空中において、面積 S の2

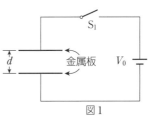

枚の金属板を用い、距離 d だけはなして平行板コンデンサーをつくっ
た。このコンデンサーに、起電力 V_0 の電池とスイッチ S_1 をつなぎ、
はじめに、スイッチ S_1 を閉じて充電したところ、コンデンサーには
Q_0 の電気量がたくわえられた。ε_0 を真空の誘電率とする。

問1 電池をつないだままコンデンサーの極板間隔を2倍に広げたとき、
コンデンサーにたくわえられる電気量として正しいものを、次の①～⑤のうちから一つ選べ。

① $\frac{Q_0}{4}$ ② $\frac{Q_0}{2}$ ③ Q_0 ④ $2Q_0$ ⑤ $4Q_0$

問2 問1の操作後にスイッチを開いた。その後、図2のように、下の

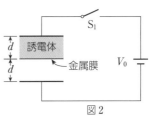

表面に厚さの無視できる金属膜のついた厚さ d で比誘電率が2の誘電
体を挿入した。このとき、コンデンサーにたくわえられる静電エネル
ギーとして正しいものを、次の①～⑤のうちから一つ選べ。

① $\frac{\varepsilon_0 S V_0^2}{2d}$ ② $\frac{\varepsilon_0 S V_0^2}{4d}$ ③ $\frac{3\varepsilon_0 S V_0^2}{4d}$ ④ $\frac{\varepsilon_0 S V_0^2}{16d}$ ⑤ $\frac{3\varepsilon_0 S V_0^2}{16d}$

☑ **155** ☆☆☆ **充電されたコンデンサーの接続** 5分 起電力Eの電池を用いて電気容量Cのコンデンサーを充電すると、端子2側のコンデンサーに正の電荷がたくわえられた。さらに充電されていない電気容量$2C$のコンデンサーを用意し、それぞれの端子1と4、端子2と端子3を導線で接続して十分に時間が経過した。端子1に対する端子2の電位はいくらか。次の①〜⑤のうちから最も適当なものを一つ選べ。

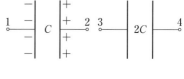
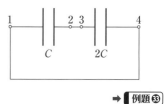

① $\dfrac{E}{9}$　② $\dfrac{E}{3}$　③ 0　④ $-\dfrac{E}{3}$　⑤ $-\dfrac{E}{9}$

➡ 例題 ㉝

☑ **156** ☆☆ 思考・判断・表現 **コンデンサーのつなぎかえ** 8分 図のように、電気容量CのコンデンサーA、Bと起電力Vの電池を接続した回路がある。切り替えスイッチの操作によって、aまたはb側へ2個のスイッチが同時に切り替わる。最初、スイッチはa側に倒してあり、コンデンサーBには電荷はたくわえられていない。

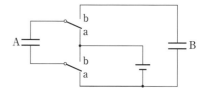

問1　コンデンサーAにたくわえられている電気量Qはいくらか。次の①〜⑥のうちから一つ選べ。

① $\dfrac{V}{C}$　② CV　③ $\dfrac{CV}{2}$　④ $2CV$　⑤ $\dfrac{C}{V}$　⑥ $\dfrac{CV^2}{2}$

問2　次に、スイッチをb側に倒す。図のコンデンサーA、Bの上側の極板にたくわえられている電気量をそれぞれq_A、q_Bとする。これらとQの関係として正しいものを、次の①〜⑥のうちから一つ選べ。

① $q_A = Q$　　② $q_B = Q$　　③ $q_A - q_B = Q$
④ $q_A + q_B = Q$　⑤ $q_A - q_B = 2Q$　⑥ $q_A + q_B = 2Q$

問3　問2の状態において、電池および2つのコンデンサーのつくる閉回路に対して、どのような関係が成り立つか。正しいものを、次の①〜⑥のうちから一つ選べ。

① $V = \dfrac{q_A}{C} + \dfrac{q_B}{C}$　② $V = \dfrac{q_A}{C} - \dfrac{q_B}{C}$　③ $V = -\dfrac{q_A}{C} + \dfrac{q_B}{C}$

④ $V = q_A C + q_B C$　⑤ $V = q_A C - q_B C$　⑥ $V = -q_A C + q_B C$

問4　スイッチをa→b→a→b→……と何度も繰り返し切り替える。コンデンサーBにたくわえられる電気量は、スイッチをb側へ倒す回数とともにどのように変化するか。最も適当なものを次の①〜④のうちから一つ選べ。

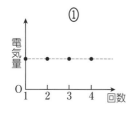
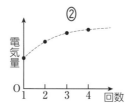
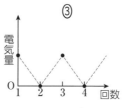
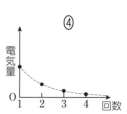

(99. センター追試 [物理ⅠB]) ➡ 例題 ㉝

☑ **157** 🖈 思考・判断・表現 **コンデンサーの極板間にはたらく力** 10分 次の文章は、課題研究の報告書を作成するために、ある高校生が作成したアイデアや出来事を記録したノートの一部である。以下の各問に答えよ。

平行板コンデンサー（面積 S[m^2]、間隔 d[m]）の極板に Q[C]と $-Q$[C]の電荷を置いたとき、極板の間にどのような力がはたらくかをいくつかの方法で考えてみた。

（ア） 極板に分布する電荷を点電荷とみなす方法

（イ） 一方の極板がつくる電場が他方の極板に与える力から求める方法

（ウ） コンデンサーにたくわえられた静電エネルギーの変化と仕事の関係から求める方法

（ア）について コンデンサーの極板に電荷が分布しており、極板間につくられる電場は【 A 】ため、点電荷とはみなせない。したがって、この考え方は正しくないことがわかる。

（イ）について 極板間の電場の強さは、真空の誘電率を $\varepsilon_0 = \dfrac{1}{4\pi k_0}$[F/m]とすると（$k_0$ は真空中におけるクーロンの法則の比例定数）、$E = \dfrac{Q}{\varepsilon_0 S}$[V/m]…(a)となる。ここで、電荷は電場から、$F = QE$[N]…(b)の力を受けるから、$F = \dfrac{Q^2}{\varepsilon_0 S}$ が導かれる。

（ウ）について 電荷 Q[C]をもつコンデンサーの電気量を一定に保ったまま、図のように一方の極板を広げて距離 d を $d+\varDelta d$ まで変化させる。このとき、静電エネルギーの変化量が極板間の引力に逆らってした仕事に等しいことから、極板間の力を求めると、 1 が導かれる。（イ）と（ウ）について得られる式が異なるのは、（イ）の導出過程において【 B 】ためであり、これを考慮すると（ウ）と同じ結果が得られることがわかった。

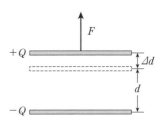

問1 【 A 】にあてはまる文章として正しいものを、次の①～④のうちから一つ選べ。
① 一様になる
② 一様にならない
③ 点電荷のときに比べて増える
④ 打ち消しあう

問2 文章中の空欄 1 にあてはまるものを、次の①～⑥のうちから一つ選べ。
① $\dfrac{\varepsilon_0 S}{d}$ ② $\dfrac{\varepsilon_0 S}{2d}$ ③ $\dfrac{Q^2}{2\varepsilon_0 S}$ ④ $\dfrac{Q^2 d}{2\varepsilon_0 S}$ ⑤ $\dfrac{Q^2 \varDelta d}{2\varepsilon_0 S}$ ⑥ $\dfrac{Q^2(d+\varDelta d)}{2\varepsilon_0 S}$

問3 【 B 】にあてはまる文章として正しいものを、次の①～③のうちから一つ選べ。
① 極板は互いに異種の電荷がたくわえられているため、力が打ち消しあう
② 一方の極板が受ける力を(a)式で求めるときは、他方の極板がつくる電場の強さのみを考慮する必要がある
③ 極板は互いに引きあう力が発生するため、(b)式の力の大きさを半分にする必要がある

問4 実際に（ウ）で得られた式で、ε_0 の値を 8.9×10^{-12}F/m として、面積が 3.0×10^{-2}m^2 で 5.0×10^{-3} m の間隔の金属板の引力が10Nとなる Q^2 の大きさを有効数字2桁で表すとき、次の式中の空欄 2 ～ 3 に入れる数字として最も適当なものを、①～⓪のうちから一つずつ選べ。

 2 . 3 $\times 10^{-12}$C^2

① 1 ② 2 ③ 3 ④ 4 ⑤ 5 ⑥ 6 ⑦ 7 ⑧ 8 ⑨ 9 ⓪ 0

(99. 中央大 改)

11 電流

1 電流と抵抗

①**電圧降下** R〔Ω〕の抵抗に I〔A〕の電流が流れるとき、電位が（ア   ）〔V〕だけ下がる。これを抵抗による電圧降下という。

②**抵抗率の温度変化**　抵抗の温度が上昇すると、抵抗率が大きくなる。温度が t〔℃〕のときの導体の抵抗率 ρ〔Ω·m〕は、温度が 0 ℃のときの抵抗率を ρ_0〔Ω·m〕、抵抗率の温度係数を α〔1/K〕とすると、

$\rho = $（イ   ）

2 直流回路

①**電流計と電圧計**　[電流計]　電流計は、測定する箇所に（ウ   ）に接続する。電流計には内部抵抗があり、回路が受ける影響を小さくするため、内部抵抗は小さくしてある。内部抵抗が r_A の電流計の測定範囲を n 倍にするには、抵抗値が（エ   ）の抵抗を（オ   ）に接続すればよい。この抵抗を（カ   ）という。

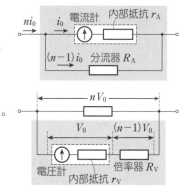

[電圧計]　電圧計は、測定する 2 点間に（キ   ）に接続する。電圧計には内部抵抗があり、回路が受ける影響を小さくするため、内部抵抗は大きくしてある。内部抵抗が r_V の電圧計の測定範囲を n 倍にするには、抵抗値が（ク   ）の抵抗を（ケ   ）に接続すればよい。この抵抗を（コ   ）という。

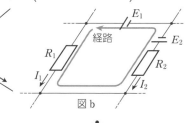

②**電池の起電力と内部抵抗**　電池は内部抵抗 r〔Ω〕をもつため、電池に電流 I〔A〕が流れると、電池の両端の電位差（端子電圧）V〔V〕は、起電力 E〔V〕よりも小さくなる。　$V = $（サ   ）

③**キルヒホッフの法則**　[第 1 法則]　回路中の任意の分岐点に流れこむ電流の総和と、流れ出る電流の総和は等しい。図 a では、$I_1 + I_2 = $（シ   ）である。

[第 2 法則]　回路中の任意の閉じた経路に沿って 1 周するとき、電池の（ス   ）の総和は抵抗による（セ   ）の総和に等しい。図 b では、$E_1 - E_2 = $（ソ   ）である。

図 a　　　図 b

④**ホイートストンブリッジ**　図の R_1、R_2 は標準抵抗（抵抗値が正確にわかっている抵抗）の抵抗値、R_3 は可変抵抗の値、R_x は未知の抵抗値である。検流計 G に電流が流れないように可変抵抗の値 R_3 を調節すると、次の関係が成り立つ。

$$\frac{R_1}{R_2} = \text{（タ\qquad\qquad）}$$

この回路をホイートストンブリッジという。

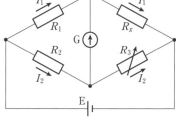

⑤**電位差計**　AB は太さが一様な抵抗線、E_0 は標準電池（起電力のわかっている電池）の起電力、E_x は未知の起電力である。スイッチ S を P 側へ接続し、検流計 G に電流が流れない点 C（AC=L_0）を探す。次に、S を Q 側へ接続し、検流計 G に電流が流れない点 D（AD=L_x）を探す。このとき、次の関係が成り立つ。

$$\frac{E_x}{E_0} = \text{（チ\qquad\qquad）}$$

この回路を電位差計（ポテンショメーター）という。

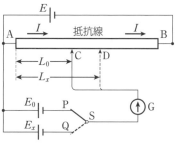

⑥**非直線抵抗を含む回路**　白熱電球に電圧を加えると、電球のフィラメントの温度が上昇し、抵抗値が(ツ　　　　　　)なる。そのため、流れる電流は電圧に比例しない。電流と電圧の関係を示すグラフが直線にならない抵抗を非直線抵抗という。

⑦**コンデンサーを含む回路**　電気容量 C〔F〕のコンデンサーと、R〔Ω〕の抵抗を直列に接続し、内部抵抗を無視できる起電力 E〔V〕の電池につなぐ。スイッチSを閉じると、コンデンサーには、徐々に電荷がたくわえられ、回路を流れる電流は徐々に減少し、やがて(テ　　　　　)になる。

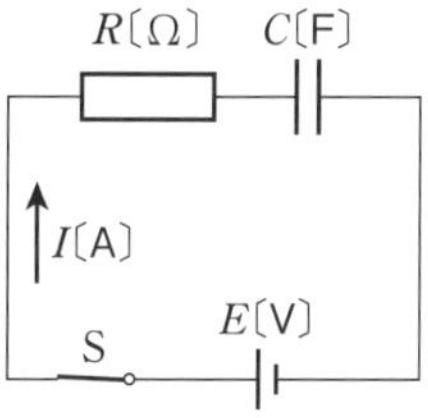

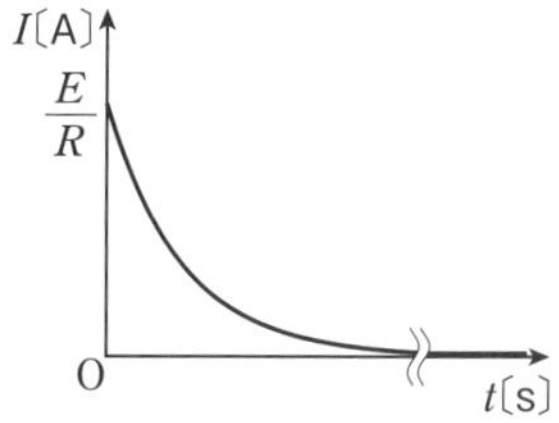

3 半導体

①**半導体の性質**　物質には、導体と不導体の中間の抵抗率を示すものがあり、これを(ト　　　　　　)という。半導体の内部を自由に移動して電荷を運ぶものを(ナ　　　　　　)という。一般に、金属(導体)では(ニ　　　　　　)、半導体では電子とホール(正孔)がキャリアとなる。電子がキャリアとしてはたらく半導体をn型半導体、ホールがキャリアとしてはたらく半導体をp型半導体という。

②**ダイオード**　一方向にのみ電流を流すはたらきを(ヌ　　　　　　)作用といい、この作用を示す素子をダイオードという。ダイオードは、1つの半導体の結晶内に、p型の部分とn型の部分をつくり、それぞれの部分に電極をとりつけたものである。

③**太陽電池**　太陽光などの光エネルギーを(ネ　　　　　　)に変換する装置である。薄いp型半導体と薄いn型半導体を接合した構造をもち、p型半導体が正極、n型半導体が負極の電池となる。

④**トランジスタ**　微弱な電流の変化を大きな電流の変化に変えるはたらきを(ノ　　　　　　)作用といい、この作用を示す素子にトランジスタがある。

解答

(ア) RI　(イ) $\rho_0(1+\alpha t)$　(ウ) 直列　(エ) $\dfrac{r_A}{n-1}$　(オ) 並列　(カ) 分流器　(キ) 並列　(ク) $(n-1)r_V$　(ケ) 直列
(コ) 倍率器　(サ) $E-rI$　(シ) I_3+I_4　(ス) 起電力　(セ) 電圧降下　(ソ) $R_1I_1-R_2I_2$　(タ) $\dfrac{R_x}{R_3}$　(チ) $\dfrac{L_x}{L_0}$　(ツ) 大きく
(テ) 0　(ト) 半導体　(ナ) キャリア　(ニ) 自由電子　(ヌ) 整流　(ネ) 電気エネルギー　(ノ) 増幅

例題 34 電流計の内部抵抗

関連問題 ➡ 159

内部抵抗が5.00Ωで、最大10.0mAまでの電流を測定できる電流計がある。これに、起電力1.00Vで内部抵抗の無視できる電池と抵抗値 R〔Ω〕の抵抗を図のように接続する。この電流計で電流が測定できる R の最小値は何Ωか。正しいものを、次の①～④のうちから一つ選べ。

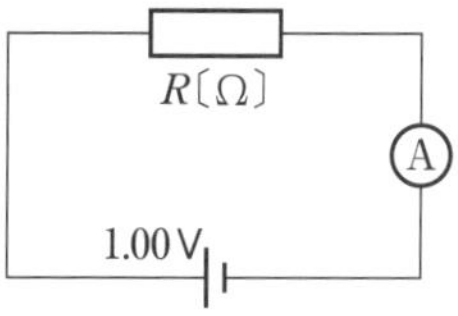

①　95　　②　100　　③　105　　④　110　　(99. センター本試［物理ⅠB］)

指針　R〔Ω〕の抵抗と電流計の内部抵抗が、直列に接続されている回路とみなして考える。回路に流れる電流の値が10.0mA以下となればよい。

解説　電流計の内部抵抗は図のように示される。この回路の合成抵抗は $R+5.00$〔Ω〕であり、この抵抗に流れる電流が10.0mA以下となればよい。

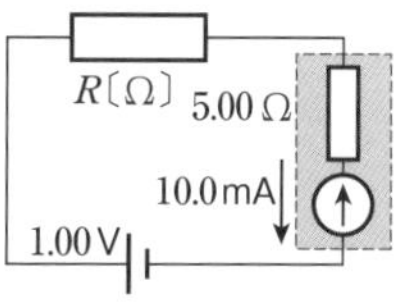

$10.0\,\text{mA}=1.00\times10^{-2}\,\text{A}$ であり、オームの法則を用いて、

$$I=\frac{1.00}{R+5.00}\leqq1.00\times10^{-2}$$

$R+5\geqq10^2$　　$R\geqq10^2-5=95\,\Omega$

したがって、解答は①となる。

第Ⅳ章　電気と磁気

例 題 ③⑤　キルヒホッフの法則

関連問題 ➡ 161・162

内部抵抗の無視できる起電力Eの電池と抵抗r、抵抗Rを図のように接続した回路がある。抵抗Rに流れる電流はいくらか。正しいものを、次の①～④のうちから一つ選べ。

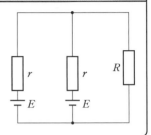

① $\dfrac{E}{R+2r}$　　② $\dfrac{2E}{2R+r}$　　③ $\dfrac{2E}{R+r}$　　④ $\dfrac{E}{2R+r}$

(05. センター本試 [物理ⅠB] 改)

指針　キルヒホッフの法則を用いる。各抵抗を流れる電流の向きは、電池の＋、−を目安に仮定する。

解説　図のように、各導線を流れる電流をI_1、I_2、Iとする。キルヒホッフの第1法則から、

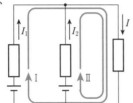

$$I = I_1 + I_2 \quad \cdots ①$$

閉回路Ⅰ、Ⅱについて、キルヒホッフの第2法則から、

$$E = rI_1 + RI \quad \cdots ② \qquad E = rI_2 + RI \quad \cdots ③$$

式②、③から、$I_1 = \dfrac{E - RI}{r}$、$I_2 = \dfrac{E - RI}{r}$

式③に代入し、$I = \dfrac{E - RI}{r} + \dfrac{E - RI}{r}$

$$(2R + r)I = 2E \qquad I = \dfrac{2E}{2R + r}$$

したがって、解答は②となる。

例 題 ③⑥　コンデンサーを含む回路

関連問題 ➡ 166

次の文章中の空欄　1　・　2　に入れる式として正しいものを、下の①～⑧のうちから一つずつ選べ。

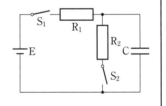

内部抵抗の無視できる起電力V〔V〕の電池Eに、抵抗値がそれぞれR_1〔Ω〕、R_2〔Ω〕の抵抗R_1、R_2、電気容量C〔F〕のコンデンサーC、スイッチS_1、S_2を図のように接続した。はじめ、スイッチは両方とも開いており、コンデンサーにたくわえられている電気量は0であった。S_1のみを閉じ、十分長い時間がたって電流が流れなくなるまでに、抵抗R_1を通過した電気量は　1　〔C〕である。次に、S_1を開いてS_2を閉じた。コンデンサーの電気量が0になるまでに、抵抗R_2で発生したジュール熱は　2　〔J〕である。

① $\dfrac{1}{2}CV$　② CV　③ $\dfrac{1}{2}CV^2$　④ CV^2　⑤ $\dfrac{V}{2R_1}$　⑥ $\dfrac{V}{R_1}$　⑦ $\dfrac{V^2}{2R_2}$　⑧ $\dfrac{V^2}{R_2}$

(92. センター本試 [物理] 改)

指針　S_1のみを閉じると、Cに徐々に電荷がたくわえられ、充電が完了すると電流が流れなくなる。S_1を開いてS_2を閉じると、Cの電荷がR_2に電流として流れる。

解説　1　S_1のみを閉じると、R_1を通ってCに電流が流れこむ。十分に時間が経過すると、Cの充電が完了し、電流が流れなくなる。このとき、Cの両端の電位差はV〔V〕となっており、たく

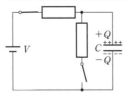

わえられる電気量Qは、　$Q = CV$

2　S_1を開いてS_2を閉じると、Cは放電し、R_2に電流が流れる。放電が完了すると、Cの電荷が0となり、電流は0となる。このとき失われたCの静電エネルギーが、R_2でジュール熱として発生している。

解答：②

$$\dfrac{1}{2}CV^2 \qquad 解答：③$$

ESSENTIAL

☑ **158** ☆☆☆ 電圧降下と電位 **3分**　起電力が20Vと10Vの電池と、2.0Ω
と3.0Ωの抵抗を、図のように接続した。次のそれぞれの場合につ
いて、点Pの電位は何Vか。正しいものを、次の①～⑥のうちから
一つ選べ。ただし、接地した点の電位を0Vとし、電池の内部抵抗
は無視できるものとする。

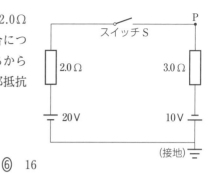

|　1　| スイッチSが開いている場合 |
|　2　| スイッチSが閉じている場合 |

①　－20　　②　－16　　③　－10　　④　0　　⑤　8　　⑥　16

☑ **159** ☆☆☆ 電流計と分流器 **3分**　最大目盛り1mAで内部抵抗 $r[\Omega]$ の
電流計Mと、抵抗値 $R[\Omega]$ の抵抗Rを用いて、1Aまでの電流を測
定したい。

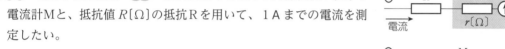

問1　抵抗と電流計をどのようにつなげばよいか。正しいものを、右
の回路図①～②のうちから一つ選べ。

問2　R をいくらにすればよいか。正しいものを、次の①～④のうち
から一つ選べ。

①　$99r$　　　②　$999r$　　　③　$\dfrac{r}{99}$　　　④　$\dfrac{r}{999}$

(95. センター本試 [物理]　改) ➡ **例題❸④**

☑ **160** ☆☆☆ 電池の内部抵抗 **3分**　電池と抵抗を含む回路について考える。
起電力 E、内部抵抗 r の電池と、抵抗Aを用いて、図のような回路
をつくった。回路に流れた電流の大きさは I であった。このとき、
抵抗Aの両端に生じる電圧の大きさ V を表す式として正しいものを、
次の①～⑥のうちから一つ選べ。

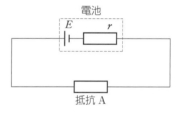

①　$E+rI$　　②　$E-rI$　　③　$E+rI^2$

④　$E-rI^2$　　⑤　rI　　　⑥　E

(16. センター追試 [物理])

☑ **161** ☆☆☆ キルヒホッフの法則 **3分**　図は、ある回路の中から一部分を
書き出したものである。3つの抵抗の大きさは等しいものとする。
点A、Bに流れこむ電流はそれぞれ I_A、I_B であり、点Cから流れ出
す電流は I_C である。電流の流れる向きは図中に矢印で示した。I_A、
I_B、I_C はどのような関係にあるか。最も適当なものを、次の①～⑥
のうちから一つ選べ。

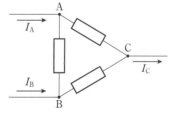

①　$\dfrac{I_A}{2}+\dfrac{I_B}{2}+I_C=0$　　②　$\dfrac{I_A}{2}+\dfrac{I_B}{2}-I_C=0$　　③　$I_A+I_B+I_C=0$

④　$I_A+I_B-I_C=0$　　⑤　$I_A+I_B+\dfrac{I_C}{2}=0$　　⑥　$I_A+I_B-\dfrac{I_C}{2}=0$

(04. センター追試 [物理ⅠB]　改) ➡ **例題❸⑤**

第Ⅳ章　電気と磁気

162 キルヒホッフの法則 ⏱10分

抵抗値 R の3つの抵抗、スイッチ S、起電力 E_1、E_2 の2個の電池が、図のように接続されている。ただし、電池の内部抵抗は無視できるものとする。

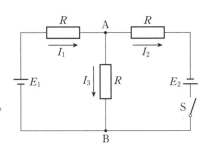

問1 スイッチSが開いているとき、AB間を流れる電流 I_3 の大きさはいくらか。次の①〜⑤のうちから正しいものを1つ選べ。

① $\dfrac{4E_1}{R}$ ② $\dfrac{2E_1}{R}$ ③ $\dfrac{E_1}{R}$ ④ $\dfrac{E_1}{2R}$ ⑤ $\dfrac{E_1}{4R}$

問2 図のスイッチSを閉じたとき、各抵抗に矢印の向きに流れる電流を I_1、I_2、I_3 とする。この回路で成り立つ関係式はどれか。次の①〜⑧のうちから正しいものを一つ選べ。

①	$E_1 = RI_1 + RI_3$ $E_2 = RI_2 + RI_3$	②	$E_1 = RI_1 + RI_3$ $E_2 = RI_2 - RI_3$	③	$E_1 = RI_1 - RI_3$ $E_2 = RI_2 + RI_3$	④	$E_1 = RI_1 - RI_3$ $E_2 = RI_2 - RI_3$
⑤	$E_1 = -RI_1 + RI_3$ $E_2 = -RI_2 + RI_3$	⑥	$E_1 = -RI_1 + RI_3$ $E_2 = -RI_2 - RI_3$	⑦	$E_1 = -RI_1 - RI_3$ $E_2 = -RI_2 + RI_3$	⑧	$E_1 = -RI_1 - RI_3$ $E_2 = -RI_2 - RI_3$

問3 問2で、$E_1 = 12V$、$E_2 = 3V$、$R = 30\Omega$ のとき、AB間を流れる電流 I_3 は何Aか。次の①〜⑧のうちから最も適当なものを1つ選べ。

① −0.20   ② −0.15   ③ −0.10   ④ −0.05   ⑤ 0.05   ⑥ 0.10   ⑦ 0.15   ⑧ 0.20

(98. センター本試 [物理ⅠB]) ➡ 例題 ㉟

163 ホイートストンブリッジ ⏱8分

内部抵抗が無視できる電池、40Ω の抵抗、抵抗値が不明の抵抗 X、長さ 1.00m の一様な太さの抵抗線を図のように接続して、ホイートストンブリッジ回路をつくった。スイッチSを閉じてPの位置を調整し、検流計Gを流れる電流が0となったとき、APの長さは 60cm だった。

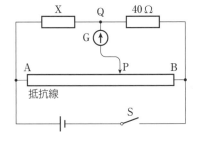

問1 抵抗Xの抵抗値は何Ωか。次の①〜⑥のうちから正しいものを一つ選べ。

① 3.0   ② 6.0   ③ 13   ④ 27   ⑤ 30   ⑥ 60

問2 AからXを通りQを流れる電流が 10mA、APを流れる電流が 100mA であるとき、AB間の抵抗線の抵抗値は何Ωか。次の①〜⑥のうちから正しいものを一つ選べ。

① 1.0   ② 10   ③ 1.0×10^2 ④ 1.0×10^3 ⑤ 1.0×10^4 ⑥ 1.0×10^5

問3 PをA側に少し動かした。このとき、PQ間を流れる電流の記述として正しいものを、次の①〜③のうちから一つ選べ。

① PからQに流れる   ② QからPに流れる   ③ 流れない

(17. 千葉工業大 改)

164 非直線抵抗 ⏱5分

電流 I −電圧 V の特性曲線が、図1となるような電球がある。この電球と 20Ω の抵抗と 50V の電源とを図2のようにつないだ。回路全体に流れる電流は何Aか。次の①〜⑥のうちから最も適当なものを一つ選べ。

① 0.5   ② 1.0   ③ 2.0

④ 2.5   ⑤ 3.0   ⑥ 5.0

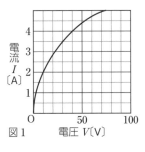

図1

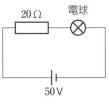

図2

(17. 愛知工科大 改)

165 電気抵抗の温度変化 思考・判断・表現 5分

太郎君は電球の金属フィラメントの温度と抵抗の関係について調べた。図1は、室温0℃の部屋で、フィラメントに加える電圧を0Vから4.0Vまで少しずつ変化させたときの電流の測定結果(図1の実線)である。また、図2は、この電球に付属していた仕様書で、フィラメントの抵抗値を$R[\Omega]$として、横軸に温度、縦軸に$\frac{R}{R_0}$をとったものであり、$R_0[\Omega]$は0℃でのフィラメントの抵抗値を表している。太郎君は、これを用いれば、ある電圧のときのフィラメントの温度を求められると考えた。

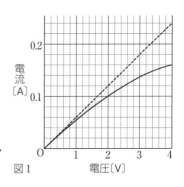

図1

問1 フィラメントが室温と同じ0℃のときの抵抗値R_0を求めるためには、流れる電流を限りなく0Aに近づければよいと考えた。図1の点線は0A付近の曲線の接線を延長したものである。$R_0[\Omega]$はいくらか。次の①〜⑤のうちから最も適する値を一つ選べ。

① 0.060　② 0.20　③ 1.0　④ 17　⑤ 50

問2 4Vの電圧をかけたときのフィラメントの温度は何℃か。次の①〜⑤のうちから正しいものを一つ選べ。

① 20　② 70　③ 100　④ 130　⑤ 170

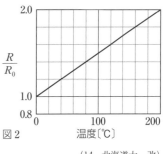

図2

(14. 北海道大 改)

166 コンデンサーを含む回路 思考・判断・表現 3分

400Ωの抵抗Rと充電された電気容量5.0μFのコンデンサーCを図1のように接続した。この状態からスイッチSを閉じたところ、抵抗に流れる電流は図2のグラフのような変化を示した。はじめにコンデンサーにたくわえられていた電気量は何Cか。次の空欄 [1] 〜 [3] に入れる数字として最も適当なものを、下の①〜⓪のうちから一つずつ選べ。ただし、同じ番号を繰り返し選んでもよいものとする。 [1] . [2] ×10⁻[3] C

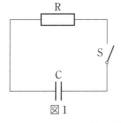

図1

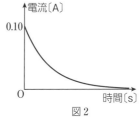

図2

① 1　② 2　③ 3　④ 4　⑤ 5　⑥ 6　⑦ 7　⑧ 8　⑨ 9　⓪ 0

→ 例題 36

167 半導体 思考・判断・表現 2分

図1のように、AB間に半導体ダイオードを置き、Bに対するAの電位をVとしたとき、AからBに流れる電流IとVの関係は図2のように与えられる。AB間に図3のように時間変化する電圧$V[V]$をかけたとき、ダイオードに流れる電流$I[mA]$と時間$t[s]$との関係を表すグラフはどれか。最も適当なものを、次の①〜④のうちから一つ選べ。

図1

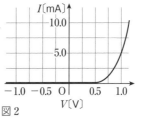

図2

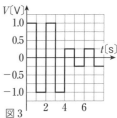

図3

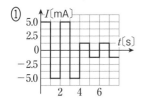

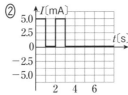

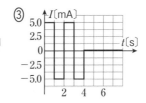

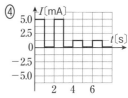

(05. センター本試 [物理ⅠB])

実践問題

☑ **168** ☆☆ **電子の運動と電流** **8分** 長さ L、一定の断面積 S の導体中の電流の流れ方について考える。導体の両端に電圧 V をかけると、導体中には一様な電場が生じ、導体内を移動する電荷 $-e$ の自由電子は、一様な電場による加速と、熱振動をしている陽イオンとの衝突による減速とを繰りかえしながら移動していく。電子の運動を妨げる抵抗力の大きさは、平均的には電子の移動する速さ v に比例すると考えてよく、その大きさは Kv と表すことができる。ただし、K は定数である。

問1　電場による力と衝突による抵抗力がつりあうとき、導体中での電子の速さ v は一定になる。このときの v はいくらか。正しいものを、次の①～④のうちから一つ選べ。

① $\dfrac{eKV}{L}$ 　　② $\dfrac{eV}{LK}$ 　　③ $\dfrac{eLV}{K}$ 　　④ $eLKV$

問2　単位体積あたりの自由電子の数を n とする。導体中を自由電子が一定の速さ v で運動するとき、この導体に流れる電流はいくらか。正しいものを、次の①～⑥のうちから一つ選べ。

① $\dfrac{env}{L}$ 　② $\dfrac{enSv}{L}$ 　③ $\dfrac{enLv}{S}$ 　④ $envS$ 　⑤ $enLv$ 　⑥ $\dfrac{env}{S}$

問3　この導体の抵抗はいくらか。正しいものを、次の①～⑥のうちから一つ選べ。

① $\dfrac{KL}{e^2nS}$ 　② $\dfrac{KS}{e^2nL}$ 　③ $\dfrac{K}{e^2nLS}$ 　④ $\dfrac{KL}{enS}$ 　⑤ $\dfrac{KS}{enL}$ 　⑥ $\dfrac{K}{enLS}$

(99. センター本試 [物理 I B])

☑ **169** ☆☆ 思考・判断・表現 **電位差計** **8分** 次の文中の空欄 ア ～ ウ に入れる式の組み合わせとして正しいものを、下の①～⑧のうちから一つ選べ。

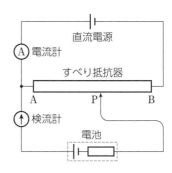

図のような、電圧が一定の直流電源を含む回路を考える。この回路に用いたすべり抵抗器では、AP 間の抵抗値は AP の長さに比例し、P が右端Bにあるとき最大となる。起電力 E_0、内部抵抗 r_0 の電池を用いたとき、検流計に流れる電流が 0 になるように P の位置を調整すると、AP 間の抵抗値は R_0 になり、電流計の示す電流値は I_0 であった。このとき、起電力 E_0 と電流値 I_0 の間には、 ア の関係が成り立つ。

次に、P の位置を動かさずに、電池を起電力 E_1、内部抵抗 r_1 の別の電池に置きかえると、検流計に電流が流れた。その電流が 0 になるように P の位置を右に移動して調整すると、電流計の示す電流値は再び I_0 となった。このとき、電池の起電力の間の大小関係は イ であり、すべり抵抗器の AP 間の抵抗値は ウ と表される。

	ア	イ	ウ		ア	イ	ウ
①	$E_0=(R_0+r_0)I_0$	$E_0>E_1$	$\dfrac{E_1}{E_0}R_0$	⑤	$E_0=R_0I_0$	$E_0>E_1$	$\dfrac{E_1}{E_0}R_0$
②	$E_0=(R_0+r_0)I_0$	$E_0>E_1$	$\dfrac{E_0}{E_1}R_0$	⑥	$E_0=R_0I_0$	$E_0>E_1$	$\dfrac{E_0}{E_1}R_0$
③	$E_0=(R_0+r_0)I_0$	$E_0<E_1$	$\dfrac{E_1}{E_0}R_0$	⑦	$E_0=R_0I_0$	$E_0<E_1$	$\dfrac{E_1}{E_0}R_0$
④	$E_0=(R_0+r_0)I_0$	$E_0<E_1$	$\dfrac{E_0}{E_1}R_0$	⑧	$E_0=R_0I_0$	$E_0<E_1$	$\dfrac{E_0}{E_1}R_0$

(16. センター追試 [物理])

✓ **170** ☆☆ 思考・判断・表現 **コンデンサーを含む回路** **7分**　図1のように、直流電源、コンデンサー、抵抗、電圧計、電流計、スイッチを導線でつないだ。スイッチを閉じて十分に時間が経過してからスイッチを開いた。図2のグラフは、スイッチを開いてから時間 t だけ経過したときの、電流計が示す電流 I を表す。ただし、スイッチを開く直前に電圧計は5.0Vを示していた。

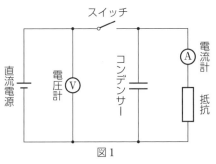

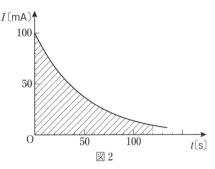

問1　図2のグラフから、この実験で用いた抵抗の値を求めると何Ωになるか。その値として最も適当なものを、次の①～⑧のうちから一つ選べ。ただし、電流計の内部抵抗は無視できるものとする。

① 0.02　② 2　③ 20　④ 200　⑤ 0.05　⑥ 6　⑦ 50　⑧ 500

問2　次の文章中の空欄　1 ・ 2 　に入れる値として最も適当なものを、それぞれの選択肢のうちから一つずつ選べ。

　図2のグラフを方眼紙に写した。このとき、横軸の1cmを10s、縦軸の1cmを10mAとするように目盛りをとった。方眼紙の斜線部分の面積は、$t=0$s から $t=120$s までにコンデンサーから放電された電気量に対応している。このとき、1cm^2 の面積は　1　の電気量に対応する。図2の斜線部分の面積を、ます目を数えることで求めると45cm^2 であった。$t=120$s 以降に放電された電気量を無視すると、コンデンサーの電気容量は　2　と求められた。

　1　の選択肢　① 0.001C　② 0.01C　③ 0.1C　④ 1C　⑤ 10C　⑥ 100C

　2　の選択肢　① 4.5×10^{-3}F　② 9.0×10^{-3}F　③ 1.8×10^{-2}F　④ 4.5×10^{-2}F

　　　　　　　⑤ 9.0×10^{-2}F　⑥ 1.8×10^{-1}F　⑦ 4.5×10^{-1}F　⑧ 9.0×10^{-1}F　⑨ 1.8F

　問2の方法では、$t=120$s のときにコンデンサーに残っている電気量を無視していた。この点について、授業で討論が行われた。

問3　次の会話文の内容が正しくなるように、空欄　3　に入れる数値として最も適当なものを、後の①～⑧のうちから一つ選べ。

Aさん：コンデンサーにたくわえられていた電荷が全部放電されるまで実験をすると、どれくらい時間がかかるんだろう。

Bさん：コンデンサーを5.0Vで充電したときの実験で、電流の値が $t=0$s での電流 $I_0=100$mA の $\frac{1}{2}$ 倍、

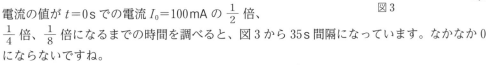

　　　$\frac{1}{4}$ 倍、$\frac{1}{8}$ 倍になるまでの時間を調べると、図3から35s間隔になっています。なかなか0にならないですね。

Cさん：電流の大きさが十分小さくなる目安として、最初の $\frac{1}{1000}$ の0.1mA程度になるまで実験をするとしたら、　3　sくらいの時間になりますね。それくらいの時間なら、実験できますね。

① 140　② 210　③ 280　④ 350　⑤ 420　⑥ 490　⑦ 560　⑧ 630

(23. 共通テスト本試［物理］　改)

111

12 電流と磁場

1 磁場

①**磁極** 磁石の両端にはN極とS極がある。同種の磁極の間には(^{ア} ）力がはたらき、異種の磁極の間には(^{イ} ）力がはたらく。磁極の強さを表す量を磁気量といい、単位にはウェーバー（記号 Wb）が用いられる。N極の磁気量は正、S極の磁気量は負で表される。

②**磁気力に関するクーロンの法則** 磁気量 m_1〔Wb〕、m_2〔Wb〕の2つの磁極の間にはたらく磁気力 F〔N〕は、磁極間の距離を r〔m〕、磁気力に関するクーロンの法則の比例定数を k_m〔N·m²/Wb²〕とすると、

$F = (^{ウ} ）

③**磁場** 1 Wb の磁極が受ける力の大きさが磁場の強さであり、N極が受ける力の向きが磁場の向きである。磁場 $\vec{H}$〔N/Wb〕の中にある磁極 m〔Wb〕が受ける磁気力 $\vec{F}$〔N〕は、 $\vec{F} = (^{エ} ）
N極は磁場と(^{オ} ）向きに、S極は磁場と(^{カ} ）向きに力を受ける。
また、磁場の向きに引いた曲線を磁力線といい、磁場が強いところほど磁力線は密になる。

2 電流がつくる磁場

①**直流電流がつくる磁場** 電流がつくる磁場の向きは、電流の向きに右ねじの進む向きをあわせるとき、右ねじのまわる向きである。これを右ねじの法則という。直線電流 I〔A〕が距離 r〔m〕はなれた位置につくる磁場の強さ H〔N/Wb〕は、 $H = (^{キ} ） 磁場の強さの単位：N/Wb＝A/m

②**円形電流がつくる磁場** 円の中心にできる磁場の向きは、円の面に垂直である。半径 r〔m〕の円形電流 I〔A〕がその中心につくる磁場の強さ H〔A/m〕は、 $H = (^{ク} ）

③**ソレノイドを流れる電流がつくる磁場** ソレノイド内部には一様な磁場ができる。単位長さあたりの巻数 n のソレノイドに電流 I〔A〕を流したとき、内部の磁場の強さ H〔A/m〕は、 $H = (^{ケ} ）

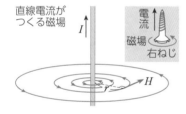

直線電流がつくる磁場

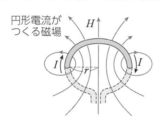

円形電流がつくる磁場

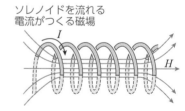

ソレノイドを流れる電流がつくる磁場

3 電流が磁場から受ける力

①**磁場中で電流が受ける力** 電流 I〔A〕が流れている長さ L〔m〕の導線が、強さ H〔A/m〕の磁場の中に置かれている。電流と磁場のなす角が θ であるとき、透磁率を μ〔Wb/(A·m)〕とすると、電流が磁場から受ける力 F〔N〕は、 $F = (^{コ} ）

②**磁束密度** 物質の透磁率 μ〔Wb/(A·m)〕と磁場 $\vec{H}$〔A/m〕の積 $\vec{B} = \mu\vec{H}$ は、(^{サ} ）とよばれ、単位にはテスラ（記号 T）が用いられる。その大きさ B〔T〕を用いて、電流が磁場から受ける力の（コ）の式を表すと、 $F = (^{シ} ）

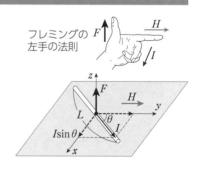

フレミングの左手の法則

4 ローレンツ力

一般に、大きさ q〔C〕の電荷をもつ荷電粒子が、磁束密度 B〔T〕の磁場と角 θ をなす向きに速さ v〔m/s〕で運動するとき、ローレンツ力の大きさ f〔N〕は、 $f = (^{ス} ）

解答

（ア）斥(反発) （イ）引 （ウ）$k_\mathrm{m}\dfrac{m_1 m_2}{r^2}$ （エ）$m\vec{H}$ （オ）同じ （カ）逆 （キ）$\dfrac{I}{2\pi r}$ （ク）$\dfrac{I}{2r}$ （ケ）nI （コ）$\mu IHL\sin\theta$
（サ）磁束密度 （シ）$IBL\sin\theta$ （ス）$qvB\sin\theta$

例題 ③⑦ 電流が磁場から受ける力

関連問題 ➡ 171・174・176・178

次の文章中の空欄 | ア |・| イ | に入れる記号をア・イの順に並べた組み合わせとして最も適当なものを、下の①～⑧のうちから一つ選べ。

図のように、幅の狭いアルミ箔をU字型に曲げてつるし、直流電源に接続して電流を流した。右側のアルミ箔上の点Pには、左側のアルミ箔に流れる電流によって磁場が生じている。この磁場は図の | ア | の矢印の向きである。この磁場により点Pでアルミ箔は図の | イ | の矢印の向きに力を受ける。

① a a ② a c ③ b a ④ b c
⑤ c a ⑥ c c ⑦ d a ⑧ d c

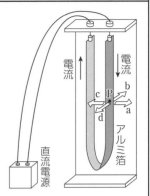

(14. センター本試 [物理Ⅰ] 改)

指針 電流がつくる磁場の向きは、右ねじの法則から求められる。電流が磁場から受ける力の向きは、フレミングの左手の法則から求められる。

解説 左側のアルミ箔には上向きに電流が流れるので、右ねじの法則から、上から見たとき、左側のアルミ箔を中心とした反時計まわりの磁場が生じる。したがって、点Pにおける磁場はbの向きである。

点Pで電流が磁場から受ける力の向きは、フレミングの左手の法則から求められ、aの矢印の向きである。
以上から、baとなり、解答は③となる。

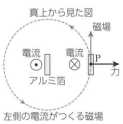

真上から見た図

左側の電流がつくる磁場

例題 ③⑧ ローレンツ力

関連問題 ➡ 177・179・180

図のように、イオン源で発生した質量 m、電荷 $q(q>0)$ のイオンが、陽極と陰極の間で加速され、速さ v で磁束密度 B の一様な磁場中に入射し、半径 R の半円軌道を描いた。ただし、装置はすべて真空中に置かれ、磁場は図の灰色の領域で表され、紙面に垂直に裏から表の向きにかかっている。また、重力の影響は無視できるものとする。磁場中を運動するイオンの軌道の半径 R を表す式として正しいものを、次の①～⑥のうちから一つ選べ。

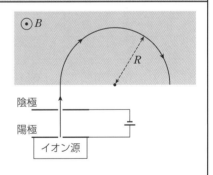

① $\dfrac{mv^2}{qB}$ ② $\dfrac{\pi mv}{qB}$ ③ $\dfrac{mv}{qB}$ ④ $\dfrac{qB}{mv^2}$ ⑤ $\dfrac{qB}{\pi mv}$ ⑥ $\dfrac{qB}{mv}$

(17. センター追試 [物理] 改)

指針 イオンは、磁場中で常に運動方向と垂直な方向にローレンツ力を受ける。このローレンツ力を向心力として、等速円運動をする。

解説 イオンは磁場中で大きさ qvB のローレンツ力を受け、速さ v で半径 R の等速円運動をする。等速円運動の運動方程式

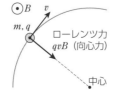

ローレンツ力 qvB（向心力）

中心

「$m\dfrac{v^2}{r}=F$」に、イオンが受けるローレンツ力の大きさ「$f=qvB$」を代入すると、

$$m\frac{v^2}{R}=qvB \qquad R=\frac{mv^2}{qvB}=\frac{mv}{qB}$$

したがって、解答は③となる。

必修問題

171 ☆☆☆ **直線電流がつくる磁場** ⏱2分　長い直線状の導線に大きさ I の電流が流れている。

問1　導線からの距離が r の点Pにおける磁場の強さはどうなるか。次の①～⑥のうちから一つ選べ。

① $\dfrac{I}{2\pi r}$　② $\dfrac{I}{2r}$　③ $\dfrac{I^2}{2\pi r}$　④ $\dfrac{I}{2\pi r^2}$　⑤ $\dfrac{I}{2r^2}$　⑥ $\dfrac{I^2}{2\pi r^2}$

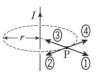

問2　点Pにおける磁場の向きはどうなるか。図の①～④のうちから一つ選べ。

(96. センター本試［物理］改) ➡ 例題 **37**

172 ☆☆☆ **円形電流がつくる磁場** ⏱3分　水平に置かれたプラスチックの平板に2つの穴 A、B をあけ、半径 r の円形コイルを固定し、図1のようにコイルに大きさ I の直流電流を流した。

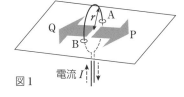

図1

問1　次の文章中の空欄　ア　・　イ　に入れる記号の組み合わせとして最も適当なものを、下の①～⑧のうちから一つ選べ。

コイルの中心付近に図1の　ア　の矢印の向きに磁場が生じた。次にプラスチックの平板上に鉄粉を一様にふりかけて軽く振動を与えると、鉛直上方から見て図2の　イ　のような模様が生じた。

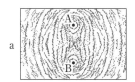　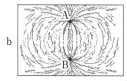　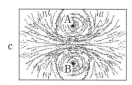　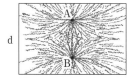

図2

	①	②	③	④	⑤	⑥	⑦	⑧
ア	P	P	P	P	Q	Q	Q	Q
イ	a	b	c	d	a	b	c	d

問2　円形コイルの中心における磁場の強さはどうなるか。次の①～⑧のうちから一つ選べ。

① $\dfrac{I}{2\pi r}$　② $\dfrac{I}{2r}$　③ $\dfrac{I^2}{2\pi r}$　④ $\dfrac{I^2}{2r}$　⑤ $\dfrac{I}{2\pi r^2}$　⑥ $\dfrac{I}{2r^2}$　⑦ $\dfrac{I^2}{2\pi r^2}$　⑧ $\dfrac{I^2}{2r^2}$

(12. センター本試［物理Ⅰ］改)

173 ☆☆☆ **ソレノイドがつくる磁場** ⏱3分　導線 PQ を円筒の枠に均一に n 回巻きつけ、長さ L のソレノイド（図の円筒状のコイル）を作った。長さ L は円筒の半径に比べて十分に大きいとする。いま、図に示すように、直流電源の正極を導線のPに、負極をQにつないで、ソレノイドに大きさ I の電流を流した。このソレノイド内部の、中心付近での磁束密度 $\vec{B}$（磁場 $\vec{H}$ の μ_0 倍）の向きと大きさはどうなるか。次の①～⑧のうちから正しいものを一つ選べ。ただし、円筒の枠の影響は無視できるものとし、μ_0 は真空の透磁率である。

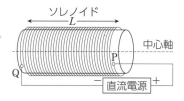

	①	②	③	④	⑤	⑥	⑦	⑧
$\vec{B}$ の向き	ソレノイドの中心軸に沿って右向き				ソレノイドの中心軸に沿って左向き			
$\vec{B}$ の大きさ	$\dfrac{n}{L}\mu_0 I$	$\left(\dfrac{n}{L}\right)^2\mu_0 I$	$n\mu_0 I$	$n^2\mu_0 I$	$\dfrac{n}{L}\mu_0 I$	$\left(\dfrac{n}{L}\right)^2\mu_0 I$	$n\mu_0 I$	$n^2\mu_0 I$

(90. センター本試［物理］改)

☑ **174** ☆☆☆ **磁石が直線電流から受ける力** ⟨2分⟩　なめらかなプラスチック
の台を動かないように水平に置き、太い銅線の直径と同じ大きさの
穴をあけて、銅線を鉛直に通して固定した。台の上に軽いU字形磁
石を、そのN極とS極の先端を結ぶ線分の中点が銅線の位置となる
ように置いた。銅線に図のように直流電流を流したとき、U字形磁
石は動き始めた。磁石が動いた向きとして最も適当なものを、図中
の①〜④のうちから一つ選べ。(13. センター追試 [物理 I] 改) ➡ **例題 37**

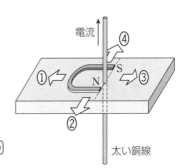

☑ **175** ☆☆ **コイルを流れる電流がつくる磁場** ⟨2分⟩　図のように、水平な
平面上にコイルをその中心軸が水平となるように置いた。コイルの
中心を原点として水平にx軸とy軸をとり、y軸をコイルの中心軸
と一致させた。原点と点Pの2か所に磁針を水平に置き、コイルに
直流電流を図の矢印の向きに流した。原点と点Pにおける磁針の向
きとして最も適当なものを、下の①〜⑧のうちから一つ選べ。ただ
し、地磁気の影響は無視できるものとする。

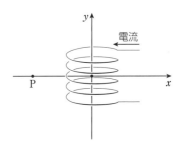

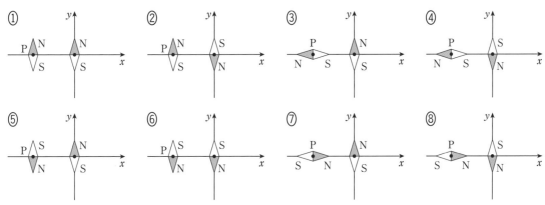

(13. センター追試 [物理 I] 改)

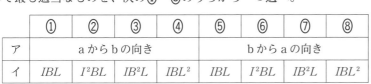

☑ **176** ☆☆☆ **電流が磁場から受ける力** ⟨3分⟩　図のように長さL、重さWの金属棒 ab を軽い導線で水平につ
るし、磁束密度の大きさBの一様な磁場を鉛直上向きに加えた。金属棒に大きさIの電流を流したと
ころ、金属棒をつるしている導線は鉛直下向きから角度θだけ傾いて静止した。

問1　金属棒に流れた電流の向きは、 ア で、金属棒が磁場から受ける力
の大きさFは、$F =$ イ となる。 ア ・ イ に入れる組み合わせと
して最も適当なものを、次の①〜⑧のうちから一つ選べ。

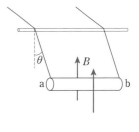

	①	②	③	④	⑤	⑥	⑦	⑧
ア	aからbの向き				bからaの向き			
イ	IBL	I^2BL	IB^2L	IBL^2	IBL	I^2BL	IB^2L	IBL^2

問2　金属棒の重さWをFとθで表すとき正しいものを、次の①〜⑥のうちから一つ選べ。

① $F\sin\theta$　② $\dfrac{F}{\sin\theta}$　③ $F\cos\theta$　④ $\dfrac{F}{\cos\theta}$　⑤ $F\tan\theta$　⑥ $\dfrac{F}{\tan\theta}$

(18. 福岡大　改) ➡ **例題 37**

☑ **177** ☆☆ 思考・判断・表現 **ローレンツ力と荷電粒子の運動** 4分 　紙面に垂直で表から裏に向かう一様な磁場中において、同じ大きさの電気量をもつ正と負の荷電粒子が、磁場に対して垂直に同じ速さで運動している。ここで正の荷電粒子は負の荷電粒子より、質量が大きいものとする。その運動のようすを描いた模式図として最も適当なものを、次の①〜④のうちから一つ選べ。ただし、図の矢印は荷電粒子の運動の向きを表す。また、荷電粒子間にはたらく力や重力の影響は無視できるものとする。

 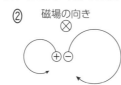 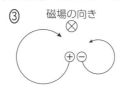 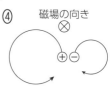

(23. 共通テスト本試 [物理] 改) ➡ 例題 38

実践問題 PRACTICE

☑ **178** ☆☆ 思考・判断・表現 **直線電流がつくる磁場** 6分 　十分長い直線状の導線を鉛直におき、その近くに、水平面内で自由に回転できる磁針を置いた。地磁気による磁場の水平成分（水平分力）は、正しく北を向いているとして、次の各問の答えを、それぞれの解答群のうちから一つずつ選べ。

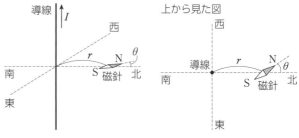

問1 図のように、磁針を導線から北へ距離 r だけはなして置き、導線に下から上へ直流電流 I を流したところ、磁針のN極は、北から角度 θ だけ西側へ振れた。

　導線に流れる電流がつくる磁場の強さは、電流に比例し、導線からの距離に反比例する。回転角 θ と、電流 I および距離 r との関係をいろいろな表し方で描いた。次の図のうち、正しい図の組み合わせはどれか。

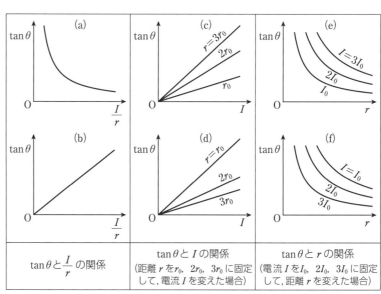

① (a)と(c)と(e)　② (b)と(c)と(e)　③ (a)と(c)と(f)　④ (b)と(c)と(f)

⑤ (a)と(d)と(e)　⑥ (b)と(d)と(e)　⑦ (a)と(d)と(f)　⑧ (b)と(d)と(f)

問2 導線に直流電流を流したとき、北へ $r=0.20\,\mathrm{m}$ の位置に置いた磁針のN極が西側へ $\theta=45°$ 振れた。この電流がつくる磁場と、地磁気の磁場の水平成分との合成磁場がゼロであるのはどの位置か。

① 東へ 0.14 m　② 東へ 0.20 m　③ 東へ 0.28 m　④ 南へ 0.14 m　⑤ 南へ 0.20 m

⑥ 南へ 0.28 m　⑦ 西へ 0.14 m　⑧ 西へ 0.20 m　⑨ 西へ 0.28 m

(90. センター追試 [物理] 改) ➡ 例題 37

✓ **179** ☆☆☆ 　思考・判断・表現　**ホール効果** ⟨4分⟩　図のように、x、y、z軸をとり、直方体の半導体を使って、図の装置をつくった。y軸に垂直な両側面に電池と抵抗と電流計を直列につなぎ、y軸の正の向きに電流を流し、z軸の正の向きに大きさBの磁束密度がかかっている。x軸に垂直な両側面S_1、S_2のy座標が同じ点を電圧計でつなぎ、S_1に対するS_2の電圧V(符号を含む)を測定したところ、Vは正の値であった。半導体のキャリアを荷電粒子とみなし、その電荷の大きさをq、速さをvとする。

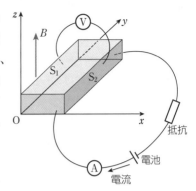

問1　この半導体の1つのキャリアに磁束密度がおよぼす力の大きさを次の①～⑥のうちから一つ選べ。

① $\dfrac{1}{2}qvB$　② qvB　③ $2qvB$　④ $\dfrac{1}{2}qv^2B$　⑤ qv^2B　⑥ $2qv^2B$

問2　この半導体のキャリアに磁束密度がおよぼす力の向きを、次の①～⑥のうちから一つ選べ。

① x軸の正の向き　② x軸の負の向き　③ y軸の正の向き

④ y軸の負の向き　⑤ z軸の正の向き　⑥ z軸の負の向き

問3　この半導体のキャリアと型について、最も適当なものを、次の①～④のうちから一つ選べ。

① ホール・n型　② ホール・p型　③ 電子・n型　④ 電子・p型

(18. 近畿大　改) ➡ 例題 38

✓ **180** ☆ **サイクロトロン** ⟨6分⟩　図のように、真空中で荷電粒子(イオン)を加速する円型の装置を考える。この装置は、内部が中空で半円型の2つの電極が水平に向かい合わせて設置され、それらの間に電圧をかけることができる。全体に一様で一定な磁束密度Bの磁場が鉛直下向きにかかっている。質量m、正電荷qをもつ粒子が、点Pから入射され、中空電極内では磁場による力のみを受けて等速円運動を行い、半周ごとに電極間を通過する。電極間の電場の向きは粒子が半周するたびに反転して、電極間を通過する粒子は、大きさVの電圧で常に加速されるものとする。

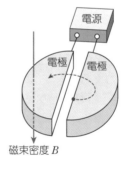

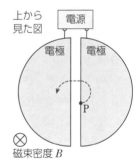

問1　運動エネルギーE_0をもつ粒子が電極内に入射し、電極間をn回通過した。粒子のもつ運動エネルギーを表す式として正しいものを、次の①～⑥のうちから一つ選べ。

① $nqV+E_0$　② $\dfrac{nV}{q}+E_0$　③ nqV^2+E_0　④ $\dfrac{nV^2}{q}+E_0$　⑤ $\dfrac{1}{2}nqV^2+E_0$　⑥ $\dfrac{1}{2}\dfrac{nV^2}{q}+E_0$

問2　粒子が電極間をn回通過した後の運動エネルギーをE_nとする。そのときの速さvと円運動の半径rを表す式の組み合わせとして正しいものを、次の①～⑥のうちから一つ選べ。

	①	②	③	④	⑤	⑥
速さ v	$\sqrt{\dfrac{2E_n}{m}}$	$\sqrt{\dfrac{2E_n}{m}}$	$\sqrt{\dfrac{2E_n}{m}}$	$\dfrac{E_n}{m}$	$\dfrac{E_n}{m}$	$\dfrac{E_n}{m}$
円運動の半径 r	$\dfrac{mv}{qB}$	$\dfrac{mB}{qv}$	$\dfrac{qvB}{m}$	$\dfrac{mv}{qB}$	$\dfrac{mB}{qv}$	$\dfrac{qvB}{m}$

(15. センター本試［物理］)

➡ 例題 38

117

13 電磁誘導と交流

1 電磁誘導

①**磁束** 磁束密度 B〔T〕の一様な磁場中で、磁場に垂直な断面積 S〔m²〕を貫く磁束線の本数 Φ を
（ア　　　　　　　　）という。　$\Phi =$（イ　　　　　　　）　　単位にはウェーバ（記号 Wb）が用いられる。

②**ファラデーの電磁誘導の法則** 誘導起電力は、誘導電流の
つくる磁場が、コイルを貫く磁束の変化を妨げる向きに生
じる。これを（ウ　　　　　　　　）の法則という。
N 回巻きのコイルを貫く磁束が、時間 Δt〔s〕の間に $\Delta \Phi$
〔Wb〕だけ変化するとき、コイルに生じる誘導起電力 V〔V〕
は、　$V =$（エ　　　　　　　　　）
これは、ファラデーの電磁誘導の法則を表している。

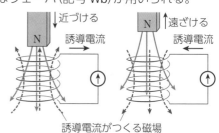

誘導電流がつくる磁場

③**磁場中を動く導体に生じる誘導起電力** 磁束密度 B〔T〕の
一様な磁場中で、長さ L〔m〕の導体棒を磁場に垂直な方向
に速さ v〔m/s〕で移動させると、生じる誘導起電力の大き
さ V〔V〕は、　$V =$（オ　　　　　　　）

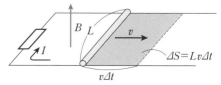

$\Delta S = Lv\Delta t$

④**渦電流** 導体を貫く磁場が時間とともに変化するとき、そ
の変化を妨げる（カ　　　　　　）が生じるように、導体に渦状の誘導電流（渦電流）が流れる。

2 自己誘導と相互誘導

①**自己誘導** コイルを流れる電流を変化させると、コイルに
は、電流の変化を妨げる向きに（キ　　　　　　　　）が発生する。
この現象をコイルの自己誘導という。時間 Δt〔s〕の間に電
流が ΔI〔A〕変化するとき、コイルの自己インダクタンスを
L〔H〕とすると、誘導起電力 V〔V〕は、　$V =$（ク　　　　　　　）

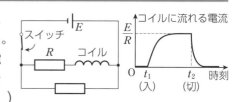

コイルを含む回路では、自己誘導のため、スイッチを入れても電流はすぐに増加せず、切ってもすぐ
に減少しない。

②**コイルにたくわえられるエネルギー** 自己インダクタンス L〔H〕のコイルに、電流 I〔A〕が流れている
とき、コイルにたくわえられるエネルギー U〔J〕は、　$U =$（ケ　　　　　　　）

③**相互誘導** 接近した2つのコイルにおいても、誘導起電力が生じる。
コイル1を流れる電流が時間 Δt〔s〕の間に ΔI_1〔A〕変化するとき、コイ
ル2に生じる誘導起電力 V_2〔V〕は、相互インダクタンスを M〔H〕とす
ると、　$V_2 =$（コ　　　　　　　）

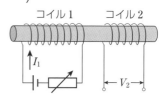

コイル2の電流を変化させても、コイル1に誘導起電力が生じる。

3 交流

①**交流の発生** 磁束密度 B〔T〕の一様な磁場中で、面積 S〔m²〕のコイルを
一定の角速度 ω〔rad/s〕で回転させる。コイルの面の法線が磁場の向き
となす角を θ とし、時刻0のとき $\theta = 0$ とすると、時刻 t〔s〕のときにコ
イルを貫く磁束 Φ〔Wb〕、コイルに生じる電圧 V〔V〕は、t を用いて、
　$\Phi =$（サ　　　　　　　　　　）　$V =$（シ　　　　　　　　　）
電圧（または電流）が変化し始めてから、もとの状態にもどるまでの時間
$T\left(= \dfrac{2\pi}{\omega} \right)$ を、交流の（ス　　　　　　　）という。1秒間あたりのこの変
化の繰り返しの回数 $f\left(= \dfrac{1}{T} = \dfrac{\omega}{2\pi} \right)$ を、交流の（セ　　　　　　　）という。

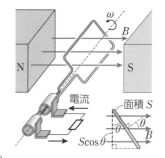

面積 S

$S\cos\theta$

②**交流の実効値**　交流電圧の最大値を V_0〔V〕、交流電流の最大値を I_0〔A〕としたとき、電圧の実効値 V_e〔V〕は、$V_e=($ ツ 〔 〕 $)$、電流の実効値 I_e〔A〕は、$I_e=($ タ 〔 〕 $)$ となる。また、消費電力の平均 $\overline{P}$〔W〕は、V_e、I_e を用いて、$\overline{P}=($ チ 〔 〕 $)$ と表される。

4 交流回路

①**抵抗・コイル・コンデンサー**　交流電圧 $V=V_0\sin\omega t$〔V〕を各素子に加える。

[抵抗]　抵抗 R〔Ω〕を流れる電流と加わる電圧の位相は $($ ツ 〔 〕 $)$ であり、電流 I〔A〕は、
$I=($ テ 〔 〕 $)$

[コイル]　コイルを流れる電流の位相は、加わる電圧よりも $($ ト 〔 〕 $)$ 遅れる。自己インダクタンス L〔H〕のコイルのリアクタンスは $($ ナ 〔 〕 $)$ であり、流れる電流 I は、$I=($ ニ 〔 〕 $)\sin\left(\omega t-\dfrac{\pi}{2}\right)$

[コンデンサー]　コンデンサーに流れこむ電流の位相は、加わる電圧よりも $($ ヌ 〔 〕 $)$ 進む。電気容量 C〔F〕のコンデンサーのリアクタンスは $($ ネ 〔 〕 $)$ であり、流れる電流 I は、$($ ノ 〔 〕 $)\sin\left(\omega t+\dfrac{\pi}{2}\right)$

②**RLC 直列回路**　抵抗 R〔Ω〕、コイル L〔H〕、コンデンサー C〔F〕を直列につなぎ、$I=I_0\sin\omega t$〔A〕を流す。交流電流の位相を基準とすると、各素子に加わる電圧の位相は、抵抗では同じ、コイルでは $\dfrac{\pi}{2}$ だけ $($ ハ 〔 〕 $)$、コンデンサーでは $\dfrac{\pi}{2}$ だけ $($ ヒ 〔 〕 $)$。この関係をベクトルで表すと、右下の図のように示される。

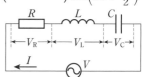

③**直列共振**　②の RLC 直列回路において、電源電圧の最大値 V_0〔V〕を一定にし、角周波数 ω〔rad/s〕を変化させると、$($ フ 〔 〕 $)=0$ のとき、回路に流れる電流は最大値 I_0〔A〕になる。この現象を直列共振という。

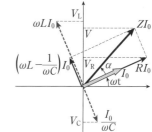

④**電気振動**　充電した電気容量 C〔F〕のコンデンサーを、自己インダクタンス L〔H〕のコイルと接続して放電すると、$($ ヘ 〔 〕 $)$ 振動が生じる。その周波数を固有周波数(固有振動数)といい、これを f_0 とすると、$f_0=($ ホ 〔 〕 $)$

電気振動において、コンデンサーとコイルにたくわえられるエネルギーの和は保存される。コイルに流れる電流を I〔A〕、コンデンサーの電圧を V〔V〕とすると、$\dfrac{1}{2}CV^2+($ マ 〔 〕 $)=$ 一定

⑤**変圧器**　一次コイルの巻数、電圧の実効値をそれぞれ N_1、V_{1e}〔V〕、二次コイルの巻数、電圧の実効値をそれぞれ N_2、V_{2e}〔V〕とすると、$\dfrac{V_{1e}}{V_{2e}}=($ ミ 〔 〕 $)$

変圧器内部で電力の損失がなければ、一次コイル、二次コイルに流れる電流の実効値をそれぞれ I_{1e}〔A〕、I_{2e}〔A〕とすると、$V_{1e}I_{1e}=($ ム 〔 〕 $)$

5 電磁波

電場が変化すると周囲の空間に $($ メ 〔 〕 $)$ が生じ、磁場が変化すると周囲の空間に $($ モ 〔 〕 $)$ が生じる。この変動が横波として空間を伝わる。この横波を $($ ヤ 〔 〕 $)$ という。電磁波には、反射、屈折、回折、干渉、偏りなどの性質がある。

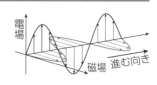

解答

(ア) 磁束　(イ) BS　(ウ) レンズ　(エ) $-N\dfrac{\Delta\phi}{\Delta t}$　(オ) vBL　(カ) 磁場　(キ) 起電力(逆起電力)　(ク) $-L\dfrac{\Delta I}{\Delta t}$　(ケ) $\dfrac{1}{2}LI^2$

(コ) $-M\dfrac{\Delta I_1}{\Delta t}$　(サ) $BS\cos\omega t$　(シ) $BS\omega\sin\omega t$　(ス) 周期　(セ) 周波数　(ソ) $\dfrac{V_0}{\sqrt{2}}$　(タ) $\dfrac{I_0}{\sqrt{2}}$　(チ) V_eI_e　(ツ) 同じ

(テ) $\dfrac{V_0}{R}\sin\omega t$　(ト) $\dfrac{\pi}{2}$　(ナ) ωL　(ニ) $\dfrac{V_0}{\omega L}$　(ヌ) $\dfrac{\pi}{2}$　(ネ) $\dfrac{1}{\omega C}$　(ノ) ωCV_0　(ハ) 進み　(ヒ) 遅れる　(フ) $\omega L-\dfrac{1}{\omega C}$

(ヘ) 電気　(ホ) $\dfrac{1}{2\pi\sqrt{LC}}$　(マ) $\dfrac{1}{2}LI^2$　(ミ) $\dfrac{N_1}{N_2}$　(ム) $V_{2e}I_{2e}$　(メ) 磁場　(モ) 電場　(ヤ) 電磁波

例題 ③⑨ コイルの運動と誘導電流

関連問題 ➡ 182・184・189

図のように、検流計をつないだ正方形のコイルを、領域Ⅰから領域Ⅲまで右向きに一定の速さで動かした。領域Ⅰ、Ⅱ、Ⅲには、紙面に垂直に裏から表に向かって磁場がかかっており、それぞれの領域で一様である。領域Ⅰと領域Ⅲの磁場の大きさは同じであり、領域Ⅱ

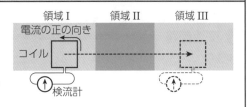

の磁場の大きさは領域Ⅰ、Ⅲに比べて大きい。コイルに流れる電流を時間の関数として表したグラフとして最も適当なものを、下の①～④のうちから一つ選べ。ただし、図の実線の矢印で示される向きを、電流の正の向きとする。

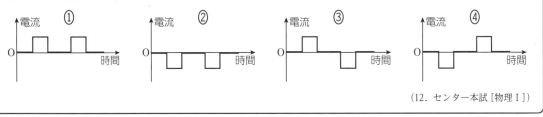

(12. センター本試 [物理Ⅰ])

指針　磁場の大きさの異なる領域をまたいで運動するとき、電磁誘導がおこる。コイルを貫く磁束の増減に着目し、電流の正負を考える。

解説　領域ⅠとⅡにまたがって運動するとき、コイルを裏から表に向かって(⊙)貫く磁束が増加する。したがって、レンツの法則から、表から裏の向き(⊗)の磁場をつくろうとして、時計まわりの誘導電流が流れ

る。これは、負の向きである。領域ⅡとⅢにまたがって運動するとき、コイルを裏から表に向かって(⊙)貫く磁束が減少する。したがって、裏から表の向き(⊙)の磁場をつくろうとして、反時計まわりの誘導電流が流れる。これは、正の向きである。したがって、解答は④である。

例題 ④⓪ レールに渡した導体棒の運動

関連問題 ➡ 182・183・189・190

図のように、水平な床の上に2本のなめらかな金属レールが間隔Lで平行に設置され、レールに垂直に導体棒が置かれている。レールには電圧Vの直流電源、および抵抗値Rの抵抗が接続され、全体に磁束密度Bの一様な磁場が鉛直上向きにかけられている。また、導体棒は手から、レールに平行な力を受けている。

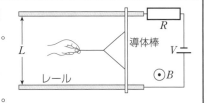

ただし、レールと導体棒およびその間の電気抵抗は無視できるものとする。導体棒を左向きに一定の速さvで運動させた。このとき、導体棒に流れる電流Iを表す式として正しいものを、次の①～⑥のうちから一つ選べ。

① vBL　② $(V-vBL)R$　③ $\dfrac{V-vBL}{R}$　④ $\dfrac{vBL}{R}$　⑤ $(V+vBL)R$　⑥ $\dfrac{V+vBL}{R}$

(16. センター追試 [物理] 改)

指針　導体棒が左向きに動くと、回路を鉛直上向きに貫く磁束が増加し、それを妨げる向きの磁場が生じるように誘導起電力が生じる。

解説　導体棒に生じる誘導起電力の大きさは、ファラデーの電磁誘導の法則から、vBLであり、誘導電流は時計まわりに流れる。電源の起電力も時計まわりな

ので、キルヒホッフの第2法則を適用すると、電流をIとして、

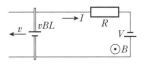

$$V+vBL=RI$$
$$I=\dfrac{V+vBL}{R}$$

解答：⑥

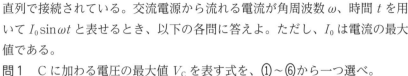

例 題 ㊶ RC 直列回路

関連問題 ➡ 185・186・187

図のように、交流電源に抵抗値 R の抵抗 R と電気容量 C のコンデンサー C が直列で接続されている。交流電源から流れる電流が角周波数 ω、時間 t を用いて $I_0 \sin\omega t$ と表せるとき、以下の各問に答えよ。ただし、I_0 は電流の最大値である。

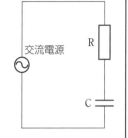

問1　C に加わる電圧の最大値 V_C を表す式を、①〜⑥から一つ選べ。

① $\omega C I_0$ 　② $\dfrac{1}{\omega C I_0}$ 　③ $\dfrac{I_0}{\omega C}$ 　④ $\dfrac{\omega C}{I_0}$ 　⑤ $\dfrac{\omega I_0}{C}$ 　⑥ $\dfrac{C}{\omega I_0}$

問2　R に加わる電圧の最大値を V_R とする。電源電圧の最大値を表す式を、①〜④から一つ選べ。

① $V_R + V_C$ 　② $|V_R - V_C|$ 　③ $\sqrt{V_R{}^2 + V_C{}^2}$ 　④ $\sqrt{|V_R{}^2 - V_C{}^2|}$

(18. 札幌医大　改)

指針　コンデンサーでは、電流に対して電圧の位相が $\dfrac{\pi}{2}$ 遅れる。位相の差を考慮した抵抗とコンデンサーの電圧の各最大値の和が、電源電圧の最大値となる。

解説　問1　コンデンサー C のリアクタンスは $\dfrac{1}{\omega C}$ なので、オームの法則「$V = RI$」と同じように計算して、

$$V_C = \frac{1}{\omega C} \times I_0 = \frac{I_0}{\omega C}$$

解答は③となる。

問2　電流と比べて電圧の位相は、R では等しく、C では $\dfrac{\pi}{2}$ 遅れる。電圧と電流の関係をベクトルで表すと、図のようになる。電源電圧の最大値 V_0 は図から、

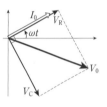

$$V_0 = \sqrt{V_R{}^2 + V_C{}^2} \qquad 解答は③となる。$$

※位相が同じではないので、単純な和 $V_R + V_C$ にはならない。

例 題 ㊷ 変圧器

関連問題 ➡ 191

図のように、鉄心に1次コイルと2次コイルが巻かれている。1次コイルと2次コイルの巻数の比は 2：1 である。1次コイルに周波数50Hz、電圧 10V の交流電圧をかけるとき、2次コイルにはどのような交流電圧が生じるか。その周波数と電圧の組み合わせとして正しいものを、以下の①〜⑨のうちから一つ選べ。

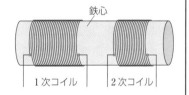

	①	②	③	④	⑤	⑥	⑦	⑧	⑨
周波数[Hz]	25	25	25	50	50	50	100	100	100
電圧[V]	5	10	20	5	10	20	5	10	20

(07. センター本試 [物理 I])

指針　変圧器は、相互誘導を利用して、同じ周波数のまま交流の電圧を変換する装置である。

解説　変圧器では、周波数は変わらないので、2次コイルに生じる交流電圧も50Hzである。
1次コイルと2次コイルの巻数の比は、電圧の比になる。したがって、2次コイルに生じる交流電圧を V_2 とすると、「$\dfrac{V_{1e}}{V_{2e}} = \dfrac{N_1}{N_2}$」の関係から、

$$\frac{10}{V_2} = \frac{2}{1} \qquad V_2 = 5\,\mathrm{V} \qquad 解答：④$$

[参考]　エネルギーの保存が成り立つ理想的な変圧器では、1次コイルの消費電力と2次コイルの消費電力が等しい。これを式で表すと、$V_{1e}I_{1e} = V_{2e}I_{2e}$ となる。電流と巻数の関係に置きかえると、

$$\frac{I_{1e}}{I_{2e}}\left(= \frac{V_{2e}}{V_{1e}}\right) = \frac{N_2}{N_1}$$

第Ⅳ章　電気と磁気

必修問題

181 ☆☆☆ 電磁誘導の法則 **2分** コイルを貫く磁束 Φ の時間的な変化の割合 $\left|\dfrac{\Delta\Phi}{\Delta t}\right|$ と、コイルに誘起される起電力の大きさ V の関係を、$\left|\dfrac{\Delta\Phi}{\Delta t}\right|$ を横軸、V を縦軸としてグラフに表す。最も適当なものを、次の①〜⑥から一つ選べ。

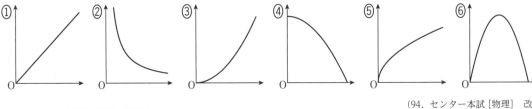

(94. センター本試 [物理] 改)

182 ☆☆☆ 思考・判断・表現 電磁誘導の法則 **8分** 図の x 軸の $0 \leq x \leq 2a$ の範囲に、紙面に垂直に裏から表へ向かう磁束密度の大きさ B の一様な磁場がある。1辺の長さが a の正方形の1巻きのコイル ABCD を、コイルの面が紙面と平行で、辺 AB が x 軸と垂直となるように置く。コイルの全抵抗値を R とし、コイルの自己誘導は無視できるものとする。このコイルを x 軸の正の向きに一定の速さ v で動かす。辺 AB が $x=0$ の位置を通過する時刻 t を、$t=0$ とする。$0 \leq t \leq \dfrac{3a}{v}$ の間について、次の各問に答えよ。

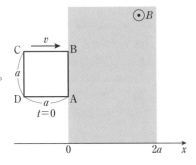

問1〜3にあてはまる最も適当なグラフを、下の①〜⑥の中から一つずつ選べ。ただし、該当するものがない場合は⓪を選べ。

問1 コイルに生じる起電力 V を縦軸に、時刻 t を横軸にとったグラフ。ただし、A→B→C→D→A の向きに電流を流そうとする起電力を正とする。

問2 コイルを流れる電流 I を縦軸に、時刻 t を横軸にとったグラフ。ただし、A→B→C→D→A の向きに流れる電流を正とする。

問3 コイルが磁場から受ける力の合力 F を縦軸に、時刻 t を横軸にとったグラフ。ただし、x 軸の正の向きにはたらく力を正とする。

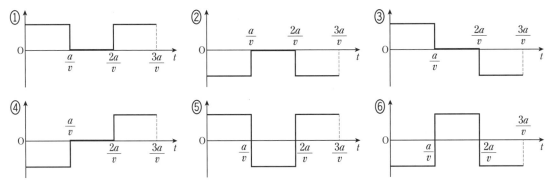

問4 この間にコイルで発生するジュール熱の総量として正しいものを、次の①〜④の中から一つ選べ。

① $\dfrac{v^2 B^2 a^2}{R}$ ② $\dfrac{2v^2 B^2 a^2}{R}$ ③ $\dfrac{vB^2 a^3}{R}$ ④ $\dfrac{2vB^2 a^3}{R}$

(17. 熊本保健科学大 改) ➡ 例題 ㊴・㊵

183 レールに渡した導体棒の運動 6分
図のように、磁束密度 B [T] の一様な磁場が鉛直上向きにかけられており、2 本の細い棒 abc、def が同一水平面内に間隔 L [m] で平行に置かれている。それぞれの棒の ab、de の部分は絶縁体、bc、ef の部分は電気抵抗の無視できる導体であり、cf 間は R [Ω] の抵抗で連結されている。また、長さ L [m] の金属棒 PQ がこれらの棒上に接して、棒に

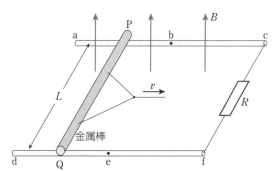

垂直に置かれており、PQ につけられた糸を引くことでなめらかに動かすことができる。PQ の電気抵抗は無視できるとする。次の各問の □ に適した答えを、それぞれの解答群から一つずつ選べ。

問1 金属棒が ab、de の部分の上にあり、一定の速さ v [m/s] で動いているとき、金属棒内に発生する誘導起電力は □ [V] である。ただし、起電力は P→Q の向きを正とする。

① BLv ② B^2Lv ③ BLv^2 ④ $-BLv$ ⑤ $-B^2Lv$ ⑥ $-BLv^2$ ⑦ 0

問2 問1の場合、金属棒を動かし続けるために必要な力の大きさは □ [N] である。

① Bv ② BLv ③ $\dfrac{BLv}{R}$ ④ $\dfrac{B^2L^2v}{R}$ ⑤ $\dfrac{B^2L^2v^2}{R}$ ⑥ 0

問3 金属棒が bc、ef の部分に移動してきたとき、前と同じ一定の速さ v [m/s] を保って金属棒を動かし続けるためには、□ [N] の大きさの力で糸を引けばよい。

① Bv ② BLv ③ $\dfrac{BLv}{R}$ ④ $\dfrac{B^2L^2v}{R}$ ⑤ $\dfrac{B^2L^2v^2}{R}$ ⑥ 0

(93. センター本試 [物理] 改) ➡ 例題 ⑩

184 渦電流 3分
図のように、水平な絶縁体の板に置かれた 1 円玉の真上に、N 極を上にして磁石を静止させた。そのあと磁石を鉛直方向にすばやく引き上げると、1 円玉には上から見て □ ア □ 回りの向きの誘導電流が流れる。誘導電流のつくる磁場の向きは、1 円玉の上面に □ イ □ 極をもつ磁石の磁場の向きと同じであるので、1 円玉には磁石から □ ウ □ の力がはたらく。

文章中の空欄 □ ア □ ～ □ ウ □ に入れる記号、語句の組み合わせとして最も適当なものを、下の①～⑧のうちから一つ選べ。

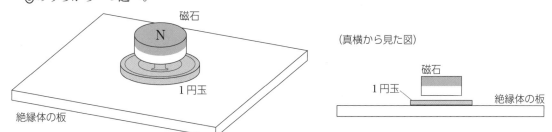

	①	②	③	④	⑤	⑥	⑦	⑧
ア	反時計	反時計	反時計	反時計	時計	時計	時計	時計
イ	N	N	S	S	N	N	S	S
ウ	下向き	上向き	下向き	上向き	下向き	上向き	下向き	上向き

(11. センター本試 [物理 I] 改) ➡ 例題 ⑨

185 交流とR・L・C

☆☆ 思考・判断・表現 5分

交流電源 D、抵抗器 R、コンデンサー C、コイル L および豆電球 M を用いて、図の(a)～(d)のような回路をつくった。ただし、豆電球の抵抗は電流によらず一定とする。交流電源の電圧を一定にしたまま周波数を変化させたときの、(a)～(d)の回路の豆電球の明るさの変化を表すグラフはどれか。それぞれ①～④のうちから正しいものを一つずつ選べ。

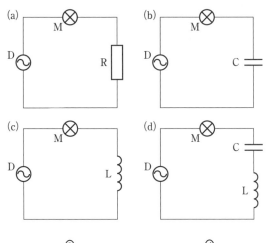

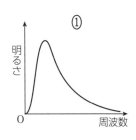
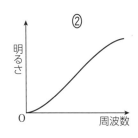
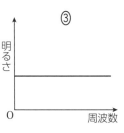
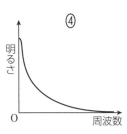

(95. センター追試 [物理] 改) ➡ 例題 ㊶

186 RLC 直列回路

☆☆☆ 7分

抵抗値 R の抵抗 R、自己インダクタンス L のコイル L、電気容量 C のコンデンサー C を、図のように角周波数 ω の交流電源に接続し、最大値 I_0 の交流電流を流した。

問1 コイル L にかかる電圧の最大値 V_{L0} は $\boxed{ア} \times I_0$、コンデンサー C にかかる電圧の最大値 V_{C0} は $\boxed{イ} \times I_0$ である。$\boxed{ア}$、$\boxed{イ}$ の正しい組み合わせ($\boxed{ア}$、$\boxed{イ}$)を、次の①～④のうちから一つ選べ。

① $(\omega L、\omega C)$　② $\left(\omega L、\dfrac{1}{\omega C}\right)$　③ $\left(\dfrac{1}{\omega L}、\omega C\right)$　④ $\left(\dfrac{1}{\omega L}、\dfrac{1}{\omega C}\right)$

問2 交流電源の電圧の最大値を V_0、抵抗 R にかかる電圧の最大値を V_{R0} とするとき、V_0 はどのように表されるか。正しいものを、次の①～⑥のうちから一つ選べ。

① $V_{R0}+V_{L0}+V_{C0}$　② $V_{R0}+V_{L0}-V_{C0}$　③ $\sqrt{V_{R0}{}^2+V_{L0}{}^2+V_{C0}{}^2}$
④ $\sqrt{V_{R0}{}^2+V_{L0}{}^2-V_{C0}{}^2}$　⑤ $\sqrt{V_{R0}{}^2+(V_{L0}+V_{C0})^2}$　⑥ $\sqrt{V_{R0}{}^2+(V_{L0}-V_{C0})^2}$

問3 この回路の平均消費電力はどのように表されるか。正しいものを、①～⑦のうちから一つ選べ。

① $RI_0{}^2$　② $\dfrac{I_0{}^2}{R}$　③ $\dfrac{RI_0{}^2}{\sqrt{2}}$　④ $\dfrac{I_0{}^2}{\sqrt{2}R}$　⑤ $\dfrac{RI_0{}^2}{2}$　⑥ $\dfrac{I_0{}^2}{2R}$　⑦ 0

問4 電源電圧の最大値を一定に保って角周波数 ω を変化させると、電流の最大値が変化する。電流の最大値が最も大きくなるときの角周波数 ω_0 はいくらか。正しいものを、①～⑧のうちから一つ選べ。

① LC　② $\dfrac{1}{LC}$　③ $\sqrt{LC}$　④ $\dfrac{1}{\sqrt{LC}}$

⑤ $2\pi LC$　⑥ $\dfrac{1}{2\pi LC}$　⑦ $2\pi\sqrt{LC}$　⑧ $\dfrac{1}{2\pi\sqrt{LC}}$

➡ 例題 ㊶

☑ **187** 電気振動 **4分**　図1のように、起電力 $E(>0)$ の直流電源、電気容量 C のコンデンサー、自己インダクタンス L のコイル、スイッチSからなる回路がある。導線の抵抗、電源の内部抵抗は無視できるものとする。

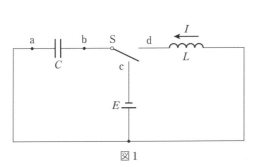

図1

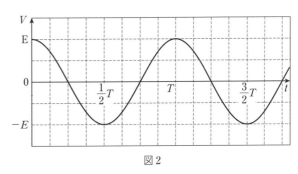

図2

Sをc側につなぎ、十分時間が経ったのち、d側につないだら、図1のab間の電圧 V は、図2のように周期 T で振動した。Sをd側につないだ瞬間の時刻を $t=0$ とする。

問1　コンデンサーのエネルギーとコイルのエネルギーの和は保存される。コイルに流れる電流 I の最大値を I_0 として、I_0 に適したものを①〜⑧のうちから一つ選べ。

① LCE　② $\dfrac{E}{LC}$　③ $E\sqrt{LC}$　④ $\dfrac{E}{\sqrt{LC}}$　⑤ $\dfrac{CE}{L}$　⑥ $\dfrac{LE}{C}$　⑦ $E\sqrt{\dfrac{C}{L}}$　⑧ $E\sqrt{\dfrac{L}{C}}$

問2　コイルを流れる電流 I の時間変化を示すグラフとして適当なものを、次の①〜④のうちから一つ選べ。ただし、図の矢印の向きを電流の正の向きとする。

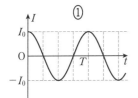
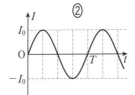
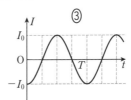
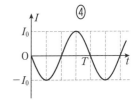

問3　振動の周期 T として適したものを①〜⑧のうちから一つ選べ。

① $2\pi LC$　② $\dfrac{1}{2\pi LC}$　③ $2\pi\sqrt{LC}$　④ $\dfrac{1}{2\pi\sqrt{LC}}$

⑤ $\dfrac{LC}{2\pi}$　⑥ $\dfrac{2\pi}{LC}$　⑦ $\dfrac{\sqrt{LC}}{2\pi}$　⑧ $\dfrac{2\pi}{\sqrt{LC}}$

(17. 熊本大　改) ➡ **例題㊶**

☑ **188** 電磁波 **4分**　次の文章中の　ア　〜　シ　に最も適する数字を、下の①〜⓪のうちから一つずつ選べ。ただし、同じものを繰り返し選んでもよく、　ア　と　ク　には0以外の数字を入れよ。

電磁波は、電場と磁場が互いに変動しながら伝わる波で、光も電波も電磁波の一種で、波長領域が異なる。電磁波の真空中での速さを 3.00×10^8 m/s とする。また、1MHz＝10^6Hz、1nm＝10^{-9}m である。周波数 80.0MHz の電波の周期は有効数字3桁で表すと、　ア　.　イ　　ウ　×$10^{-\boxed{エ}}$s である。また、この電波の真空中での波長は有効数字3桁で表すと、　オ　.　カ　　キ　m である。一方、真空中で波長600nmの光の振動数は有効数字3桁で表すと、　ク　.　ケ　　コ　×$10^{\boxed{サ}\boxed{シ}}$Hz である。

① 1　② 2　③ 3　④ 4　⑤ 5　⑥ 6　⑦ 7　⑧ 8　⑨ 9　⓪ 0

(18. 金沢工大　改)

実践問題

☑ **189** ☆☆ 〔思考・判断・表現〕 **コイルの落下と電磁誘導** **6分** 図のように、鉛直上向きにy軸をとり、$y \leqq 0$の領域に、大きさBの磁束密度の一様な磁場を紙面に垂直に裏から表の向きにかけた。この磁場領域の鉛直上方から、細い金属線でできた1巻きの長方形コイルabcdを、辺abを水平にして落下させる。コイルの質量はm、抵抗値はR、辺の長さはwとLである。

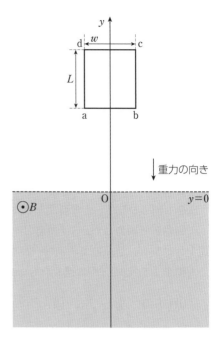

コイルをある高さから落とすと、辺abが$y=0$に到達してから辺cdが$y=0$に到達するまでの間、一定の速さで落下した。ただし、コイルは回転も変形もせず、コイルの面は常に紙面に平行とし、空気の抵抗および自己誘導の影響は無視できるものとする。

問1 コイルに流れる電流Iと時刻tの関係を表すグラフとして最も適当なものを、次の①〜⑧のうちから一つ選べ。ただし、コイルの辺abが$y=0$に到達する時刻を$t=0$、辺cdが$y=0$に到達する時刻を$t=T$とし、abcdaの向きを電流の正の向きとする。

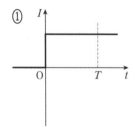
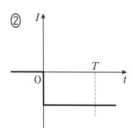
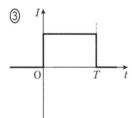
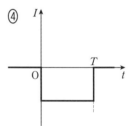

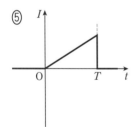
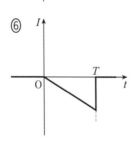
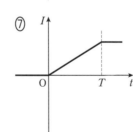
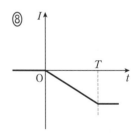

問2 時刻$t=0$と$t=T$の間で、コイルが落下する一定の速さを表す式として正しいものを、次の①〜⑧のうちから一つ選べ。ただし、重力加速度の大きさをgとする。

① $\dfrac{mgR}{B^2 w}$ ② $\dfrac{mgR}{B^2 L^2}$ ③ $\dfrac{mgR}{B^2 Lw}$ ④ $\dfrac{mgR}{B^2 w^2}$

⑤ $\dfrac{mgR}{Bw}$ ⑥ $\dfrac{mgR}{BL^2}$ ⑦ $\dfrac{mgR}{BLw}$ ⑧ $\dfrac{mgR}{Bw^2}$

(18. センター本試 [物理]) ➡ **例題❸❾・❹⓿**

☑ **190** ☆☆ 思考・判断・表現 **磁場中の導体棒の運動** 6分　図のように、
鉛直上向きで磁束密度の大きさBの一様な磁場中
に、十分に長い2本の金属レールが水平面内に間
隔dで平行に固定されている。その上に導体棒a、
bをのせ、静止させた。導体棒a、bの質量は等しく、単位長さあたりの抵抗値がrである。導体棒は
レールと垂直を保ったまま、レール上を摩擦なく動くものとする。また、自己誘導の影響とレールの
電気抵抗は無視できる。時刻$t=0$に導体棒aにのみ、右向きの初速度v_0を与えた。

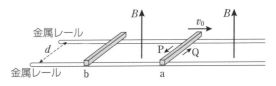

問1　導体棒aに流れる誘導電流に関して、下の文
章中の空欄　ア　・　イ　に入れる記号と式の
組み合わせとして最も適当なものを、右の①～④
のうちから一つ選べ。

	①	②	③	④
ア	P	P	Q	Q
イ	$\dfrac{Bdv_0}{2r}$	$\dfrac{Bv_0}{2r}$	$\dfrac{Bdv_0}{2r}$	$\dfrac{Bv_0}{2r}$

　　導体棒aが動き出した直後、導体棒aに流れる
誘導電流は図の　ア　の矢印の向きであり、その大きさは　イ　である。

問2　導体棒aが動き始めたのちの、導体棒a、bの速度と時間の関係を表すグラフとして最も適当な
ものを、次の①～④のうちから一つ選べ。ただし、速度の向きは右向きを正とする。

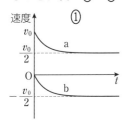 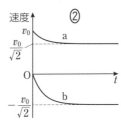 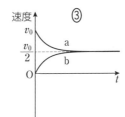 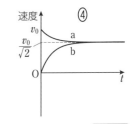

(21. 共通テスト[物理]　改)　➡ 例題❹

☑ **191** ☆☆☆ 思考・判断・表現 **変圧器と電力輸送** 5分　次の問の文章中の空欄　　　に入れる数値として最も適当なものを、
それぞれの解答群から一つずつ選べ。

問1　図(a)のように、交流電源と電熱器Rを、長さ200mの電線2本で接続した。この電線1mあたり
の抵抗は$2.0 \times 10^{-4}\,\Omega$である。電源電圧を調整して電熱器Rの両端の電圧が100Vになるようにする
と、電熱器Rの消費電力は1.0kWとなった。このとき、2本の電線で損失する電力P_1は　　　W
である。

　　① 0.040　　② 0.080　　③ 0.40　　④ 0.80　　⑤ 4.0　　⑥ 8.0

問2　次に、図(b)のように電熱器Rの直前に変圧器を設置した。変圧器の1次コイルと2次コイルの巻
数の比は20:1である。交流電源の電圧を大きくし、電熱器Rを電圧100V、消費電力1.0kWで使用
したとき、2本の電線で損失する電力P_2はP_1と比べ　　　倍になる。ただし、変圧器内部で電力の
損失はなく、変圧器によって電圧を変えても、1次コイル側と2次コイル側の電力は等しく保たれる。

　　① 0.0025　　② 0.025　　③ 0.050　　④ 20　　⑤ 40　　⑥ 400

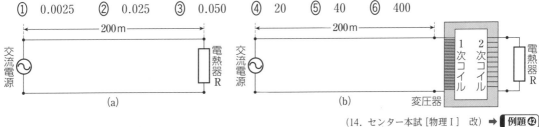

(14. センター本試[物理I]　改)　➡ 例題❷

第Ⅳ章　電気と磁気

127

14 電子と光

1 電子

①**陰極線** ガラス管の両端の電極に高電圧を加え、管内の圧力を下げると、真空放電がおこり、陽極付近が蛍光を発する。このとき陰極から放射されているものを(^{ア})といい、その正体は(^{イ})の流れである。

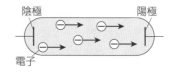

②**電子の比電荷** 電子の電気量の大きさeと質量mの比$\dfrac{e}{m}$を(^{ウ})という。また、電気量の最小単位は、電子の電気量の大きさに等しく、(^{エ})とよばれる。この電気量はミリカンによって測定され、比電荷と電気素量の値から電子の質量が計算できる。

2 光の粒子性

①**光子(光量子)** 光は、エネルギーや運動量をもつ粒子(光子)の集まりであると考えたとき、振動数ν〔Hz〕の光子のエネルギーE〔J〕と運動量p〔kg・m/s〕は、プランク定数をh〔J・s〕、光速をc〔m/s〕とすると、 $E=($ ^{オ} $)$ $p=($ ^{カ} $)$

②**光電効果** 金属表面に光をあてると、電子が飛び出す。このとき飛び出す電子を(^{キ})、この現象を(^{ク})といい、次のような特徴がみられる。

(a) 光の振動数が(^{ケ})よりも小さければ、光電子は飛び出さない。

(b) 光電子の運動エネルギーの最大値は、光の(^{コ})で決まる。

(c) 一定の振動数の光をあてたとき、光電子の数は光の強さに比例して増えるが、光電子の(^{サ})エネルギーの最大値は変わらない。

金属内部の電子を飛び出させるには仕事が必要であり、この仕事の最小値Wを(^{シ})という。光電子の運動エネルギーの最大値K_M〔J〕は、光の振動数をν〔Hz〕プランク定数をh〔J/s〕とすると、 $K_M=($ ^{ス} $)$

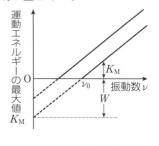

③**電子ボルト** エネルギーの単位であり、記号は eV と表される。1eV は、電子が 1 V の電圧で加速されたときに得るエネルギーで、$e=1.6\times10^{-19}$C とすると、 $1\mathrm{eV}=($ ^{セ} $)$J

3 X 線

①**X 線の発生** 加速した電子を陽極にあてると、X 線が発生する。電気素量をe〔C〕、加速電圧をV〔V〕、プランク定数をh〔J・s〕、光速をc〔m/s〕とすると、X 線の最短波長λ_0〔m〕は、 $\lambda_0=($ ^{ソ} $)$

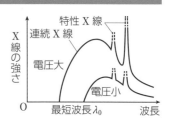

②**X 線の波動性と粒子性** ラウエの実験やブラッグの実験では、X 線の(^{タ})性が観察される。また、コンプトン効果では、X 線のエネルギーと(^{チ})が保存され、X 線の(^{ツ})性が示される。

4 粒子の波動性

電子のような粒子は波動性を示す。この波を(^{テ})といい、波長λは、プランク定数をh〔J・s〕、粒子の質量をm〔kg〕、速さをv〔m/s〕として、 $\lambda=($ ^{ト} $)$

解答

(ア) 陰極線 (イ) 電子 (ウ) 比電荷 (エ) 電気素量 (オ) $h\nu$ (カ) $\dfrac{h\nu}{c}$ (キ) 光電子 (ク) 光電効果 (ケ) 限界振動数

(コ) 振動数 (サ) 運動 (シ) 仕事関数 (ス) $h\nu-W$ (セ) 1.6×10^{-19} (ソ) $\dfrac{hc}{eV}$ (タ) 波動 (チ) 運動量 (ツ) 粒子

(テ) 物質波(ド・ブロイ波) (ト) $\dfrac{h}{mv}$

例 題 ㊸ 陰極線の性質

関連問題 ➡ 192・197

図は、希薄な気体が封入されたガラス管内で、陰極と陽極の間に高電圧をかけて放電させ、陰極から放出されるもの(陰極線)の軌跡を観察する装置である。ただし、図では、極板 A、B 間に電圧をかけていない場合の軌跡が示されている。

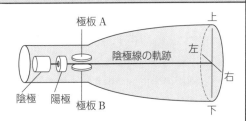

問1 陰極線の実体として正しいものを、次の①〜⑥のうちから一つ選べ。

① 赤外線 ② ヘリウム原子核 ③ 水素原子 ④ 電子 ⑤ X 線 ⑥ 紫外線

問2 極板Aが＋側、極板Bが−側になるように電圧をかけると、陰極線はどのようになるか。次の①〜⑤のうちから一つ選べ。ただし、左右は、図のように陰極側から見た方向である。

① 上に曲がる ② 下に曲がる ③ 右に曲がる ④ 左に曲がる ⑤ 変化しない

(06. センター本試 [物理 I])

指針 ガラス管内の陰極と陽極の間に高電圧をかけると、陰極から陰極線が放射される。陰極線の実体は電子の流れであり、極板 A、B に電場をかけたときに、電場の向きと逆向きに力を受ける。

解説 問1 陰極線の実体は電子である。したがって、解答は④である。

問2 電子の電荷は負であり、極板間に電場をかけると、電場の向きと逆向きに力を受ける。極板Aが＋で極板Bが−であるため、AB 間には A→B の向きに電場が生じる。電子は、上向きに力を受け、その向きに陰極線が曲がる。したがって、解答は①である。

例 題 ㊹ 光電効果

関連問題 ➡ 199

ある金属に振動数 $6.2×10^{14}$ Hz の光を照射し、飛び出す光電子の運動エネルギーの最大値を測定すると、0.83 eV であった。電気素量を $1.6×10^{-19}$ C、プランク定数を $6.6×10^{-34}$ J・s として、次の空欄 $\boxed{1}$ 〜 $\boxed{4}$ に入る数字として最も適当なものを、下の①〜⓪のうちから一つずつ選べ。ただし、同じものを繰り返し選んでもよい。

問1 この金属の仕事関数は、$\boxed{1}$. $\boxed{2}$ eV である。

問2 次に、同じ金属に振動数 $7.4×10^{14}$ Hz の光を照射した。飛び出す光電子の運動エネルギーの最大値は、$\boxed{3}$. $\boxed{4}$ eV である。

① 1 ② 2 ③ 3 ④ 4 ⑤ 5 ⑥ 6 ⑦ 7 ⑧ 8 ⑨ 9 ⓪ 0

指針 光電子の運動エネルギーの最大値 K_M と仕事関数 W の関係式、「$K_M＝h\nu－W$」を利用する。本問では、K_M の単位が eV、$h\nu$ の単位が J であることに注意する。

解説 問1 1 eV$＝1.6×10^{-19}$ J の関係を用いて、「$K_M＝h\nu－W$」の式を立てると、

$0.83×(1.6×10^{-19})＝(6.6×10^{-34})×(6.2×10^{14})－W$

$W＝2.76×10^{-19}$ J

これを eV に換算すると、

$$W＝\frac{2.76×10^{-19}}{1.6×10^{-19}}＝1.72\,eV \qquad 1.7\,eV$$

解答は、$\boxed{1}$: ①、$\boxed{2}$: ⑦

問2 振動数 $7.4×10^{14}$ Hz の光を照射した場合において、「$K_M＝h\nu－W$」の式を立てる。問1で求めた仕事関数 W を用いて、K_M を求めると、

$K_M＝(6.6×10^{-34})×(7.4×10^{14})－(2.76×10^{-19})$

$＝2.12×10^{-19}$ J

これを eV に換算すると、

$$K_M＝\frac{2.12×10^{-19}}{1.6×10^{-19}}＝1.32\,eV \qquad 1.3\,eV$$

解答は、$\boxed{3}$: ①、$\boxed{4}$: ③

第 V 章 原子

必修問題

☑ **192** ☆☆ **トムソンの実験** (6分) 図のように、真空中でx軸を挟むように、x軸と平行で長さlの極板P_1、P_2が置かれ、極板間にはy軸の負の向きに強さEの一様な電場がかかっている。また、極板の中央$(x=0)$からx軸の正の向きにある距離だけはなれた位置に、x軸と垂直に蛍光板が置かれている。x軸に沿って質量m、電荷$-e$の電子を速さv_0で極板間に進入させる。ただし、重力の影響は無視できるとする。

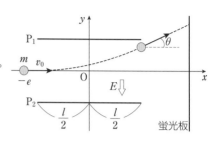

問1 極板$P_1$$P_2$間において、電子に生じる加速度の大きさはいくらか。次の①~⑥のうちから一つ選べ。

① eE ② $\dfrac{lE}{e}$ ③ $\dfrac{eE}{l}$ ④ $\dfrac{mE}{e}$ ⑤ $\dfrac{eE}{m}$ ⑥ $\dfrac{E}{m}$

問2 極板$P_1$$P_2$間から飛び出した直後の電子の速度の$y$成分はいくらか。次の①~⑥のうちから一つ選べ。

① $\dfrac{eE}{m}$ ② $\dfrac{mE}{e}$ ③ $\dfrac{eEv_0}{2ml}$ ④ $\dfrac{eEl}{mv_0}$ ⑤ $\dfrac{eEv_0}{ml}$ ⑥ $\dfrac{eEl^2}{2mv_0{}^2}$

問3 極板$P_1$$P_2$間から飛び出した直後の、電子の速度の向きと$x$軸の正の向きとのなす角を$\theta$とする。電子の比電荷$\dfrac{e}{m}$はいくらか。次の①~⑥のうちから一つ選べ。

① $\dfrac{v_0{}^2\sin\theta}{El}$ ② $\dfrac{v_0{}^2\sin\theta}{2El}$ ③ $\dfrac{v_0{}^2\cos\theta}{El}$ ④ $\dfrac{v_0{}^2\cos\theta}{2El}$ ⑤ $\dfrac{v_0{}^2\tan\theta}{El}$ ⑥ $\dfrac{v_0{}^2\tan\theta}{2El}$

➡ **例題 ㊸**

☑ **193** ☆☆ **ミリカンの実験** (8分) 図のように、極板P、Qがあり、極板間には、鉛直方向に一様な電場をかけることができる。この極板間に、帯電した油滴を漂わせ、その速度を測定することで電荷を調べる。質量m、電荷$q\,(>0)$の油滴Aに注目すると、油滴Aが大きさvの速度で運動するとき、油滴には、速度と逆向きに大きさkvの空気抵抗がはたらき、やがて一定の速さv_1で落下した。重力加速度の大きさをgとして、次の各問に答えよ。

問1 この油滴の落下の速さv_1はいくらか。次の①~⑥のうちから一つ選べ。

① mg ② $\dfrac{mg}{k}$ ③ $\dfrac{k}{mg}$ ④ $\sqrt{\dfrac{mg}{k}}$ ⑤ $\sqrt{\dfrac{k}{mg}}$ ⑥ mgk

問2 極板間に、鉛直上向きに強さEの電場をかけたとき、油滴Aはやがて一定の速さv_2で上昇した。油滴Aの電荷qはいくらか。次の①~⑥のうちから一つ選べ。

① $E(v_1+v_2)$ ② $E(v_1-v_2)$ ③ $\dfrac{E(v_1+v_2)}{k}$ ④ $\dfrac{E(v_1-v_2)}{k}$ ⑤ $\dfrac{k(v_1+v_2)}{E}$ ⑥ $\dfrac{k(v_1-v_2)}{E}$

問3 油滴の電気量について、次の5つの測定値が得られた。

  1.449 2.089 2.247 2.733 3.228 $(\times 10^{-18}\text{C})$

これらの測定値から、電気素量を有効数字3桁で表すと、$\boxed{\text{ア}}\,.\,\boxed{\text{イ}}\,\boxed{\text{ウ}}\times 10^{-19}\text{C}$となる。$\boxed{\text{ア}}$~$\boxed{\text{ウ}}$に入る数字として最も適当なものを、次の①~⓪のうちから一つずつ選べ。ただし、同じものを繰り返し選んでもよい。

① 1 ② 2 ③ 3 ④ 4 ⑤ 5 ⑥ 6 ⑦ 7 ⑧ 8 ⑨ 9 ⓪ 0

☑ **194** **X線** 2分 　次の文章中の空欄 ア ～ ウ に入れる語句の組み合わせとして最も適当なものを、下の①～⑧のうちから一つ選べ。

　X線は紫外線より ア 波長をもつ イ である。X線管では、真空中で陰極から放出される熱電子を加速して陽極に衝突させてX線を発生させる。X線管から発生するX線のスペクトルは、陽極の物質で決まる特定の波長に強く現れる特性X線(固有X線)と、 ウ 波長が陰極と陽極の間の電圧で決まる連続X線からなる。

	ア	イ	ウ		ア	イ	ウ
①	短い	電磁波	最短の	⑤	長い	電磁波	最短の
②	短い	電磁波	最長の	⑥	長い	電磁波	最長の
③	短い	物質波	最短の	⑦	長い	物質波	最短の
④	短い	物質波	最長の	⑧	長い	物質波	最長の

(16. センター追試 [物理])

☑ **195** **ブラッグの反射** 3分 　図は、間隔 d で規則正しく並んだ結晶面に、波長 λ のX線が角度 θ で入射し、同じ角度 θ で反射するようすを示したものである。このとき、隣りあう2つの結晶面からの反射X線が同位相となる条件(ブラッグの条件)が成り立つと強い反射がおこる。この条件を表す式として正しいものを、次の①～⑧のうちから一つ選べ。ただし、式中の n は正の整数を表す。

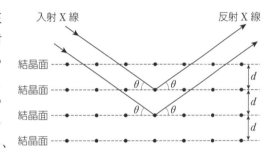

①　$d\sin\theta = n\lambda$ 　　②　$d\sin\theta = \left(n - \dfrac{1}{2}\right)\lambda$ 　　③　$2d\sin\theta = n\lambda$ 　　④　$2d\sin\theta = \left(n - \dfrac{1}{2}\right)\lambda$

⑤　$d\cos\theta = n\lambda$ 　　⑥　$d\cos\theta = \left(n - \dfrac{1}{2}\right)\lambda$ 　　⑦　$2d\cos\theta = n\lambda$ 　　⑧　$2d\cos\theta = \left(n - \dfrac{1}{2}\right)\lambda$

(16. センター追試 [物理])

☑ **196** **物質波** 4分 　次の文章中の空欄 ア ・ イ に入れる式の組み合わせとして最も適当なものを、後の①～⑧のうちから一つ選べ。

　ミクロな世界の粒子は、粒子としての性質と波動としての性質をあわせもつ。大きさ p の運動量をもつ粒子の物質波としての波長(ド・ブロイ波長)は、h をプランク定数として、 ア で表される。

　質量 m の電子と質量 M の陽子をそれぞれ同じ大きさの電圧で加速すると、同じ大きさの運動エネルギーをもつ。このとき、電子のド・ブロイ波長 $\lambda_{電子}$ と陽子のド・ブロイ波長 $\lambda_{陽子}$ の比は、

$$\frac{\lambda_{電子}}{\lambda_{陽子}} = \boxed{\text{イ}}$$

である。

	①	②	③	④	⑤	⑥	⑦	⑧
ア	$\dfrac{p}{h}$	$\dfrac{p}{h}$	$\dfrac{p}{h}$	$\dfrac{p}{h}$	$\dfrac{h}{p}$	$\dfrac{h}{p}$	$\dfrac{h}{p}$	$\dfrac{h}{p}$
イ	$\sqrt{\dfrac{M}{m}}$	$\dfrac{M}{m}$	$\sqrt{\dfrac{m}{M}}$	$\dfrac{m}{M}$	$\sqrt{\dfrac{M}{m}}$	$\dfrac{M}{m}$	$\sqrt{\dfrac{m}{M}}$	$\dfrac{m}{M}$

(23. 共通テスト追試 [物理] 改)

実践問題

☑ **197** ☆☆ 　思考・判断・表現

陰極線 -5分- 　図1のような、内部が真空のガラス管内の電極AとBの間に高電圧をかけると、蛍光板の中心に輝点(蛍光が特に明るい部分)が見えた。このとき、電極CD間に電圧はかかっていないとする。

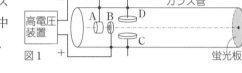

問1 次の文章中の空欄に入れる語の組み合わせとして正しいものを、右の①〜⑧のうちから一つ選べ。

　この現象は電極 ア から イ が放出され、蛍光板に衝突することによっておこる。 イ は ウ の流れである。

	ア	イ	ウ		ア	イ	ウ
①	A	ガンマ線	原子核	⑤	B	ガンマ線	原子核
②	A	陰極線	原子核	⑥	B	陰極線	原子核
③	A	ガンマ線	電子	⑦	B	ガンマ線	電子
④	A	陰極線	電子	⑧	B	陰極線	電子

問2 電極CD間に電圧をかけると、蛍光板上の輝点が下向きに移動した。その後、図2のように、U型磁石を置くと輝点がさらに動いた。磁石をガラス管の中心軸のまわりに回転させると、輝点がCD間に電圧をかける前の場所(蛍光板の中心)に戻るときがあった。このときの、電極CD間にかけた電圧と磁石の向きの正しい組み合わせを、右の①〜④の図のうちから一つ選べ。ただし、磁石の向きを表す図は、ガラス管を電極Aの側から見たものとする。

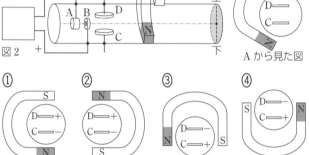

(08. センター追試 [物理I] 改) → 例題㊸

☑ **198** ☆☆

コンプトン効果 -5分- 　次の文章中の空欄 ア 〜 ウ に入れる式と語句の組み合わせとして最も適当なものを、下の①〜⑧のうちから一つ選べ。

　X線は、波動性とともに粒子性をもつ。粒子性を示す一例としてコンプトン効果(コンプトン散乱)があげられる。図に示すように、波長 λ の入射X線の光子が、静止した電子と衝突し、散乱されることを考えよう。散乱X線の波長を λ' とすると、その光子の運動量は ア 、エネルギーは イ である。入射X線のエネルギーの一部が電子に与えられるため、波長 λ' は、波長 λ と比べて ウ 。ただし、光の速さを c、プランク定数を h とする。

	ア	イ	ウ		ア	イ	ウ
①	$\dfrac{h}{\lambda'}$	$\dfrac{\lambda'}{hc}$	長くなる	⑤	$h\lambda'$	$\dfrac{\lambda'}{hc}$	長くなる
②	$\dfrac{h}{\lambda'}$	$\dfrac{\lambda'}{hc}$	短くなる	⑥	$h\lambda'$	$\dfrac{\lambda'}{hc}$	短くなる
③	$\dfrac{h}{\lambda'}$	$\dfrac{hc}{\lambda'}$	長くなる	⑦	$h\lambda'$	$\dfrac{hc}{\lambda'}$	長くなる
④	$\dfrac{h}{\lambda'}$	$\dfrac{hc}{\lambda'}$	短くなる	⑧	$h\lambda'$	$\dfrac{hc}{\lambda'}$	短くなる

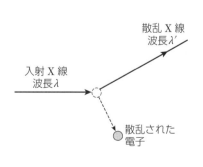

(16. センター追試 [物理])

光電効果 10分　光電効果に関する次の各問に答えよ。

問1　次の文章中の空欄 ア ～ ウ に入れる語および式の組み合わせとして最も適当なものを、右の①～⑧のうちから一つ選べ。

	ア	イ	ウ		ア	イ	ウ
①	波動性	$h\nu$	$E+W$	⑤	粒子性	$h\nu$	$E+W$
②	波動性	$h\nu$	$E-W$	⑥	粒子性	$h\nu$	$E-W$
③	波動性	$\dfrac{h}{\nu}$	$E+W$	⑦	粒子性	$\dfrac{h}{\nu}$	$E+W$
④	波動性	$\dfrac{h}{\nu}$	$E-W$	⑧	粒子性	$\dfrac{h}{\nu}$	$E-W$

光電効果は、金属などに光をあてると瞬時に電子がその表面から飛び出してくる現象であり、光の ア によって説明される。金属に振動数νの光をあてたとき、金属内の電子が1個の光子を吸収すると、電子は$E=$ イ のエネルギーを得る。金属の仕事関数がWであるとき、金属から飛び出した直後の電子の運動エネルギーの最大値は ウ である。ただし、プランク定数をhとする。

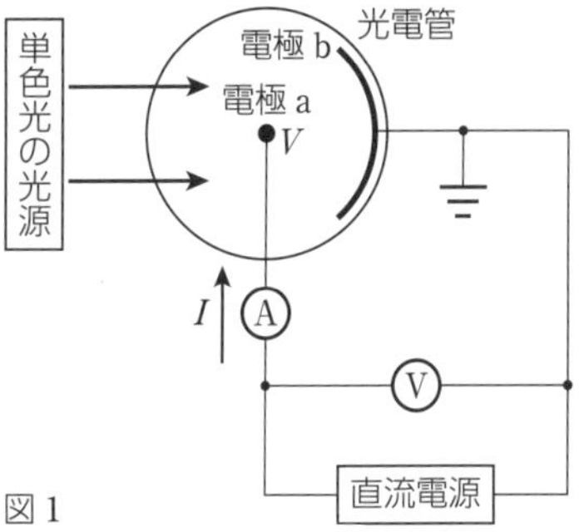

問2　図1のような装置で光電効果を調べる。電極bは接地されており、直流電源の電圧を変えることにより電極aの電位Vを変えることができる。単色光を光電管にあて、Vと光電流Iの関係を調べたところ、図2のグラフが得られた。このとき、光電効果によって電極bから飛び出した直後の電子の速さの最大値を表す式として最も適当なものを、次の①～⑧のうちから一つ選べ。ただし、電気素量をe、電子の質量をmとし、電極aでの光電効果は無視できるものとする。

① $\dfrac{eI_0}{2m}$　② $\dfrac{2eI_0}{m}$　③ $\sqrt{\dfrac{eI_0}{2m}}$　④ $\sqrt{\dfrac{2eI_0}{m}}$

⑤ $\dfrac{eV_0}{2m}$　⑥ $\dfrac{2eV_0}{m}$　⑦ $\sqrt{\dfrac{eV_0}{2m}}$　⑧ $\sqrt{\dfrac{2eV_0}{m}}$

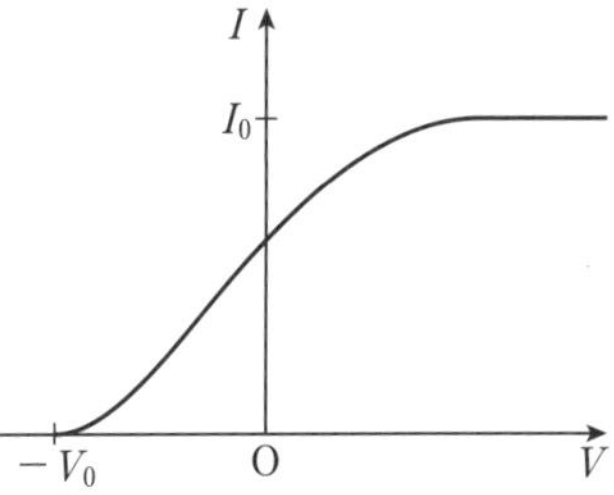

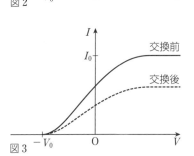

図1

図2

問3　次の文章中の空欄 エ ・ オ に入れる語句の組み合わせとして最も適当なものを、下の①～⑨のうちから一つ選べ。

図1の装置の光源を、単色光を発する別の光源に交換し、VとIの関係を調べたところ、図3の破線の結果が得られた。図3の実線は交換前のVとIの関係を示している。このグラフから次のことがわかる。交換後の光の振動数は、 エ 。また、単位時間あたりに電極bに入射する光子の数は、 オ 。

図3

	エ	オ		エ	オ
①	交換前より小さい	交換前より少ない	⑥	交換前と等しい	交換前より多い
②	交換前より小さい	交換前と等しい	⑦	交換前より大きい	交換前より少ない
③	交換前より小さい	交換前より多い	⑧	交換前より大きい	交換前と等しい
④	交換前と等しい	交換前より少ない	⑨	交換前より大きい	交換前より多い
⑤	交換前と等しい	交換前と等しい			

(16. センター追試［物理］)　➡ 例題❹

第V章　原子

15 原子と原子核

1 原子の構造

①ラザフォードの原子模型 α線を金箔にあてると、大部分は素通りして直進するが、ごく一部が大きく曲げられる。このようすから、ラザフォードは次のような原子模型を提唱した。原子番号Zの原子の中心には、体積が小さく質量の大きい、電気素量eの(^{ア}　　　　)倍の正電荷をもつ原子核がある。また、電子は、原子核との間にはたらく(^{イ}　　　　)力によって、原子核のまわりをまわっている。

②ボーアの原子模型 **[量子条件]** 電子の軌道の円周の長さが、電子波（電子の物質波）の波長の(^{ウ}　　　　)のときにのみ定常波を生じる。電子の質量をm、速さをv、軌道半径をr、プランク定数をh、電子波の波長をλ、正の整数をnとするとき、　$2\pi r = n\lambda = ($^{エ}　　　　$)$
このnを(^{オ}　　　　)といい、この式を満たす電子の状態を(^{カ}　　　　)状態という。この状態の電子は電磁波を放射しない。

$\lambda = \dfrac{h}{mv}$

電子波
（$n=4$のとき）

[振動数条件] 定常状態における電子のエネルギーをエネルギー準位という。電子は、エネルギー準位Eの定常状態から、それよりも低いエネルギー準位E'の定常状態に移るとき、その差に等しいエネルギー$h\nu$（h：プランク定数、ν：振動数）の光子を(^{キ}　　　　)する。逆に、E'からEの状態に移るときは、エネルギー$h\nu$の光子を(^{ク}　　　　)する。

③水素原子の構造 水素原子のエネルギー準位E_nは、リュードベリ定数をR、光速をc、プランク定数をh、正の整数をnとして、$E_n = -\dfrac{Rch}{n^2}$ と表される。$n=1$の状態を(^{ケ}　　　　)状態といい、最もエネルギーの低い安定な状態にある。$n=2$、3、4、…となるにしたがって、エネルギー準位は高くなり0に近づく。これらの状態を(^{コ}　　　　)状態という。

2 原子核と放射線

①放射性崩壊 不安定な状態の原子核は、(^{サ}　　　　)とよばれるエネルギーの高い粒子や電磁波を放出して、安定な状態の原子核へと変化する。これを(^{シ}　　　　)といい、α線を放出する(^{ス}　　　　)崩壊、β線を放出する(^{セ}　　　　)崩壊、γ線を放出する(^{ソ}　　　　)崩壊がある。

②半減期 放射性核種の原子核の数が、崩壊によって最初の半分になるまでの時間を半減期という。半減期をT、最初の原子核の数をN_0、時間tが経過したときに崩壊せずに残る原子核の数をNとすると、$N = ($^{タ}　　　　$)$

3 核反応とエネルギー

①質量欠損とエネルギー 原子核の質量は、それを構成する核子の質量の合計よりも(^{チ}　　　　)なる。エネルギーをE〔J〕、質量をm〔kg〕、真空中の光速をc〔m/s〕とすると、これらの間には、$E = ($^{ツ}　　　　$)$の関係が成り立つ。質量欠損ΔMに相当するエネルギーΔMc^2を(^{テ}　　　　)エネルギーという。

②核反応 核反応では、その前後において核子の数（質量数）の和と(^{ト}　　　　)の和は、それぞれ一定に保たれる。核反応によって原子核などの質量の総和がΔMだけ減少したとき、真空中の光速をcとすると、(^{ナ}　　　　)のエネルギーが放出される。

解答

（ア）Z　（イ）静電気（クーロン）　（ウ）整数倍　（エ）$n\dfrac{h}{mv}$　（オ）量子数　（カ）定常　（キ）放出　（ク）吸収　（ケ）基底

（コ）励起　（サ）放射線　（シ）放射性崩壊（崩壊、壊変）　（ス）α　（セ）β　（ソ）γ　（タ）$N_0\left(\dfrac{1}{2}\right)^{\frac{t}{T}}$　（チ）小さく　（ツ）mc^2

（テ）結合　（ト）電気量（原子番号）　（ナ）ΔMc^2

例題 ㊺ ボーアの原子模型

関連問題 ➡ 201・210

ボーアの原子模型について考える。質量 m の電子が、水素原子の原子核のまわりを速さ v、半径 r の等速円運動をしている。量子数を n、プランク定数を h として、次の各問に答えよ。

問1 電子の軌道の円周の長さが電子波の波長の整数倍のとき、電子は定常状態にある。その条件を表している式はどれか。次の①〜④のうちから一つ選べ。

① $2\pi r = n \cdot \dfrac{mv}{h}$ ② $2\pi r = n \cdot \dfrac{h}{mv}$ ③ $2\pi r = n \cdot \dfrac{mv}{2h}$ ④ $2\pi r = n \cdot \dfrac{h}{2mv}$

問2 量子数が n の定常状態にある電子のエネルギー E_n は、$E_n = -\dfrac{13.6}{n^2}$ [eV] と表すことができる。励起状態のうち、最もエネルギーが低い状態から基底状態への遷移に伴い放出される光子のエネルギー E を有効数字2桁で表すとき、空欄 1 〜 3 に入る数字として最も適当なものを、次の①〜⓪のうちから一つずつ選べ。ただし、同じものを繰り返し選んでもよい。

$E = \boxed{1}.\boxed{2} \times 10^{\boxed{3}}$ eV

① 1　② 2　③ 3　④ 4　⑤ 5　⑥ 6　⑦ 7　⑧ 8　⑨ 9　⓪ 0

(18. 大学入学共通テスト試行調査 [物理] 改)

指針 ボーアの原子模型において、定常状態では、軌道の円周の長さが電子波の波長の整数倍に等しい。また、電子がエネルギー準位の低い状態に移るとき、エネルギー準位の差に等しいエネルギーをもつ光子を放出する。

解説 **問1** 電子波の波長 λ は、$\lambda = \dfrac{h}{mv}$

定常状態にある電子は、軌道の円周の長さ $2\pi r$ が波長 λ の整数倍となっている。量子数 n を用いて、

$2\pi r = n\lambda = n \cdot \dfrac{h}{mv}$　　解答は②である。

問2 電子が基底状態にあるときは $n=1$、励起状態のうちエネルギーが最も低いのは $n=2$ である。それぞれのエネルギーを E_1、E_2 とすると、

$$E_1 = -\frac{13.6}{1^2} = -13.6\,\text{eV}$$

$$E_2 = -\frac{13.6}{2^2} = -3.4\,\text{eV}$$

したがって、放出される光子のエネルギー E は、

$E = E_2 - E_1 = 10.2\,\text{eV}$　　$1.0 \times 10^1\,\text{eV}$

解答は、 1 :①、 2 :⓪、 3 :①

例題 ㊻ 核反応

関連問題 ➡ 205・206・207

ラザフォードは、α 線を窒素の原子核に衝突させ、窒素の原子核が別の原子核に変換されることを発見した。この反応は、次の核反応式で示される。${}^{14}_{7}\text{N} + {}^{4}_{2}\text{He} \longrightarrow {}^{\boxed{ア}}_{\boxed{イ}}\boxed{ウ} + {}^{1}_{1}\text{H}$

問1 空欄 ア ・ イ に入る数字の組み合わせとして最も適当なものを、右の①〜⑥のうちから一つ選べ。

問2 空欄 ウ に入る元素記号を、次の①〜④のうちから一つ選べ。

① C　② O　③ F　④ Ne

	①	②	③	④	⑤	⑥
ア	16	16	17	17	18	18
イ	8	9	8	9	8	9

指針 核反応では、核子の数(質量数)の総和と電気量(原子番号)の総和は、それぞれ保存される。

解説 **問1** ア 質量数の総和は一定である。

$14 + 4 = \boxed{ア} + 1$　　$\boxed{ア} = 17$

イ 原子番号の総和は一定である。

$7 + 2 = \boxed{イ} + 1$　　$\boxed{イ} = 8$

解答は③である。

問2 原子番号が8の元素を示す記号は、酸素のOである。解答は②である。

必修問題

☑ **200** $\overset{☆☆}{}$ **α線の散乱** ⟨2分⟩　金箔に照射した α粒子（電気量 $+2e$、e は電気素量）の散乱実験の結果から、ラザフォードは、質量と正電荷が狭い部分に集中した原子核の存在を突き止めた。金の原子核による α粒子の散乱のようすを示した図として最も適当なものを、次の①〜⑥のうちから一つ選べ。ただし、図の中央の黒丸は原子核の位置を、実線は原子核の周辺での α粒子の飛跡を模式的に示している。

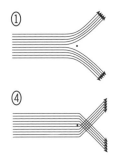
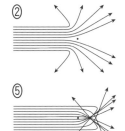
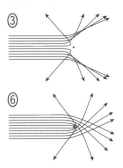

（15. センター本試 [物理]）

☑ **201** $\overset{☆☆}{}$ **ボーアの原子模型** ⟨5分⟩　原子核の発見と、原子の構造に関する次の各問に答えよ。

問1　次の文章中の空欄 ⎡ ア ⎤・⎡ イ ⎤ に入れる語の組み合わせとして最も適当なものを、次の①〜⑥のうちから一つ選べ。

電子が原子核のまわりを円運動していると考えるラザフォードの原子模型では、電子が電磁波を放射して徐々に ⎡ ア ⎤ を失い、電子の軌道半径が時間とともに小さくなってしまうという問題があった。ボーアは、この問題を解決するために「原子中の電子は、ある条件を満足する円軌道上のみで運動している」という仮説を導入した。このとき、電子はある決まったエネルギーをもち電磁波を放射しない。この状態を定常状態という。

さらに、「電子がある定常状態から別のエネルギーをもつ定常状態に移るとき、その差のエネルギーをもつ1個の ⎡ イ ⎤ が放出または吸収される」という仮説も導入し、水素原子のスペクトルの説明に成功した。

	ア	イ
①	質量	光電子
②	質量	光子
③	エネルギー	光電子
④	エネルギー	光子
⑤	電荷	光電子
⑥	電荷	光子

問2　定常状態は、ド・ブロイによって提唱された物質波の考えを用いることにより、波動としての電子が、原子核を中心とする円軌道上にあたかも定常波をつくっている状態だと解釈されるようになった。このとき、量子数 n（$n=1$、2、3、…）の定常状態における円軌道の半径 r、電子の質量 m、電子の速さ v、プランク定数 h の間に成り立つ関係式として正しいものを、次の①〜⑥のうちから一つ選べ。

① $\pi r^2 = \dfrac{nmv}{h}$ 　　② $\pi r = \dfrac{nmv}{h}$ 　　③ $2\pi r = \dfrac{nmv}{h}$

④ $\pi r^2 = \dfrac{nh}{mv}$ 　　⑤ $\pi r = \dfrac{nh}{mv}$ 　　⑥ $2\pi r = \dfrac{nh}{mv}$ 　　（15. センター本試 [物理]）→ 例題㊺

202 放射線 3分 放射線に関する記述として正しいものを、次の①〜⑤のうちからすべて選べ。ただし、該当するものがない場合は、⓪を選べ。

① α 線、β 線、γ 線のうち、α 線のみが物質中の原子から電子をはじき飛ばして原子をイオンにするはたらき(電離作用)をもつ。

② α 線、β 線、γ 線を一様な磁場に対して垂直に入射させると、β 線のみが直進する。

③ β 崩壊の前後で、原子核の原子番号は変化しない。

④ 自然界に存在する原子核はすべて安定であり、放射線を放出しない。

⑤ シーベルト(記号 Sv)は、人体への放射線の影響を評価するための単位である。

(17. センター本試 [物理] 改)

203 原子核崩壊 2分 ウラン $^{235}_{92}U$ の原子核は α 崩壊と β 崩壊を何度か繰り返し、安定な鉛 Pb の原子核になる。この原子核崩壊によって生じる鉛の同位体を、次の①〜④のうちから一つ選べ。

① $^{205}_{82}Pb$　　② $^{206}_{82}Pb$　　③ $^{207}_{82}Pb$　　④ $^{208}_{82}Pb$　　(05. センター本試 [物理 I B] 改)

204 半減期 2分 はじめに N 個あった $^{210}_{84}Po$ の原子核が α 崩壊により減り、$\frac{N}{8}$ 個になるのに420日かかった。$^{210}_{84}Po$ の半減期として最も適当なものを、次の①〜⑥のうちから一つ選べ。

① 53日　　② 70日　　③ 105日　　④ 140日　　⑤ 210日　　⑥ 240日

(15. センター追試 [物理])

205 原子核反応 4分 原子核反応について、次の各問に答えよ。

問1 原子核のさまざまな反応や崩壊において、その前後で常に保存される量を、次の①〜⑤のうちからすべて選べ。ただし、該当するものがない場合は、⓪を選べ。

① 電荷の和　　　　　　② 陽子の数の和　　　　　③ 中性子の数の和

④ 陽子と中性子の数の和　　⑤ 陽子と電子の数の和

問2 次の文中の ア ・ イ にあてはまるものを、下の①〜⑥のうちから一つずつ選べ。

宇宙線に含まれる ア と、大気中の窒素 $^{14}_{7}N$ との衝突による反応によって、$^{14}_{6}C$ が生成される。

ア $+ ^{14}_{7}N \longrightarrow ^{14}_{6}C + p(陽子)$

この生成された $^{14}_{6}C$ は、 イ を放出する崩壊(ベータ崩壊)をして、安定な $^{14}_{7}N$ になる。

① e(電子)　　② p(陽子)　　③ n(中性子)　　④ $^{2}_{1}H$　　⑤ $^{4}_{2}He$　　⑥ $^{12}_{6}C$

(91. センター追試 [物理] 改) ➡ 例題 ⑮

206 核反応 6分 静止した放射性原子核 $^{210}_{84}Po$ が崩壊によって原子核 $^{206}_{82}Pb$ と α 粒子に分裂し、核エネルギー Q が放出された。ただし、$^{210}_{84}Po$ と $^{206}_{82}Pb$ の原子核、および α 粒子の質量を、それぞれ M_{Po}、M_{Pb}、M_α とし、また、真空中の光の速さを c とする。

問1 Q を表す式として正しいものを、次の①〜⑥のうちから一つ選べ。

① $(M_{Po} + M_{Pb} + M_\alpha)c^2$　　② $(M_{Po} - M_{Pb} + M_\alpha)c^2$　　③ $(-M_{Po} + M_{Pb} + M_\alpha)c^2$

④ $(M_{Po} - M_{Pb} - M_\alpha)c^2$　　⑤ $(M_{Po} + M_{Pb} - M_\alpha)c^2$　　⑥ $(-M_{Po} + M_{Pb} - M_\alpha)c^2$

問2 崩壊後、$^{206}_{82}Pb$ の原子核と α 粒子は互いに逆方向に運動した。このときの $^{206}_{82}Pb$ の原子核の速さ v_{Pb} と α 粒子の速さ v_α の比 $\frac{v_{Pb}}{v_\alpha}$ として正しいものを、次の①〜⑤のうちから一つ選べ。ただし、v_{Pb} と v_α は、光の速さ c に比べて十分小さい。

① $\sqrt{\frac{M_\alpha}{M_{Pb}}}$　　② $\sqrt{\frac{M_{Pb}}{M_\alpha}}$　　③ $\frac{M_\alpha}{M_{Pb}}$　　④ $\frac{M_{Pb}}{M_\alpha}$　　⑤ 1

(15. センター追試 [物理] 改) ➡ 例題 ⑯

207 核反応 ☆☆ 3分

2個の重水素原子核 $^2_1\mathrm{H}$ が、以下の核反応をおこした。

$$^2_1\mathrm{H}+{}^2_1\mathrm{H}\rightarrow{}^3_2\mathrm{He}+{}^1_0\mathrm{n}$$

2個の重水素原子核が、原子核間の静電気力を無視できるほど十分はなれたところから、一直線上を互いに逆向きに同じ運動エネルギー E_0 をもって近づくとする。上の核反応をおこすには、重水素原子核の間にはたらく静電気力にうち勝って、互いの核力がはたらく程度の距離まで近づく必要がある。その距離を r_0、電気素量を e、クーロンの法則の比例定数を k_0 とすると、この核反応をおこすために必要な運動エネルギー E_0 の最小値として正しいものを、次の①～⑧のうちから一つ選べ。

① $\dfrac{k_0 e^2}{r_0}$　　② $\dfrac{k_0 e^2}{2r_0}$　　③ $\dfrac{k_0 e^2}{r_0{}^2}$　　④ $\dfrac{k_0 e^2}{2r_0{}^2}$

⑤ $\dfrac{k_0 e}{r_0}$　　⑥ $\dfrac{k_0 e}{2r_0}$　　⑦ $\dfrac{k_0 e}{r_0{}^2}$　　⑧ $\dfrac{k_0 e}{2r_0{}^2}$

(18. 佐賀大　改)　➡ 例題46

208 原子力発電 ☆☆ 6分

原子力発電によって、解放される核エネルギーについて考えよう。静止しているウラン原子核 $^{235}_{92}\mathrm{U}$ が中性子 $^1_0\mathrm{n}$ を1つ吸収して、ストロンチウム原子核 $^{95}_{38}\mathrm{Sr}$ とキセノン原子核 $^{139}_{54}\mathrm{Xe}$ と中性子に分裂する反応を考える。この反応は次のように書くことができる。

$$^{235}_{92}\mathrm{U}+{}^1_0\mathrm{n}\rightarrow{}^{95}_{38}\mathrm{Sr}+{}^{139}_{54}\mathrm{Xe}+\boxed{\text{ア}}\,{}^1_0\mathrm{n}$$

問1 上の $\boxed{\text{ア}}$ に入れる数値として最も適当なものを、次の①～⓪のうちから一つ選べ。

① 1　② 2　③ 3　④ 4　⑤ 5　⑥ 6　⑦ 7　⑧ 8　⑨ 9　⓪ 0

問2 真空中の光速を 3.0×10^8 m/s、$^1_0\mathrm{n}$ および $^{95}_{38}\mathrm{Sr}$、$^{139}_{54}\mathrm{Xe}$、$^{235}_{92}\mathrm{U}$ の各原子核1個の質量を、それぞれ 1.67×10^{-27} kg、157.60×10^{-27} kg、230.63×10^{-27} kg、390.22×10^{-27} kg としたとき、1個の $^{235}_{92}\mathrm{U}$ 原子核によって解放される核エネルギーとして、次の空欄 $\boxed{\text{イ}}$・$\boxed{\text{ウ}}$ に入れる数字として正しいものを、下の①～⓪のうちから一つずつ選べ。

$$\boxed{\text{イ}}.\boxed{\text{ウ}}\times10^{-11}\,\mathrm{J}$$

① 1　② 2　③ 3　④ 4　⑤ 5　⑥ 6　⑦ 7　⑧ 8　⑨ 9　⓪ 0

(18. 千葉工業大　改)

209 核融合 ☆☆☆ 5分

次の文章中の空欄 $\boxed{\text{ア}}$・$\boxed{\text{イ}}$ に入れる式と語の組み合わせとして最も適当なものを、下の①～⑧のうちから一つ選べ。

太陽の中心部では、$^1_1\mathrm{H}$ が次々に核融合して、最終的に $^4_2\mathrm{He}$ が生成されている。その最終段階の反応の一つは、次の式で表すことができる。

$$^3_2\mathrm{He}+{}^3_2\mathrm{He}\longrightarrow{}^4_2\mathrm{He}+\boxed{\text{ア}}$$

この反応ではエネルギーが $\boxed{\text{イ}}$ される。ただし、$^2_1\mathrm{H}$、$^3_2\mathrm{He}$、$^4_2\mathrm{He}$ の結合エネルギーは、それぞれ 2.2 MeV、7.7 MeV、28.3 MeV であるとする。

	ア	イ		ア	イ
①	$^1_1\mathrm{H}$	放出	⑤	$^2_1\mathrm{H}$	放出
②	$^1_1\mathrm{H}$	吸収	⑥	$^2_1\mathrm{H}$	吸収
③	$2^1_1\mathrm{H}$	放出	⑦	$2^2_1\mathrm{H}$	放出
④	$2^1_1\mathrm{H}$	吸収	⑧	$2^2_1\mathrm{H}$	吸収

(17. センター本試 [物理])

実践問題

210 ☆☆☆ **水素原子のスペクトル** **8分**　定常状態にある水素原子のエネルギーは、正の整数(量子数) n で定まるとびとびの値をとる。量子数 n の定常状態から、それより低いエネルギーをもつ量子数 n' の定常状態へ移るとき、そのエネルギー差に等しいエネルギーの電磁波が放出される。放出される電磁波の波長 λ[m]は、リュードベリ定数を $R=1.1\times10^7$/m として、次のように与えられる。

$$\frac{1}{\lambda}=R\left(\frac{1}{n'^2}-\frac{1}{n^2}\right)\quad（ただし、n>n'）$$

問1　水素のスペクトル線のうち、6.6×10^{-7}m の波長をもつ光は、次の量子数の組み合わせのどれに関係しているか。①～⑥のうちから一つ選べ。

	①	②	③	④	⑤	⑥
n	2	3	4	3	4	4
n'	1	1	1	2	2	3

問2　水素のスペクトル線のうち、可視部で観測される系列は $n'=2$ のときで、バルマー系列とよばれている。バルマー系列で最も短い波長 λ[m]を有効数字2桁で表すとき、空欄　ア　・　イ　に入る数字として最も適当なものを、次の①～⓪のうちから一つずつ選べ。

$$\lambda=\boxed{\ ア\ }.\boxed{\ イ\ }\times10^{-7}\text{m}$$

① 1　② 2　③ 3　④ 4　⑤ 5　⑥ 6　⑦ 7　⑧ 8　⑨ 9　⓪ 0

(89. 共通一次本試 [物理 I] 改)　➡ 例題 ㊺

211 ☆☆ **思考・判断・表現** **半減期による年代測定** **8分**　${}^{12}_{6}\text{C}$ は安定な同位体で、大気中に二酸化炭素として存在する炭素の大部分をしめている。これに対し、${}^{14}_{6}\text{C}$ は不安定な放射性同位体で、おもに宇宙線により大気上層部で生成され、しだいに崩壊していく。宇宙線の量に変動がないとすれば、大気中の ${}^{14}_{6}\text{C}$ と ${}^{12}_{6}\text{C}$ の割合はほぼ一定に保たれる。植物は、光合成によって二酸化炭素を取り込むとき、${}^{14}_{6}\text{C}$ と ${}^{12}_{6}\text{C}$ を大気中と同じ割合で体内に取り入れて成長する。樹木内の、炭素の取り込みが止まった部分では、${}^{12}_{6}\text{C}$ の数は変わらないが、${}^{14}_{6}\text{C}$ は β 崩壊してその数は減少していく。${}^{14}_{6}\text{C}$ の減少のしかたは、はじめの数を N_0、時間 t の後に壊れないで残っている数を N、半減期を T とすると、$N=N_0\left(\dfrac{1}{2}\right)^{\frac{t}{T}}$ と表される。

問1　壊れないで残っている ${}^{14}_{6}\text{C}$ の数 N と時間 t との関係を表すグラフはどれか。次の①～④のうちから一つ選べ。

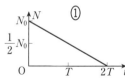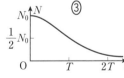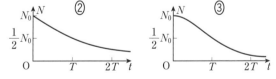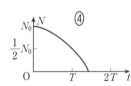

問2　ある古い木片の一部分を調べたところ、その部分の ${}^{14}_{6}\text{C}$ と ${}^{12}_{6}\text{C}$ の数の比(${}^{14}_{6}\text{C}$ の数)/(${}^{12}_{6}\text{C}$ の数)の値は、大気中での値の $\dfrac{1}{3}$ であった。この古い木片で炭素の取り込みが止まったのは、今からおよそ何年前であったかを推定せよ。ただし、${}^{14}_{6}\text{C}$ の半減期は 5.7×10^3 年であり、大気中の ${}^{14}_{6}\text{C}$ と ${}^{12}_{6}\text{C}$ の割合は一定に保たれていたものとする。また、$\log_{10}2=0.30$、$\log_{10}3=0.48$ とする。下の空欄　ア　～　ウ　に入れる数字として正しいものを、次の①～⓪のうちから一つずつ選べ。

$$\boxed{\ ア\ }.\boxed{\ イ\ }\times10^{\boxed{\ ウ\ }}\text{年}$$

① 1　② 2　③ 3　④ 4　⑤ 5　⑥ 6　⑦ 7　⑧ 8　⑨ 9　⓪ 0

(91. センター追試 [物理] 改)

第V章　原子

予想模擬テスト 第1回 （100点、60分）

第1問 次の問い（**問1～5**）に答えよ。（配点 25）

問1 図1のように、なめらかな水平面上に、上面が水平な台が置かれている。台上の左端に物体を静かに置き、右向きの初速度を物体に与え、台上をすべらせた。物体が台上をすべっている間の、物体と台の運動量の総和と力学的エネルギーの総和について、

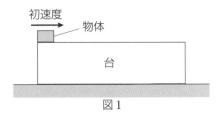

図1

次の文章中の空欄 1 ・ 2 に入れる文として最も適当なものを、後の①～④のうちから一つずつ選べ。ただし、同じものを繰り返し選んでもよい。

物体と台との間に摩擦力がはたらかない場合は、 1 。
物体と台との間に摩擦力がはたらく場合は、 2 。

1 ・ 2 の選択肢
① 物体と台の運動量の総和、物体と台の力学的エネルギーの総和はともに保存する。
② 物体と台の運動量の総和は保存するが、物体と台の力学的エネルギーの総和は保存しない。
③ 物体と台の運動量の総和は保存しないが、物体と台の力学的エネルギーの総和は保存する。
④ 物体と台の運動量の総和、物体と台の力学的エネルギーの総和はともに保存しない。

問 2 次の文章中の空欄 ア ・ イ に入れる語の組み合わせとして最も適当なものを、後の①〜⑨のうちから一つ選べ。 3

ピストンを備えたシリンダー内に理想気体が閉じ込められている。図 2 は、この理想気体の絶対温度と体積の関係を表している。理想気体は、はじめ状態 A にあり、その後、状態 A → 状態 B → 状態 C → 状態 A の順に変化した。状態 A → 状態 B において、理想気体が外部にする仕事は ア であり、状態 C → 状態 A において、理想気体が吸収する熱量は イ であった。

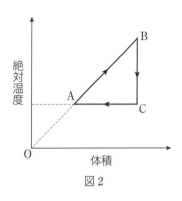

図 2

	①	②	③	④	⑤	⑥	⑦	⑧	⑨
ア	正	正	正	0	0	0	負	負	負
イ	正	0	負	正	0	負	正	0	負

問 3 二酸化炭素を封入した球形の風船に、図 3 のように音波をあてた。図中の矢印は音波の射線(波の進む向き)を表している。音波は、空気中と比べて、二酸化炭素中の方が遅く伝わる。音波の射線を表した図として最も適当なものを、次の①〜⑤のうちから一つ選べ。ただし、風船の膜の影響は無視できるものとする。 4

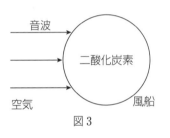

図 3

①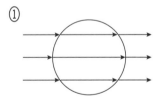

②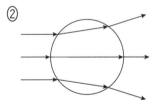

③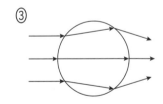

④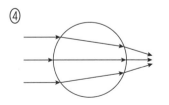

⑤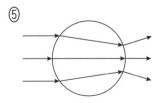

問4 図4のように、水平面上に銅板を置き、その上に、N極を銅板に向けた状態の棒磁石を、銅板から少しはなして配置した。この棒磁石を図の矢印で示す水平方向に移動させたとき、銅板にできる渦電流のようすを描いた図として最も適当なものを、次の①～④のうちから一つ選べ。ただし、銅板上の矢印は、渦電流の流れる向きを示している。　5

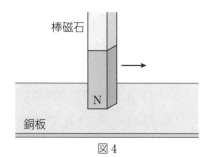

図4

①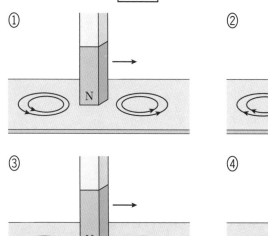

②

③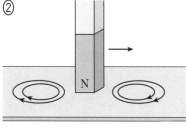

④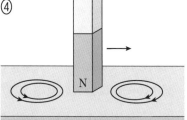

問5 水素原子内の電子について、次の文章中の空欄　ア　・　イ　に入れる語の組み合わせとして最も適当なものを、後の①～⑧のうちから一つ選べ。　6

電子が量子数 $n=2$ の軌道から、$n=1$ の軌道に移るとき、光子は　ア　される。この光子の振動数は、$n=2$ のエネルギー準位を E_2、$n=1$ のエネルギー準位を E_1 とすると、プランク定数 h を用いて、　イ　と表される。

	①	②	③	④	⑤	⑥	⑦	⑧
ア	吸収	吸収	吸収	吸収	放出	放出	放出	放出
イ	$(E_1+E_2)h$	$\dfrac{E_1+E_2}{h}$	$\dfrac{E_1-E_2}{h}$	$\dfrac{E_2-E_1}{h}$	$(E_1+E_2)h$	$\dfrac{E_1+E_2}{h}$	$\dfrac{E_1-E_2}{h}$	$\dfrac{E_2-E_1}{h}$

第2問 先生と生徒がブランコについて話をしている。次の会話文を読んで、後の問い（**問 1～5**）に答えよ。（配点 25）

先生：静止しているブランコをこぎだすと、ブランコの振れ幅はなぜ大きくなるか、その理由について考えてみましょう。

生徒：ブランコの運動は、単振り子の運動に似ていますね。

先生：そうですね。他に気づいたことはありますか。

生徒：立ってこぐときには、ひざを曲げ伸ばしして、体を上下に動かしますね。これがブランコの振れ幅に関係あるでしょうか。

先生：では、それらの視点をもとに、まず、ブランコを単振り子として考えてみましょう。図1のように、ブランコに乗っている人の質量を m、ブランコのひもの支点から人の重心までの長さを L とすると、図2のように、長さ L のひもに、質量 m の物体がつるされている単振り子としてみることができます。この長さ L は、人の重心の位置の変化によって変わります。単振り子の振れ角を θ とし、重力加速度の大きさを g としましょう。

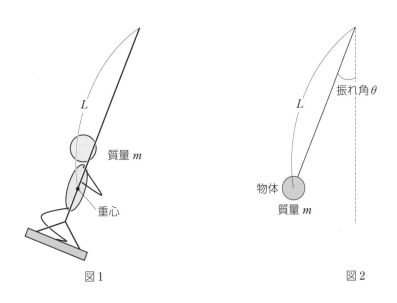

図1

図2

振れ角 θ

L

物体
質量 m

L

質量 m

重心

予想模擬テスト

問1 次の会話文の内容が正しくなるように、空欄 ア ・ イ に入れる式の組み合わせとして最も適当なものを、後の①〜⑧のうちから一つ選べ。 7

先生：ブランコのこぎはじめでは、振れ角が十分に小さいと考えましょう。単振り子の物体をわずかに横に引いて、手をはなしたときの単振り子の振れ角を $\theta = \theta_0$ とすると、単振り子の周期 T はどのように表せますか。

生徒：たしか周期 T は、$T = 2\pi\sqrt{\dfrac{\boxed{\text{ア}}}{g}}$ と表すことができます。

先生：では、実際に人が体を上下に動かしたら、単振り子では何が変化しますか。

生徒：体を上下に動かすと、重心の位置も上下に動くので、単振り子では イ が変化すると考えられます。

先生：そうですね。これだけでは、振れ幅が大きくなることはわかりませんね。

生徒：体を上下に動かすためには、力を加えるので、物体にはたらく力についても考えたいです。

	①	②	③	④	⑤	⑥	⑦	⑧
ア	L	L	mL	mL	$m\theta_0$	$m\theta_0$	$L\theta_0$	$L\theta_0$
イ	L	θ_0	L	θ_0	L	θ_0	L	θ_0

問2 物体にどのような力がはたらいているか調べるために、図3のように、単振り子のひもの上部に力センサーを取りつけ、ひもの張力の大きさの時間変化を測定した。図4は、その測定結果の概形を表している。次の文章中の空欄 ウ ・ エ に入れる式の組み合わせとして最も適当なものを、後の①〜⑨から一つ選べ。 8

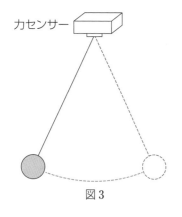

図3

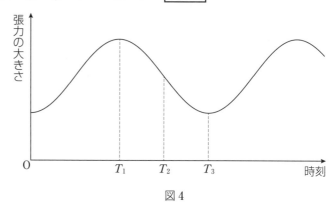

図4

144

単振り子の振れ角が最大のときの時刻は ウ であり、この単振り子の周期は エ である。

8 の選択肢

	ウ	エ		ウ	エ		ウ	エ
①	T_1	$T_3 - T_1$	④	T_2	$T_3 - T_1$	⑦	T_3	$T_3 - T_1$
②	T_1	$2(T_3 - T_1)$	⑤	T_2	$2(T_3 - T_1)$	⑧	T_3	$2(T_3 - T_1)$
③	T_1	$4(T_3 - T_1)$	⑥	T_2	$4(T_3 - T_1)$	⑨	T_3	$4(T_3 - T_1)$

問3 次の会話文が正しくなるように、会話文中の空欄 9 ・ 10 に入る語句や式として最も適当なものを、直後の{ }で囲んだ選択肢のうちから一つずつ選べ。

先生：次に力学的エネルギーの視点から考えてみましょう。単振り子の長さが変わらない場合は、最下点での物体の速さはどのように求められますか。

生徒：振れ角が最大値 $\theta = \theta_0 \left(\theta_0 < \dfrac{\pi}{2} \right)$ となる点から、最下点までの運動を考えるとき、

9
{
① 重力のみが仕事をしている
② 張力のみが仕事をしている
③ 重力と張力が仕事をしている
④ 物体は仕事をされない
}
ため、力学的エネルギーは保存し

ます。なので、力学的エネルギー保存の法則から、最下点での物体の速さは、

10
{
① $\sqrt{2gL}$ ④ $\sqrt{2gL(1-\sin\theta_0)}$
② $\sqrt{2gL\sin\theta_0}$ ⑤ $\sqrt{2gL(1-\cos\theta_0)}$
③ $\sqrt{2gL\cos\theta_0}$ ⑥ $\sqrt{2gL(1-\sin\theta_0\cos\theta_0)}$
}
と表されます。

先生：そうですね。それでは、振れ幅が大きくなる理由を、先程と同じように、ブランコで立ちこぎしている人を、ひもにつながれた物体と見立てて考えていきましょう。

問4 振れ角が最も大きい θ_0 の位置で、ひもの長さを瞬間的に ΔL だけ長くする。このとき、張力の大きさは一定であるとする。張力が物体にする仕事を表す式として最も適当なものを、次の①～⑧のうちから一つ選べ。 $\boxed{11}$

① $mg\Delta L$ ② $-mg\Delta L$ ③ $mg\Delta L \sin\theta_0$

④ $-mg\Delta L \sin\theta_0$ ⑤ $mg\Delta L \cos\theta_0$ ⑥ $-mg\Delta L \cos\theta_0$

⑦ $mg\Delta L \sin\theta_0 \cos\theta_0$ ⑧ $-mg\Delta L \sin\theta_0 \cos\theta_0$

問5 次の文章は、この単振り子のモデルに関する考察である。次の文章中の空欄 $\boxed{オ}$・$\boxed{カ}$・$\boxed{キ}$ に入れる語の組み合わせとして最も適当なものを、後の①～⑧のうちから一つ選べ。 $\boxed{12}$

　振れ角が最大の瞬間にひもの長さを ΔL だけ長くし、最下点の瞬間にひもの長さを ΔL だけ短くする場合を考える。最下点では、振れ角が最大のときよりも、物体にはたらく張力の大きさは $\boxed{オ}$ く、ひもの長さを短くするとき、張力は $\boxed{カ}$ の仕事をする。物体が一往復する間に、ひもの長さを長くしたり、短くしたりすることをそれぞれ2回行うので、張力のする仕事の総和は $\boxed{キ}$ となる。その分だけ力学的エネルギーは大きくなるので、最高点は高くなり、振れ幅が大きくなっていく。

	オ	カ	キ
①	大き	正	正
②	大き	正	負
③	大き	負	正
④	大き	負	負
⑤	小さ	正	正
⑥	小さ	正	負
⑦	小さ	負	正
⑧	小さ	負	負

第3問 次の文章を読み、後の問い(**問1～5**)に答えよ。(配点　25)

　一直線上を伝わる正弦波について考える。x軸上の原点に単振動をする波源 S_1 を置き、$x>0$ の領域では x 軸の正の向きに進む波を、$x<0$ の領域では x 軸の負の向きに進む波を発生させた。図1は、x 軸上を正の向きに進む波のある瞬間の波形を表しており、y は媒質の変位を表している。また、図2は、波源の位相が0のときを $t=0$ とした、原点における媒質の変位 y と時刻 t との関係を表す $y-t$ グラフである。

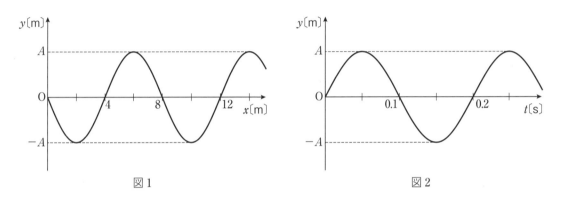

図1　　　　　　　　　　　　　　　　図2

問1 この正弦波の振動数と媒質中を伝わる波の速さを表す数値の組み合わせとして最も適当なものを、次の①～⑥のうちから一つ選べ。　|13|

	①	②	③	④	⑤	⑥
振動数[Hz]	5	5	5	10	10	10
波の速さ[m/s]	20	40	80	20	40	80

問2 波源 S_1 を、x 軸の正の向きに一定の速さ10m/sで移動させる。このときの x 軸の正の向きに進む正弦波の波長は何mか。その数値として最も適当なものを、次の①～⑨のうちから一つ選べ。　|14| m

① 1　② 2　③ 3　④ 4　⑤ 5　⑥ 6　⑦ 7　⑧ 8　⑨ 9

問3 波源 S_1 を x 軸上の原点に固定し、$x<0$ の領域の原点から十分にはなれた位置に、波の振動数を観測することができる観測器Pを置く。Pを一定の速さ $10\,\mathrm{m/s}$ で x 軸の正の向きに移動させたとき、Pが観測する振動数 f と時刻 t との関係を表すグラフの概形として最も適当なものを、次の①~⑥のうちから一つ選べ。ただし、Pが移動し始めた時刻を $t=0$、原点を通過する時刻を $t=t_1$ とし、PとS$_1$ は衝突しないものとする。 $\boxed{15}$

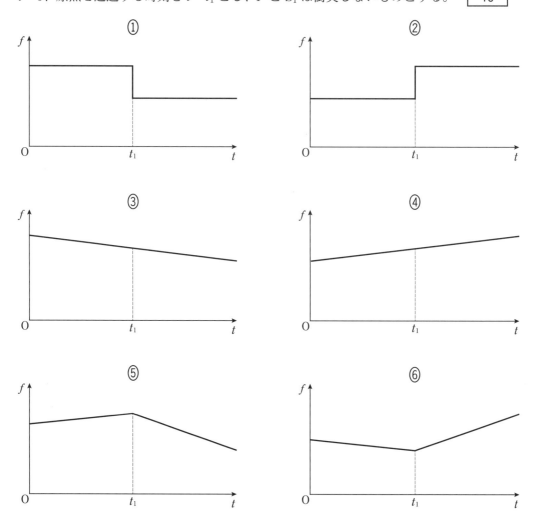

次に、図3のような $x-z$ 平面を考える。波源 S_1 を x 軸上の $x=7\,\mathrm{m}$ に固定し、波源 S_1 と周期、振幅がそれぞれ等しく、逆位相で単振動をする波源 S_2 を x 軸上の $x=-7\,\mathrm{m}$ に固定した。

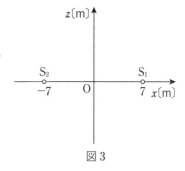

図3

問4 図3のx−z平面上にできる強めあう点を連ねた線と、弱めあう点を連ねた線のようすを実線で表した図として最も適当なものを、次の①〜⑥のうちから一つずつ選べ。ただし、同じものを繰り返し選んでもよい。

強めあう点を連ねた線： 16 弱めあう点を連ねた線： 17

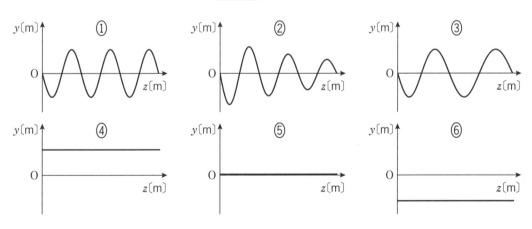

問5 図3の原点Oに、媒質の変位yを観測することができる観測器Qを置き、一定の速さでz軸の正の向きに移動させた。このとき、Qが観測する媒質の変位yと位置zとの関係を表すグラフの概形として最も適当なものを、次の①〜⑥のうちから一つ選べ。ただし、波の振幅は減衰しないものとする。 18

第4問 次の文章を読み、後の問い（**問1～5**）に答えよ。（配点 25）

　図1のように、電圧が V_0 の電源装置、極板の面積が S、極板の間隔が d の平行板コンデンサー、スイッチが直列に接続されている回路がある。平行板コンデンサーの極板間には面積が S で厚さが $L (L < d)$ の金属板が挿入されている。はじめ、スイッチは開いており、コンデンサーに電荷はたくわえられていなかった。金属板の抵抗率を ρ とする。また、平行板コンデンサーは空気中に置かれているが、空気の誘電率は真空の誘電率に等しいものとし、これを ε_0 とする。

　電気抵抗をもつ金属板が挿入された平行板コンデンサーは、図2のように、金属板が挿入されている部分を、抵抗が直列に接続されたものに置き換えて考えることができる。

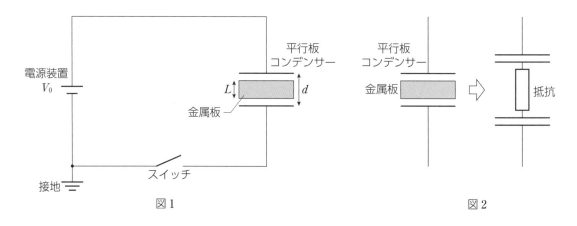

図1　　　　　　　　　　　　　　　図2

問1　金属板の抵抗値 R を表す式として正しいものを、次の①～④のうちから一つ選べ。
　　19

① $\rho \dfrac{S}{L}$　　② $\rho \dfrac{L}{S}$　　③ ρSL　　④ $\rho \dfrac{1}{SL}$

問2　金属板が挿入された平行板コンデンサーの電気容量 C を表す式として正しいものを、次の①～④のうちから一つ選べ。　　20

① $\dfrac{\varepsilon_0 S}{d-L}$　　② $\dfrac{\varepsilon_0 S}{d}$　　③ $\dfrac{\varepsilon_0 (d-L)}{S}$　　④ $\dfrac{\varepsilon_0 d}{S}$

図2の考え方を用いると、図1は図3のような回路として考えることができる。

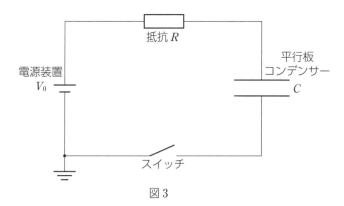

図3

問3 ここで、回路のスイッチを閉じると、平行板コンデンサーは充電される。次の文章中の空欄 ア ・ イ に入れる式の組み合わせとして正しいものを、後の①〜⑥のうちから一つ選べ。 21

　スイッチを閉じる時刻を $t=0$ とする。$t=0$ の直後、平行板コンデンサーにはまだ電荷がたくわえられていないので、抵抗に大きさ $I_0=$ ア の電流が流れる。スイッチを閉じてから、平行板コンデンサーの充電が完了するまでに、抵抗に流れる電流の大きさは、図4のように変化した。このとき、図4の影のついた面積 D は、平行板コンデンサーに充電された電気量を表しており、平行板コンデンサーの電気容量 C を用いて、$D=$ イ と表される。

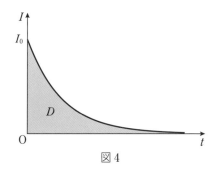

図4

	①	②	③	④	⑤	⑥
ア	$V_0 R$	$V_0 R$	$V_0 R$	$\dfrac{V_0}{R}$	$\dfrac{V_0}{R}$	$\dfrac{V_0}{R}$
イ	CV_0	$\dfrac{CV_0}{2}$	$\dfrac{V_0}{C}$	CV_0	$\dfrac{CV_0}{2}$	$\dfrac{V_0}{C}$

次に、コンデンサーの放電過程を通して、図1とは別のコンデンサーの電気容量を測定する実験を行った。図5のように、電源装置、スイッチ、5.6kΩ の抵抗、コンデンサー、電圧の時間変化を測定できる電圧センサー、電流の時間変化を測定できる電流センサーを接続し、以下の手順で実験を行った。ただし、電圧センサーの内部抵抗は十分に大きく、電流センサーの内部抵抗は十分に小さいものとする。

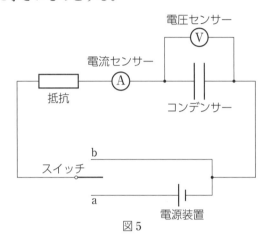

図5

手順1：電源装置の電圧を5Vに設定し、スイッチをa側に接続し、十分な時間経過させ、コンデンサーの充電を完了させる。

手順2：スイッチをa側からはずし、電圧センサー、電流センサーの測定を開始してから、スイッチをb側に接続し、コンデンサーの放電が完了するまで電圧と電流を測定する。

手順3：電源装置の電圧を10V、15V、20Vに設定し、それぞれの電圧で手順1〜手順2を行う。

問4 5Vと15Vのときの、電圧の時間変化を表すグラフとして最も適当なものを、グラフ中の①〜⑧から一つずつ選べ。ただし、スイッチをb側に接続した時刻を0とする。

5V：[22]　　15V：[23]

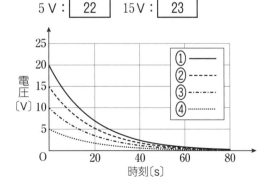

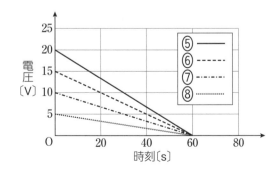

2人の生徒が、実験の結果からコンデンサーの電気容量を求めるための考察を行っている。次の会話文を読んで後の問いに答えよ。

生徒A：電流センサーで測定した抵抗に流れる電流の時間変化を、それぞれの電源装置の電圧ごとにグラフで表すと、図6のようになったよ。

生徒B：このグラフと横軸で囲まれた部分の面積がコンデンサーにたくわえられていた電気量になるね。

生徒A：単位に注意してコンピュータで面積を計算してみよう。

生徒B：図6の面積から求めた電気量を縦軸に、電源装置の電圧を横軸にとると、図7のようなグラフが得られたよ。

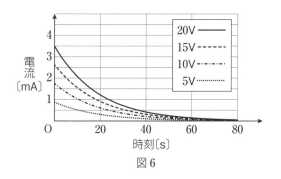

図6

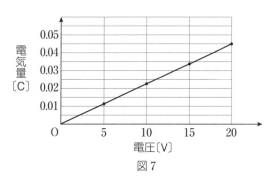

図7

問5 図7から読み取ることができるコンデンサーの電気容量は何Fか。その数値として最も適当なものを、次の①〜⑥のうちから一つ選べ。 | 24 | F

① 2.3　② 2.3×10^{-3}　③ 2.3×10^{-6}

④ 4.5　⑤ 4.5×10^{2}　⑥ 4.5×10^{5}

予想模擬テスト

予想模擬テスト 第2回 (100点、60分)

第1問 次の問い(**問1 ～ 5**)に答えよ。(配点　30)

問1 図1(a)のように、はじめ帯電していない箔検電器があり、箔は閉じている。負に帯電した塩化ビニル棒を金属板に近づけたところ、図1(b)のように箔が開いた。塩化ビニル棒を近づけたまま、金属板に手を触れると、図1(c)のように箔は閉じた。続いて、金属板から手をはなし、塩化ビニル棒を金属板から遠ざけたとき、箔の開きと電荷の分布を表す図として最も適当なものを、後の①～④のうちから一つ選べ。ただし、図中の＋、－は電荷の分布を模式的に表したものである。　　　1

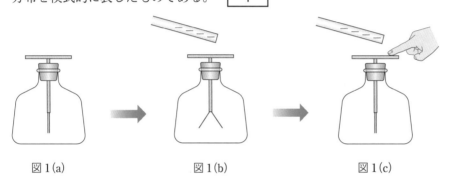

図1(a)　　　　　　　　図1(b)　　　　　　　　図1(c)

　1　の選択肢

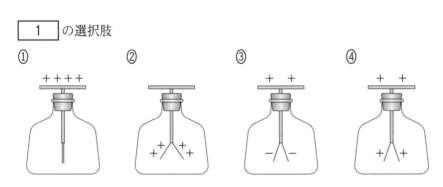

① ② ③ ④

問2 長さ $3a$ の一様な針金を、長さの比が $2:1$ になる点で $60°$ になるように折り曲げ、図2のように折り曲げた点を原点として x 軸、y 軸をとる。この針金の重心の位置の座標として正しいものを、次の①～⑦のうちから一つずつ選べ。ただし、同じものを繰り返し選んでもよい。

x 座標： 2 y 座標： 3

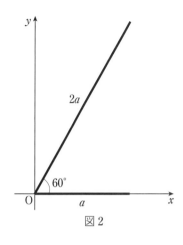

図2

①　0　　　　　②　$\dfrac{a}{2}$　　　③　$\dfrac{\sqrt{3}\,a}{3}$　　　④　$\dfrac{2a}{3}$

⑤　$\dfrac{\sqrt{3}\,a}{2}$　　　⑥　a　　　⑦　$2a$

問3 図3のように、格子面の間隔(格子定数)が $5.0×10^{-10}\,\mathrm{m}$ で、原子が規則的に配列している結晶に、X線を照射する。X線が入射する角度を、結晶の格子面に対して $0°$ から徐々に大きくしていくと、$30°$ のときにはじめて反射X線が強めあった。X線の波長として最も適当な値を、後の①～⑧のうちから一つ選べ。 4

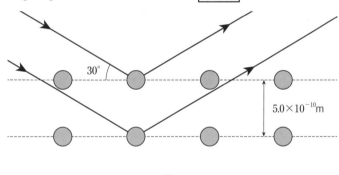

図3

①　$1.0×10^{-10}\,\mathrm{m}$　　②　$2.5×10^{-10}\,\mathrm{m}$　　③　$5.0×10^{-10}\,\mathrm{m}$　　④　$8.7×10^{-10}\,\mathrm{m}$

⑤　$1.0×10^{-9}\,\mathrm{m}$　　⑥　$2.5×10^{-9}\,\mathrm{m}$　　⑦　$5.0×10^{-9}\,\mathrm{m}$　　⑧　$8.7×10^{-9}\,\mathrm{m}$

予想模擬テスト

問4 次の文章中の空欄 ア ・ イ に入れる語句の組み合わせとして最も適当なものを、後の①～⑥のうちから一つ選べ。 5

図4のように、自動車には、運転者が後方を確認するために、ルームミラーとドアミラーが備えられている。運転者がルームミラーを用いて、後方の車を観察したときの像の大きさは、運転席から振り返って直接見たときのものとほぼ等しく、像は正立であった。このことから、ルームミラーには ア 鏡が用いられていると考えられる。

一方、運転者がドアミラーを用いて、後方の車を観察したときの像の大きさは、運転席から振り返って直接見たときのものよりも小さく、像は正立であった。このことから、ドアミラーには イ 鏡が用いられていると考えられる。

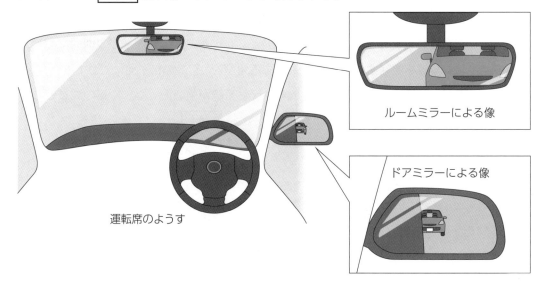

ルームミラーによる像

ドアミラーによる像

運転席のようす

図4

5 の選択肢

	①	②	③	④	⑤	⑥
ア	平面	平面	凹面	凹面	凸面	凸面
イ	凹面	凸面	平面	凸面	平面	凹面

問5 次の文章中の空欄 | 6 | ～ | 8 | に入れる式として最も適当なものを、それぞれの直後の{ }で囲んだ選択肢のうちから一つずつ選べ。ただし、大気の絶対温度を T_0、大気圧を p_0 とする。

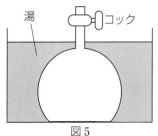

図5

コックを開いたフラスコを大気中に置く。コックを閉じたのち、図5のように、温度 $\frac{6}{5}T_0$ の湯にフラスコを入れる。十分に時間が経過したとき、フラスコ内の気体は湯と同じ温度になった。このとき、フラスコ内の気体の圧力は、

| 6 | $\left\{ \text{①} \ \frac{5}{6}p_0 \quad \text{②} \ p_0 \quad \text{③} \ \frac{6}{5}p_0 \quad \text{④} \ \frac{7}{5}p_0 \right\}$ となる。その後、コックを開いた時に外部に放出される気体の量は、はじめにフラスコ内にあった気体の量の

| 7 | $\left\{ \text{①} \ \frac{1}{8} \quad \text{②} \ \frac{1}{6} \quad \text{③} \ \frac{1}{5} \quad \text{④} \ \frac{1}{4} \quad \text{⑤} \ \frac{1}{3} \right\}$ である。再びコックを閉じ、フラスコを湯から出し、フラスコ内の気体の温度を T_0 にした。このとき、フラスコ内の気体の圧力は、

| 8 | $\left\{ \text{①} \ \frac{1}{2}p_0 \quad \text{②} \ \frac{2}{3}p_0 \quad \text{③} \ \frac{3}{4}p_0 \quad \text{④} \ \frac{4}{5}p_0 \quad \text{⑤} \ \frac{5}{6}p_0 \right\}$ となる。

第2問 次の文章を読み、後の問い（**問1～4**）に答えよ。（配点　25）

　図1のように、なめらかな水平面 AB の端の点Aにとりつけたばね定数がkの軽いばねに、質量Mの小物体を押しつけ、ばねを自然の長さからxだけ縮めて静かにはなした。ばねが自然の長さになったとき、小物体はばねからはなれ、水平面上を一定の速さですべり、水平面の端の点Bで静止している質量mの小球に衝突した。小球は、支点Oから伸び縮みしない長さがLの軽い糸でつるされている。点 A、B、C、D、E、O はすべて同一の鉛直面内にあり、EOB は鉛直線上、OD は水平線上にある。重力加速度の大きさをgとする。

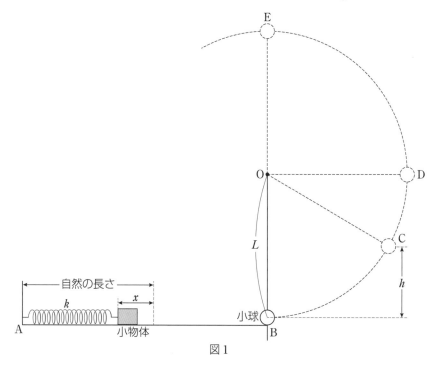

図1

問1　ばねをはなれた直後の小物体の速さvを表す式として正しいものを、次の①～⑥のうちから一つ選べ。　　9

①　$\dfrac{2kx}{M}$　　②　$\dfrac{kx^2}{2M}$　　③　$\dfrac{kx^2}{M}$　　④　$\sqrt{\dfrac{2kx}{M}}$　　⑤　$\sqrt{\dfrac{k}{2M}}\,x$　　⑥　$\sqrt{\dfrac{k}{M}}\,x$

問2　小物体が小球に衝突した直後、小物体は静止し、小球は速さv_0で運動した。小物体と小球との間の反発係数を表す式として正しいものを、次の①～⑥のうちから一つ選べ。　　10

①　$\dfrac{M}{m}$　　②　$\dfrac{m+M}{M}$　　③　$\dfrac{m}{M}$　　④　$\dfrac{M}{m+M}$　　⑤　1　　⑥　0

小球が点Bから点Dの間を運動するとき、小球は、支点Oを中心とする半径Lの円運動を行う。このとき、点Bでの小球の速さv_0と、小球が達する最高点Cの点Bからの高さhとの関係を調べる実験を行うことにした。まず、Lを30 cmにして装置を自作し、装置の背後に高さhを測定できるように、1 cm間隔の目盛りを記した板を立てた。実験のようすをビデオカメラで撮影し、その映像から、高さhを1 cmの単位で求めることにした。また、小球の速さv_0は速度測定器を使って測定した。実験の結果をまとめたものが表1であり、グラフを描くための方眼が図2である。

表1　測定結果

v_0[m/s]	h[cm]	v_0[m/s]	h[cm]
0.4	1	1.3	9
0.6	2	1.6	13
0.8	3	1.7	15
0.9	4	2.1	23
1.1	6	2.2	25

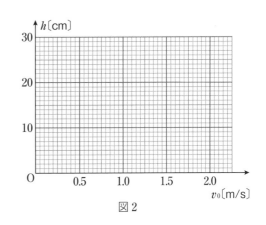

図2

問3　表1の範囲で、v_0を横軸、hを縦軸にとって描いたグラフの概形として最も適当なものを、次の①～⑥のうちから一つ選べ。必要であれば、図2を利用してもよい。　[　11　]

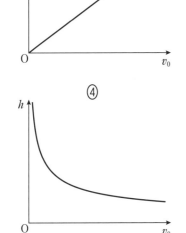

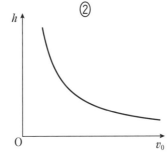

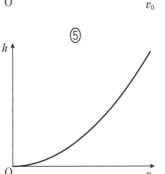

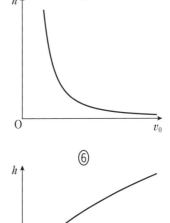

問4 次の会話文中の空欄 12 ・ 13 ・ 14 に入れる式として正しいものを、後の選択肢から一つずつ選べ。

生徒A：重力による位置エネルギーの基準を点Bの高さとして、力学的エネルギー保存の法則を考えると、小球が、点Eに到達するためには、点Bでの運動エネルギーが点Eでの重力による位置エネルギー以上となる必要があると思う。だから、v_0 は 12 以上だと思うよ。

生徒B：v_0 が 12 のとき、小球の速さは点Eに到達すると 0 になり、その後、自由落下することになるよ。それだと、点Eに到達するまでに糸がたるんでしまいそうな気がするよ。

生徒A：たしかにそうだね。糸がたるむのは、糸の張力の大きさが 0 になったときだけど、張力はどうやって求めればいいのかな。

生徒C：まずは簡単な場合で復習だね。小球が運動を始めた直後の、点Bにあるときの糸の張力を考えてみようか。

生徒B：点Bでは、小球は水平に運動しているとみなしていいから、重力と糸の張力がつりあっているんじゃないかな。

生徒A：小球は円運動をしているから、円の中心Oに向かう加速度をもっているよ。だから、小球の加速度を考えなくてはいけないと思うよ。

生徒C：小球の加速度を考えて計算すると、点Bでの糸の張力の大きさは、 13 になったよ。

生徒B：小球が点Eに到達するためには、糸がそれまでぴんと張っていないといけないね。つまり、点Eで糸の張力の大きさが0以上であることが必要だね。

生徒A：点Eでの小球の速さがわかれば、そこで糸の張力の大きさが0以上という式を立てることができるね。

生徒C：点Eでの小球の速さは、力学的エネルギー保存の法則を使えば求められるよ。少し大変だけど、方針がはっきりしているからできそうだよ。

生徒B：計算してみると、小球が点Eまで到達するための v_0 の条件は、v_0 が 14 以上となったよ。

13 の選択肢

① mg 　　　② $\dfrac{mv_0}{L}$ 　　　③ $\dfrac{mv_0{}^2}{L}$ 　　　④ $mg+\dfrac{mv_0}{L}$

⑤ $mg+\dfrac{mv_0{}^2}{L}$ 　　　⑥ $mg-\dfrac{mv_0}{L}$ 　　　⑦ $mg-\dfrac{mv_0{}^2}{L}$

12 の選択肢

① $\dfrac{gL}{2}$ 　　　② gL 　　　③ $2gL$ 　　　④ $\dfrac{\sqrt{gL}}{2}$

⑤ $2\sqrt{gL}$ 　　　⑥ $\sqrt{\dfrac{gL}{2}}$ 　　　⑦ $\sqrt{gL}$ 　　　⑧ $\sqrt{2gL}$

14 の選択肢

① $\dfrac{\sqrt{gL}}{2}$ 　　　② $\sqrt{\dfrac{gL}{2}}$ 　　　③ $\sqrt{gL}$ 　　　④ $\sqrt{2gL}$

⑤ $\sqrt{3gL}$ 　　　⑥ $2\sqrt{gL}$ 　　　⑦ $\sqrt{5gL}$

予想模擬テスト

次の文章を読み、後の問い(**問1〜5**)に答えよ。(配点　25)

　物理の授業で、リニアモーターの原理を確認する演示実験が行われた。木製の板に溝をつくり、その溝に磁石を並べて固定してある。さらにその上に、間隔がLの水平な金属レールを固定し、質量mの細いアルミニウム棒を、2本の金属レールと垂直に接するように置いた。この装置には、内部抵抗が無視できる起電力Eの直流電源、抵抗値がRの抵抗器、スイッチSが接続されている。図1はこの装置を上から見たときのものであり、スイッチを閉じる前のアルミニウム棒の位置を原点として、金属レールに沿った方向にx軸をとっている。図2は、$x=0$における装置のx軸に垂直な断面を表している。

　スイッチSを閉じると、アルミニウム棒はx軸の正の向きに動き出し、そのままx軸の正の向きに運動し続けた。以下の問いでは、レールとアルミニウム棒の間の摩擦は無視でき、アルミニウム棒はレールに対して常に垂直を保って運動しているものとする。また、金属レールとアルミニウム棒の電気抵抗は無視でき、磁石がレールの間につくる磁場の磁束密度は一様で、大きさはBであるとする。

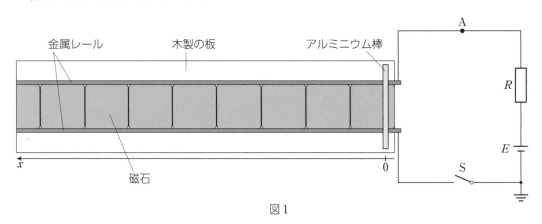

図1

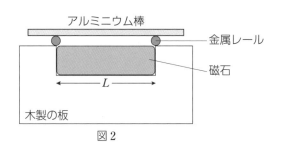

図2

問 1　図 1 の磁石の置き方として最も適当なものを、次の ①〜⑥ のうちから一つ選べ。ただし、選択肢の図は、図 1 と同様に、装置を上から見たものであり、斜線の部分が N 極、斜線のない部分が S 極を表している。　15

① 紙面に向かって上側に N 極を置く

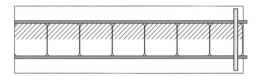

② 紙面に向かって下側に N 極を置く

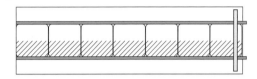

③ 紙面に向かって右側に N 極を置く

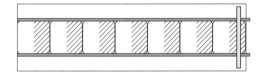

④ 紙面に向かって左側に N 極を置く

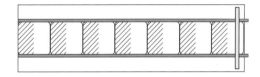

⑤ 紙面の表側に N 極を置く

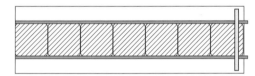

⑥ 紙面の裏側に N 極を置く

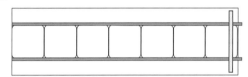

問 2　次の文章中の空欄　ア　・　イ　に入れる式または数値の組み合わせとして最も適当なものを、後の ①〜⑥ のうちから一つ選べ。　16

　スイッチを入れた直後、アルミニウム棒の速度は 0 であり、電池の負極を電位の基準にとると、図 1 の点 A の電位は　ア　である。したがって、抵抗 R の抵抗器を流れる電流の大きさは　イ　となる。

	①	②	③	④	⑤	⑥
ア	0	0	0	E	E	E
イ	0	$\dfrac{E}{R}$	$\dfrac{R}{E}$	0	$\dfrac{E}{R}$	$\dfrac{R}{E}$

問3 アルミニウム棒の速度を v、加速度を a として、アルミニウム棒の運動方程式を立てる。次の文章中の空欄 $\boxed{17}$ に入れる語として最も適当なものを、直後の{ }で囲んだ選択肢のうちから一つ選べ。また、文章中の空欄 $\boxed{ウ}$・$\boxed{エ}$ に入れる式の組み合わせとして最も適当なものを、後の①〜⑥のうちから一つ選べ。$\boxed{18}$

アルミニウム棒が x 軸の正の向きに速度 v で運動するとき、アルミニウム棒を流れる電流の大きさは、

$$\boxed{17}\left\{\begin{array}{l} ① \quad \text{キルヒホッフの第 1 法則} \\ ② \quad \text{キルヒホッフの第 2 法則} \\ ③ \quad \text{フレミングの左手の法則} \\ ④ \quad \text{レンツの法則} \end{array}\right\}$$ から求めることができ、電流が磁場から受け

る力を計算すると、アルミニウム棒の運動方程式は、

$$ma = \boxed{ウ} - \boxed{エ}$$

となる。

$\boxed{18}$ の選択肢

	①	②	③	④	⑤	⑥
ウ	$\dfrac{EBL}{R}$	$\dfrac{EBL}{R}$	$\dfrac{EmB}{R}$	$\dfrac{EmB}{R}$	$\dfrac{EB}{R}$	$\dfrac{EB}{R}$
エ	$\dfrac{vB^2L^2}{R}$	$\dfrac{vB^2L}{R}$	$\dfrac{mB^2L^2}{R}$	$\dfrac{mB^2L}{R}$	$\dfrac{vB^2L}{R}$	$\dfrac{vB^2}{R}$

問4 スイッチSを閉じた時刻を $t=0$ としたとき、アルミニウム棒の速度 v の時間変化を表すグラフとして最も適当なものを、次の①〜⑥のうちから一つ選べ。ただし、レールの長さは十分に長く、十分な時間アルミニウム棒を動かすことができるものとする。

19

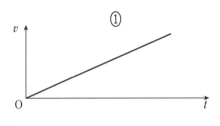

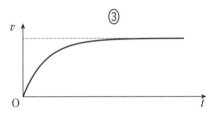
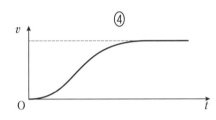

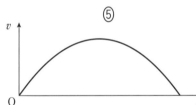
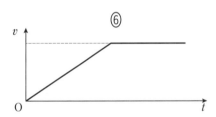

問5 次の文章中の空欄 **オ** ・ **カ** に入れる式の組み合わせとして最も適当なものを、後の①〜⑥のうちから一つ選べ。 20

十分に時間が経過したとき、抵抗 R の抵抗器を流れる電流の大きさは **オ** であり、電池の負極を電位の基準にとると、図1の点Aの電位は **カ** となる。

	①	②	③	④	⑤	⑥
オ	0	$\dfrac{E}{R}$	$\dfrac{R}{E}$	0	$\dfrac{E}{R}$	$\dfrac{R}{E}$
カ	0	0	0	E	E	E

第4問 次の文章を読み、後の問い(**問1～3**)に答えよ。(配点 20)

以下のような回折格子を利用した簡易分光器を製作し、光の波長を測定した。

準備 厚紙、回折格子のシート(すじの数500本/mm)、黒画用紙(3cm四方)、
プラスチック定規、白い紙、カッター、セロハンテープ、単色光源

方法

①厚紙を用いて、図1のA、B、Cのように、前面、後面に穴をあけた箱をつくる。

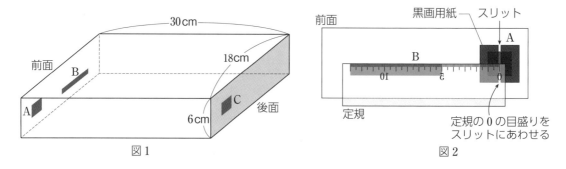

図1　　　　　図2

②黒画用紙を半分に切断し、前面のAの穴に、0.1mm～0.5mm程度のすき間ができるように、セロハンテープで貼る。このすき間がスリットになる(図2)。

③前面のBの穴に、プラスチック定規をセロハンテープで貼りつける。スリットのある位置に定規の目盛りの0をあわせ、後面のCの穴から見たとき、目盛りを読み取ることができるようにした。

④後面のCの穴に、回折格子のシートをセロハンテープで貼る。このとき、回折格子のすじが縦になるようにし、穴にセロハンテープがかからないようにした。

⑤単色光源に、前面のスリットを向け、後面の回折格子からのぞいて、線スペクトルを観察した(図3)。

⑥線スペクトル(輝線)とスリットとの間の距離 x を、定規の目盛りから読み取った(図4)。

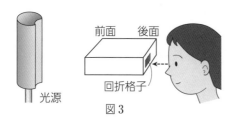

図3

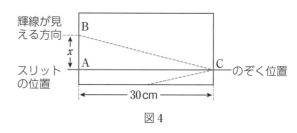

図4

問 1 次の文章中の空欄 21 に入れる式として最も適当なものを、後の①〜⑨のうちから一つ選べ。

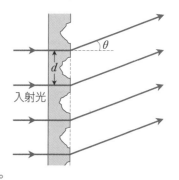

一般に、格子定数（回折格子のすじとすじの間隔）が d の回折格子で、隣りあう 2 本の透明な部分（スリット）を通る光を考えたとき、d が十分に小さいときは、回折格子の面に垂直な方向から θ の角をなす方向での経路の差は 21 となる。
回折格子の場合、隣りあうスリットを通る光の経路差はすべて等しく、スリットの数も非常に多いので、強めあう条件を満たす方向から少しでもそれると、各スリットからの光の位相が少しずつずれ、全体として弱めあう。そのため、強めあう条件を満たす方向には鋭い輝線が得られる。

① $d\tan\theta$　② $d\cos\theta$　③ $d\sin\theta$　④ $\dfrac{d}{\tan\theta}$　⑤ $\dfrac{d}{\cos\theta}$　⑥ $\dfrac{d}{\sin\theta}$

⑦ $\dfrac{1}{d\tan\theta}$　⑧ $\dfrac{1}{d\cos\theta}$　⑨ $\dfrac{1}{d\sin\theta}$

問 2 次の文章中の空欄 22 に入れる値として最も適当なものを、後の①〜⑨のうちから一つ選べ。

製作した簡易分光器で、ある単色光の光源をのぞいたところ、目盛りのある面にはスリットから 9.0 cm のところに 1 本だけ輝線が見えた。以下に示す三角関数表を参考にすると、この単色光の波長はおよそ 22 m である。

① 4.8×10^{-6}　② 5.8×10^{-6}　③ 6.8×10^{-6}　④ 4.8×10^{-7}　⑤ 5.8×10^{-7}

⑥ 6.8×10^{-7}　⑦ 4.8×10^{-8}　⑧ 5.8×10^{-8}　⑨ 6.8×10^{-8}

角	sin	cos	tan	角	sin	cos	tan
11°	0.1908	0.9816	0.1944	21°	0.3584	0.9336	0.3839
12°	0.2079	0.9781	0.2126	22°	0.3746	0.9272	0.4040
13°	0.2250	0.9744	0.2309	23°	0.3907	0.9205	0.4245
14°	0.2419	0.9703	0.2493	24°	0.4067	0.9135	0.4452
15°	0.2588	0.9659	0.2679	25°	0.4226	0.9063	0.4663
16°	0.2756	0.9613	0.2867				
17°	0.2924	0.9563	0.3057				
18°	0.3090	0.9511	0.3249				
19°	0.3256	0.9455	0.3443				
20°	0.3420	0.9397	0.3640				

問 3 次の文章中の空欄 23 ・ 24 に入れる語句として最も適当なものを、それぞれの直後の{ }で囲んだ選択肢のうちから一つずつ選べ。

製作した簡易分光器で、白色光の白熱電球をのぞいたところ、スリットからおよそ 6.4 cm ～ 12.1 cm のところに連続スペクトルが観測された。このスペクトルの色は、スリットに近い方から順に、

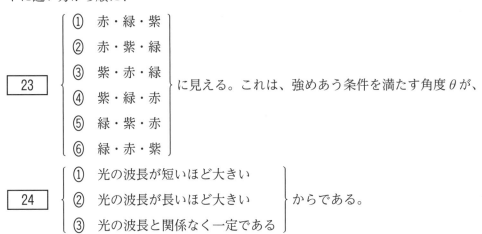

23 { ① 赤・緑・紫 ② 赤・紫・緑 ③ 紫・赤・緑 ④ 紫・緑・赤 ⑤ 緑・紫・赤 ⑥ 緑・赤・紫 } に見える。これは、強めあう条件を満たす角度 θ が、

24 { ① 光の波長が短いほど大きい ② 光の波長が長いほど大きい ③ 光の波長と関係なく一定である } からである。